"十四五"职业教育国家规划教材

单片机技术及应用项目教程

栾秋平　宋　维　主　编
崔立功　副主编
张训华　主　审

電子工業出版社
Publishing House of Electronics Industry
北京·BEIJING

内 容 简 介

本书是中高职教育电子信息工程技术专业课程改革创新规划教材，改变了原先以 51 单片机为主体，汇编语言为主要编程语言的旧有教学体系。以“将企业真正用到的知识和技能，在学生在校学习阶段系统传递”为指导原则，与企业联合研发培养方案，引入了基于软件设计方法学的“层次化软件设计思想”，构建了以“C 语言为主，汇编语言为辅”的单片机教学体系。本书以 ATmega168PA 单片机为载体，使用 Microchip 公司的 Atmel Studio 为开发环境，通过大量典型的多任务项目实训详细介绍了单片机开发必备的基础知识和软/硬件条件，系统介绍了单片机的基本结构、定时/计数器、中断系统、串行通信、常用接口技术、信息显示技术、DS18B20 温度检测等技术内容及相应的 Atmel Studio 的使用方法和程序的下载方法。本书所有实例均可在硬件开发板上正常运行，使读者在实践中逐步掌握单片机的硬件结构和 C 语言程序设计开发方法。本书在编写时采用“层次化软件设计思想”，知识讲解以“必须、够用”为原则，技能培养以“紧密结合实践”为特色，项目任务设计知识覆盖面广，技能要求全面。本书程序代码具有可读性强、可复用、可多人协作和可在各种类型的单片机上移植等特色，这也正是企业所需要程序设计人员写出的优良的程序代码的特征。因此本书具有跟企业要求零衔接的突出特色。

本书是中高职教育电子信息工程技术专业的专业技能课程教材用书，也可作为其他电类、控制类专业的选修用书，或作为电子爱好者及各类工程技术人员的参考用书。

为方便教师教学与学生自学，本书还配有教学电子资料包可免费下载。

图书在版编目（CIP）数据

单片机技术及应用项目教程 / 栾秋平，宋维主编. —北京：电子工业出版社，2019.6

ISBN 978-7-121-36716-8

Ⅰ. ①单… Ⅱ. ①栾… ②宋… Ⅲ. ①单片微型计算机—职业教育—教材 Ⅳ. ①TP368.1

中国版本图书馆 CIP 数据核字（2019）第 106670 号

责任编辑：蒲　玥
印　　刷：北京七彩京通数码快印有限公司
装　　订：北京七彩京通数码快印有限公司
出版发行：电子工业出版社
　　　　　北京市海淀区万寿路 173 信箱　邮编　100036
开　　本：787×1 092　1/16　印张：19　字数：486.4 千字
版　　次：2019 年 6 月第 1 版
印　　次：2025 年 10 月第 15 次印刷
定　　价：38.50 元

凡所购买电子工业出版社图书有缺损问题，请向购买书店调换。若书店售缺，请与本社发行部联系，联系及邮购电话：（010）88254888，88258888。

质量投诉请发邮件至 zlts@phei.com.cn，盗版侵权举报请发邮件至 dbqq@phei.com.cn。

本书咨询联系方式：（010）88254485，puyue@phei.com.cn。

前　言

单片机技术的发展日新月异，单片机技术的应用日益广泛地渗透到生产生活的方方面面。人们对单片机技术的向往日益强烈，但是却仍然有不少人对学习单片机技术心存敬畏，裹足不前。这一方面是由于单片机确实是一门技术含量比较高的学问，学习起来有一定的难度；另一方面是由于传统的学习方式人为地加大了学习单片机技术的困难。实际上，随着单片机技术的发展，单片机学习工具与科学的学习方式也在相应地发生变化。进入科学的学习轨道，单片机技术的学习就可以达到事半功倍的效果。

一、本教材的特点

在中国共产党第二十次全国代表大会的报告中指出，必须坚持科技是第一生产力、人才是第一资源、创新是第一动力，深入实施科教兴国战略、人才强国战略、创新驱动发展战略，开辟发展新领域新赛道，不断塑造发展新动能新优势。培育创新文化，弘扬科学家精神，涵养优良学风，营造创新氛围。本教材最大的特点就是创新改革，改变了原先以 51 单片机为主体，汇编语言为主要编程语言的旧有教学体系。以“将企业真正用到的知识和技能，在学生在校学习阶段系统传递”为指导原则，与企业联合研发培养方案，引入了基于软件设计方法学的“层次化软件设计思想”，构建了以“C 语言为主，汇编语言为辅”的多型单片机教学体系。此教学体系采用自顶而下的思想，构建教学内容，由浅入深，由简入繁，通过真实案例，传递企业真正需求的知识和内容，课程具备可伸缩性，可以适应不同职业学院学生、教师的不同特点及学习需求，并将促进学生职业技能与培养学生职业精神高度融合，在一定程度上可以整体提升学生职业能力、人文素质和职业素养。

1．设计理念的选取

应用“层次化软件设计思想”构建多型号单片机教学体系，系统设计上具备完善的可移植性，可在多种常用的单片机上进行程序设计（如 AVR 系列、MSP430 系列、ARM7 系列、STM32 系列等）。

2．编程语言的选取

很多高职院校在编程语言选择上以汇编语言为主，使用汇编语言的优点是代码紧凑、运行效率高，但缺点非常明显，主要表现在对目标单片机硬件结构的依赖上，造成代码移植困难，开发不同体系的单片机必须进行新的硬件结构和指令的学习，而且汇编语句抽象、不易理解、功能弱，这直接导致编程效率低下。

与汇编语言相比，采用面向单片机的 C 语言作为开发工具有着以下显著的优点。

（1）C 语言是一种结构化程序设计语言，使得编制的程序易于阅读、修改和维护。

（2）C 程序具备完善的模块化结构，便于分工协作，易于实现程序的分发与共享。

（3）C 语言是最为广泛使用的编程语言，具备丰富的函数库，能有效地减少编程的工作量。

3．软件设计思想的选取

引入企业直接需求的软件设计思想，而不停留在以流程图为主的传统过程化教学思维模式上。以流程图为主的传统过程化教学模式，在具体的企业项目实践中，缺点突出，主要表现在：

可读性差，程序代码不可重复利用，不可多人协作，不具有可移植性。应用这样编写的单片机程序代码是不符合企业对项目需求的。

本教材引入了层次化的软件设计思想，采用软件分层的方式进行软件设计，应用此思想设计的单片机程序代码具有可读性强、可复用、可多人协作和可在各种类型的单片机上进行移植等优点。对学生进行层次化软件设计思想的灌输，可以使学生从单片机的起始学习就形成优良的软件设计思想，并为后续课程和今后企业项目实践奠定坚实的基础。

二、本教材的内容组织

“单片机技术及应用”课程在内容组织上依据学生的认知规律，使用企业真实研发案例进行项目化教学，理论与实践相结合，配合必要的实训环节。其内容组织如下：

项目 1　与单片机的一见钟情——记录你与单片机的相识；

项目 2　初识层次化软件设计思想——点亮你的 LED；

项目 3　串转并的方法——控制更多的 LED；

项目 4　中断与定时器——使用数码管表达我们的信息；

项目 5　独立式按键——多功能秒表的设计与制作；

项目 6　IIC 总线——万年历的设计与制作；

项目 7　异步串行通信——与计算机之间传递信息；

项目 8　单总线——温度测量报警系统。

本书由栾秋平、宋维主编，崔立功副主编，张训华主审。参与编写本教材的还有李文秀、袁丽艳、郭军等老师。其中宋维老师为本书设计了配套实验板。由于编者水平有限，书中难免有不足与疏漏之处，敬请广大读者指正。

为便于读者学习，本书专门配备了自行设计的单片机实验板供学习者选用。单片机实验板设计的与众不同之处在于充分考虑到了硬件设计的需要，在电路布线时尽可能留下硬件设备的接口而不是将硬件与单片机的连接固定，以提高软件设计的灵活性与多样性，使得实验板增添了难得的硬件设计功能。为方便教师教学与学生自学，本书还配有教学电子资料包可免费下载。

最后作者竭诚希望本书能为读者学习单片机应用技术提供帮助，愿为读者的学习提供热忱服务，并希望与广大读者多进行沟通与交流。

编　者

2019 年 2 月

职业素养

做一个合格的单片机程序设计师

目　录

项目1 与单片机的一见钟情——记录你与单片机的相识

【任务书】

（1）解剖MP4，认知智能电子产品的构成。
（2）深入单片机的世界，构建自己的开发环境。
（3）牛刀小试，实现会唱歌的“音乐盒”。

【项目描述】

图1-1 MP4效果图

相信大家都拥有过MP4，它对于我们来说，并不会陌生，它陪伴我们度过了很长的一段时间，我们曾经用它听过音乐，看过电影，收听过广播，或者在上课偷懒的时候，记下一段有声的笔记。在当今这个智能手机时代，我们已经将曾经使用过的MP4遗忘在某个角落，不过本书却要从MP4说起，因为它能很好地阐释智能电子产品的构成，带领我们走进单片机的精彩世界。

【知识目标】

（1）了解智能电子产品的基本概念。
（2）了解单片机的基本概念。
（3）掌握智能电子产品的基本构成。
（4）掌握层次化软件设计方法的基本构成。
（5）掌握逻辑层程序的设计方法。

【能力目标】

（1）能够正常启动和退出Atmel Studio软件，创建和打开文件。

（2）能够编写基于逻辑层的C语言程序。
（3）能够打开一段程序，修改、调试和运行程序。
（4）能够处理程序中的异常情况。

【素质目标】

（1）具备正确拆装电子产品的综合能力。
（2）具备运行、调试C语言应用程序的综合能力。
（3）具备小组分工合作与协调的综合能力。

笔记：

任务一 解剖MP4，认知智能电子产品的构成

【任务要求】

（1）拆装MP4前的准备工作。
（2）拆装MP4的注意事项。
（3）拆装MP4，并认知智能电子产品的构成。

【任务引入】

智能电子产品是一个我们耳熟能详的名词，我们生活在被智能电子产品所包围的时代，我们家中使用的电视机、洗衣机、电冰箱、微波炉……是智能电子产品，我们随身携带的手机、MP3、MP4、智能手表……也是智能电子产品，由此可以知道，智能电子产品无处不在，那么我们如何来定义智能电子产品呢？

图1-2　智能电子产品

知识链接

智能电子产品：从广义上讲，是指能自动进行一定的人类逻辑思维能力判断的电子设备；从狭义上讲是指能够通过软件编程实现一定逻辑控制的电子设备。

通过定义可以看出，只要是能够在电子硬件（看得见的东西，比如说计算机上的主板、芯片、显示器、键盘等）的基础上，具备软件（看不见，但却真实存在的东西，它通过指令集代码的形式指挥着电子硬件的运行）程序控制能力的电子产品，都可以称其为智能电子产品。

知识链接

硬件：是指计算机系统中由电子、机械和光电元件等组成的各种物理装置的总称。这些物理装置按系统结构的要求构成一个有机整体为计算机软件运行提供物质基础。

软件：是一系列按照特定顺序组织的计算机数据和指令的集合。一般来讲软件被划分为系统软件、应用软件和介于这两者之间的中间件。软件并不只是包括可以在计算机（这里的计算机是指广义的计算机）上运行的电脑程序，与这些电脑程序相关的文档一般也被认为是软件的一部分。简单地说软件就是程序加文档的集合体。

此时，会在我们大脑中产生一个问题，什么样的硬件才能够运行程序呢？这就是本章需要向大家阐述的主要问题，**“透过现象看本质”**，我们先来解剖一下一个典型的智能电子产品 MP4 的结构组成。

知识链接

MP4：全称 MPEG-4，是一种使用 MPEG-4 的多媒体电脑档案格式，简称为 mp4，以储存数码音讯及数码视讯为主。现在，MP4 又可理解为 MP4 播放器（包括软件和硬件），MP4 播放器是一种集音频、视频、图片浏览、电子书、收音机等于一体的多功能播放器。

【任务指导】

一、拆装 MP4 前的准备工作

“做科研不一定需要多高的智商，但一定需要有科学严谨的态度，踏踏实实的干劲，一步一个脚印的朴实，戒绝浮躁作风，科学容不得一点掺假”（应崇福，我国著名超声科学家）。

拆装 MP4，大家有可能认为是比较简单的事情，但在学习上无论是小事还是大事，我们都应遵从严谨认真的科学精神，在拆装之前要做好以下充分的准备工作。

（1）拆装前应从互联网上充分了解即将拆装的 MP4 的型号及相关的详细资料。

（2）拆装前应先对 MP4 中的重要内容进行备份。

（3）拆装前应先将 MP4 完全关机，取下电池。

（4）拆装前建议佩戴好防静电手腕、接地线、防静电垫，以免因静电而造成 MP4 内部电路的损坏，同时保证双手干燥。

（5）拆装前确认 MP4 的螺钉型号，准备专用的螺钉旋具、小镊子和撬棒。

（6）拆装前应保证工作台面的整洁，拆下的零部件要用一个专用的容器装好，避免散失。

二、拆装 MP4 的注意事项

在拆装 MP4 时，要注意以下问题。

（1）MP4 主板上的芯片以传输弱电流信号为主，不要在强磁场和高电压下操作，以免损坏元器件。

（2）在拆卸或者安装 MP4 时，一定要按照一定的前后顺序进行操作，取放的芯片、元器件也要按一定的顺序排放，以免混淆或者丢失。

（3）对于不易拆卸的 MP4，应先研究一下 MP4 的外壳，看清外壳的配合方式，然后再进行拆卸。

（4）有些 MP4 外壳的固定螺丝十分隐蔽，拆装前应仔细查找，在没有全部拆卸螺钉的情况下不要强行打开外壳，以免对外壳造成不可修复的损坏。

（5）取下主板的过程中，要留意是否有主板与外壳相连接的排线，如果有，须先撬开排线头，然后再取外壳，以免损坏排线。

（6）显示屏为易损器件，要轻取轻放，不能用力过大。

（7）拆卸中若出现螺钉滑扣，可在螺钉旋具上垫一些东西（如双面胶、布料等），可以增加螺钉旋具与螺钉间的摩擦力。

（8）用手机记录拆卸细节，方便重新安装。

三、拆装 MP4，并认知智能电子产品的构成

按照以下步骤对 MP4 进行拆解，并认知智能设备的组成结构。

（1）本书所要拆解的 MP4 结构上比较简单，将螺钉旋下后，即可将后盖打开，其内部整体结构如图 1-3 所示，后盖上固定有扬声器和锂电池。

（2）仔细观察 MP4 的主 PCB 板，如图 1-4 所示，其主要核心部件有控芯片、DRAM 芯片、FLASH 芯片、收音机芯片、功放芯片、麦克风输入、LCD 连接器。

图 1-3　MP4 内部整体结构

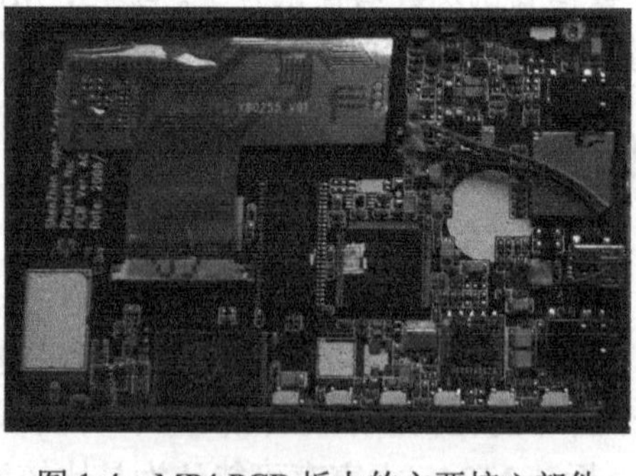

图 1-4　MP4 PCB 板上的主要核心部件

（3）接下来，通过在互联网上查找资料，来认知一下 PCB 板上的主要核心部件。

（4）如图 1-5 所示是 PCB 板上的主控芯片 RK2705，通过互联网查找得知 RK2705 是瑞芯微电子股份有限公司生产的 32 位单片机。

（5）如图 1-6 所示是 PCB 板上的 DRAM 芯片 HY57V281620，通过互联网查找得知 HY57V281620 是韩国现代公司生产的同步动态随机存储器，其主频 166MHz，容量 128MByte。现在，我们或许会问什么是 DRAM 呢？它就是计算机中使用的内存。

图 1-5　MP4 PCB 板上的主控芯片 RK2705

图 1-6　MP4 PCB 板上的 DRAM 芯片 HY57V281620

知识链接

DRAM（Dynamic Random Access Memory），即动态随机存取存储器，是最为常见的系统内存。DRAM 只能将数据保持很短的时间。为了保持数据，DRAM 使用电容存储，所以必须隔一段时间刷新一次，如果存储单元没有被刷新，存储的信息就会丢失，所以 DRAM 断电后，里面存储的信息会全部丢失。

（6）如图 1-7 所示是 PCB 板上的 FLASH 芯片 K9LBG08U0M，通过互联网查找得知 K9LBG08U0M 是韩国三星公司生产的 4GB FLASH 存储器。FLASH 芯片也就是我们平常用的 U 盘中使用的存储芯片。

知识链接

Flash 存储器简称为闪存，是一种长寿命的非易失性（在断电情况下仍能保持所存储的数据信息）的存储器，由于其断电时仍能保存数据，闪存通常被用来保存设置信息，如在计算机的 BIOS（基本输入输出程序）、PDA（个人数字助理）、数码相机中保存资料等。

（7）如图 1-8 所示是 PCB 板上的收音机芯片 TEA5767，其生产厂家为荷兰的飞利浦公司；如图 1-9 所示是 PCB 板上的功放芯片 LN4890，其生产厂家为中国的南麟电子科技有限公司；图 1-10 中的画框部分是 PCB 板与 LCD 显示器的连接线。

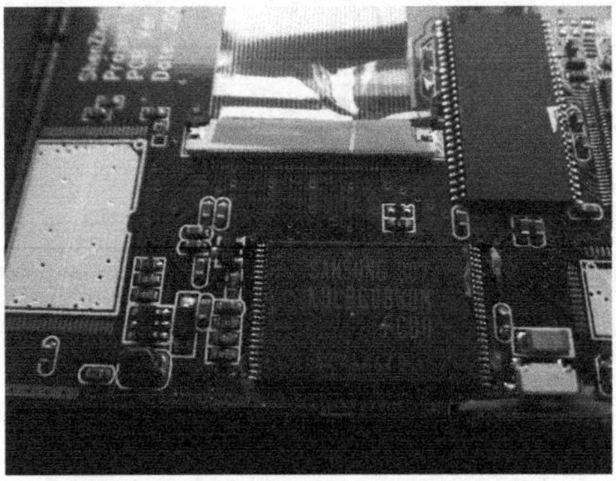

图 1-7　MP4 PCB 板上的 FLASH 芯片 K9LBG08U0M

图 1-8　MP4 PCB 板上的收音机芯片 TEA5767

（8）至此我们对 MP4 的内部构造有了一个概括性的认识，为了进一步加深理解和认知，我们将其内部构造绘制成一个原理性框图以对本任务的内容做一个小结，如图 1-11 所示。

图 1-9　MP4 PCB 板上的功放芯片 LN4890

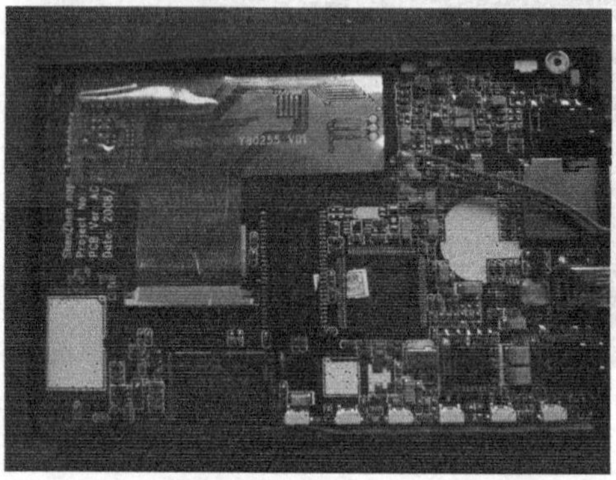

图 1-10　MP4 PCB 板上的 LCD 连接线

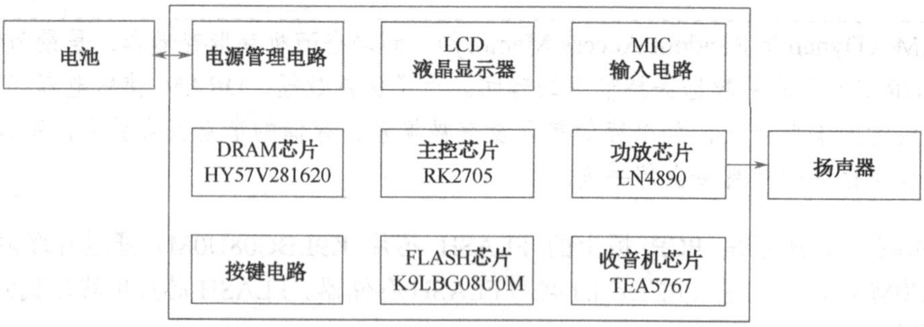

图 1-11　MP4 内部构造原理性框图

【任务小结】

通过这个任务，我们认知了 MP4 由主控制器、DRAM 存储器、FLASH 存储器和其他一些外围芯片组成。前面已经提到过 MP4 是智能电子产品的一个典型代表，那么其他的智能电子产品是否具有同样的内部结构呢？答案是肯定的。**“拨开迷雾见真知”**，接下来的任务将通过 MP4 的内部构造阐释智能电子产品内部原理，进而带领我们走进单片机的精彩世界。

笔记：____

____

____

任务二　深入单片机的世界，构建自己的开发环境

【任务要求】

（1）认知数字电子计算机。

（2）认知冯·诺依曼思想。

（3）认知单片机。

（4）选择适合学习的单片机。

（5）构建单片机开发环境。

【任务引入】

图1-12所示的计算机是世界上第1台数字电子计算机，它诞生于1946年2月14日美国宾夕法尼亚大学。本任务就从这台计算机说起。不知道大家对于这台计算机的诞生是否产生过疑问，在这台计算机之前没有计算机存在吗？答案是否定的。实际上计算机的历史可以追溯到1642年，法国科学家帕斯卡（为了纪念这位著名的科学家，在上世纪八九十年代，有一种非常流行的计算机语言 PASCAL，就是用他的名字来命名的）发明了世界上第1台机械计算机；上世纪30年代，由于战争的需要，人们又应用模拟电路发明了全电子化的模拟计算机。这些计算机的历史都早于1945年，那么为什么要说世界上第1台计算机诞生于1945年呢？我们要注意这台计算机前面有一个非常重要的修饰语——“数字”。

图 1-12　世界上第 1 台数字电子计算机

【任务指导】

一、认知数字电子计算机

电子学中有两大基础课程，模拟电子电路和数字电子电路，分别用于处理模拟信号和数字信号。那么什么是模拟信号和数字信号呢？

模拟信号是指信息参数在给定范围内表现为连续的信号，或在一段连续的时间间隔内，其代表信息的特征量可以在任意瞬间呈现为任意数值的信号，其主要特征是**连续可变**，图 1-13显示了回流焊设备的温度曲线图，就是典型的模拟信号。

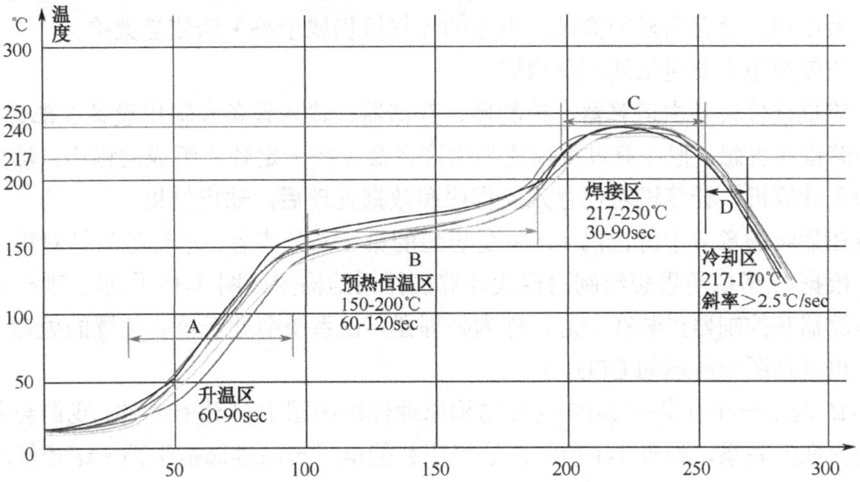

图 1-13　回流焊设备的温度曲线图

数字信号是指自变量是离散的、因变量也是离散的信号，其用 0 和 1 来表达自然界的物理状态，其主要特征是**阶跃可变**，图 1-14 显示了数字信号中一种常用的同步串行总线——IIC 总线，就是典型的数字信号。

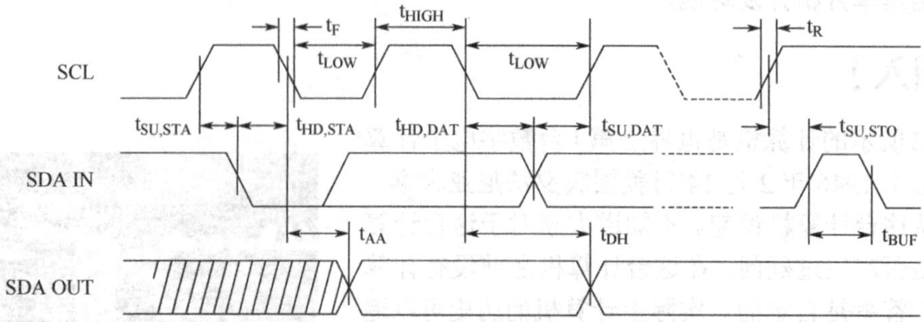

图 1-14　IIC 总线时序图

我们在自然界中接触的大部分信号都是连续可变的，例如，温度、湿度、电压、电流、压力和光强等，都是模拟信号；而在自然界中存在的数字信号几乎没有，有些信号我们可以狭义地理解为数字信号，其本质仍属模拟信号，例如，心跳信号，研究心脏的舒张和收缩两态时，可以当做数字信号理解，而当测量心电图曲线时，看到就是模拟信号。

现在反过来看一下数字电子计算机，其在名称里已经明确写出了修饰语——“数字”，所以当前的数字电子计算机是只能处理数字信号的，自然界中的模拟信号必须转化为数字信号才能被计算机所识别和处理。前文已经提到在数字信号中只有 0 和 1 两个信号(或者称其为状态)，所以现在使用的计算机无论功能多么强大，其在本质上只能识别 0 和 1 两个信号。

二、认知冯 · 诺依曼思想

说到数字电子计算机，必须提及一个人物，他就是著名的美籍匈牙利科学家冯 · 诺依曼，他在现代计算机、博弈论、核武器和生化武器等诸多领域内都有杰出成就，被后人称为“计算机之父”和“博弈论之父”。

冯 · 诺依曼思想是冯 · 诺依曼教授 1944 年提出的对于计算机基本结构和工作方式的设想，为计算机的诞生和发展提供了理论基础。时至今日，尽管计算机软硬件技术飞速发展，但计算机本身的体系结构并没有明显的突破，当今的计算机仍属于冯 · 诺依曼架构。

冯 · 诺依曼思想主要包括两部分内容。

（1）计算机硬件设备由运算器、控制器、存储器、输入设备和输出设备 5 部分组成；

（2）存储程序思想：把计算过程描述为由许多命令按一定顺序组成的程序，然后把程序和数据一起输入计算机，计算机对已存入的程序和数据处理后，输出结果。

我们将在后续的章节中讨论冯 · 诺依曼思想的第 2 部分内容，本任务只针对第 1 部分内容进行探讨。根据冯.诺依曼思想绘制的现代计算机体系结构图如图 1-15 所示。现代计算机体系结构都将运算器和控制器封装在一起，称为处理器，在系统中处于核心位置的处理器，称为中央处理器，也就是图中所述的 CPU。

将图 1-15 与上一个任务的 MP4 内部结构原理性框图图 1-11 进行对比，我们会发现两张图之间存在着内在的联系，如表 1-1 所示。这表明智能电子产品遵循基于冯 · 诺依曼思想的现代计算机体系架构，说得直白些就是，智能电子产品就是计算机的一种，它与我们平常使用的计算机、笔记本在本质上没有什么不同。

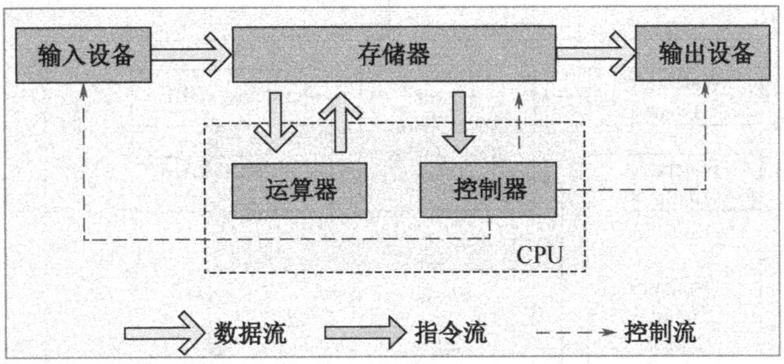

图 1-15　基于冯 • 诺依曼思想的现代计算机体系结构图

表 1-1　MP4 内部结构原理性框图与现代计算机体系结构图之间的联系

现代计算机体系结构图	MP4 内部结构原理性框图
CPU（运算器+控制器）	主控芯片 RK2705
存储器	DRAM 芯片 HY57V281620 FLASH 芯片 K9LBG08U0M
输入设备	收音机芯片 TEA5767 MIC 输入电路 按键电路
输出电路	功放芯片 LN4890 LCD 液晶显示器

三、认知单片机

是否还记得在任务 1 中如何称呼 MP4 的主控芯片 RK2705 吗？我们在任务 1 中将其称为 32 位单片机，这是本书中第 1 次触及单片机这个名词。在解释单片机这个概念之前，先来看一下单片机的内部结构图（以本书主要讲解的单片机 ATmega168PA 为例），如图 1-16 所示。当我们看到这张结构图时，是否有种似曾相识的感觉，似乎基于冯 • 诺依曼思想的现代计算机体系架构中的每一部分，在单片机内部也同样存在。事实也的确如此，图中用虚线框圈出的分别是 CPU 和存储器，其余部分为输入、输出设备。有了这个感性认识，我们再来看一下单片机的定义。

知识链接

单片机（Single Chip Microcomputer）是一种集成电路芯片，是采用超大规模集成电路技术把具有数据处理能力的中央处理器 CPU、随机存储器 RAM、只读存储器 ROM、多种 I/O 口和中断系统、定时器/计数器等功能（可能还包括显示驱动电路、脉宽调制电路、模拟多路转换器、A/D 转换器等电路）集成到一块硅片上构成的一个小而完善的微型计算机。

看到这个定义后，我们豁然开朗，原来单片机也是计算机的一种，它同样遵循基于冯 • 诺依曼思想的现代计算机体系架构，它也与我们平常使用的计算机、笔记本在本质上没有什么不同。

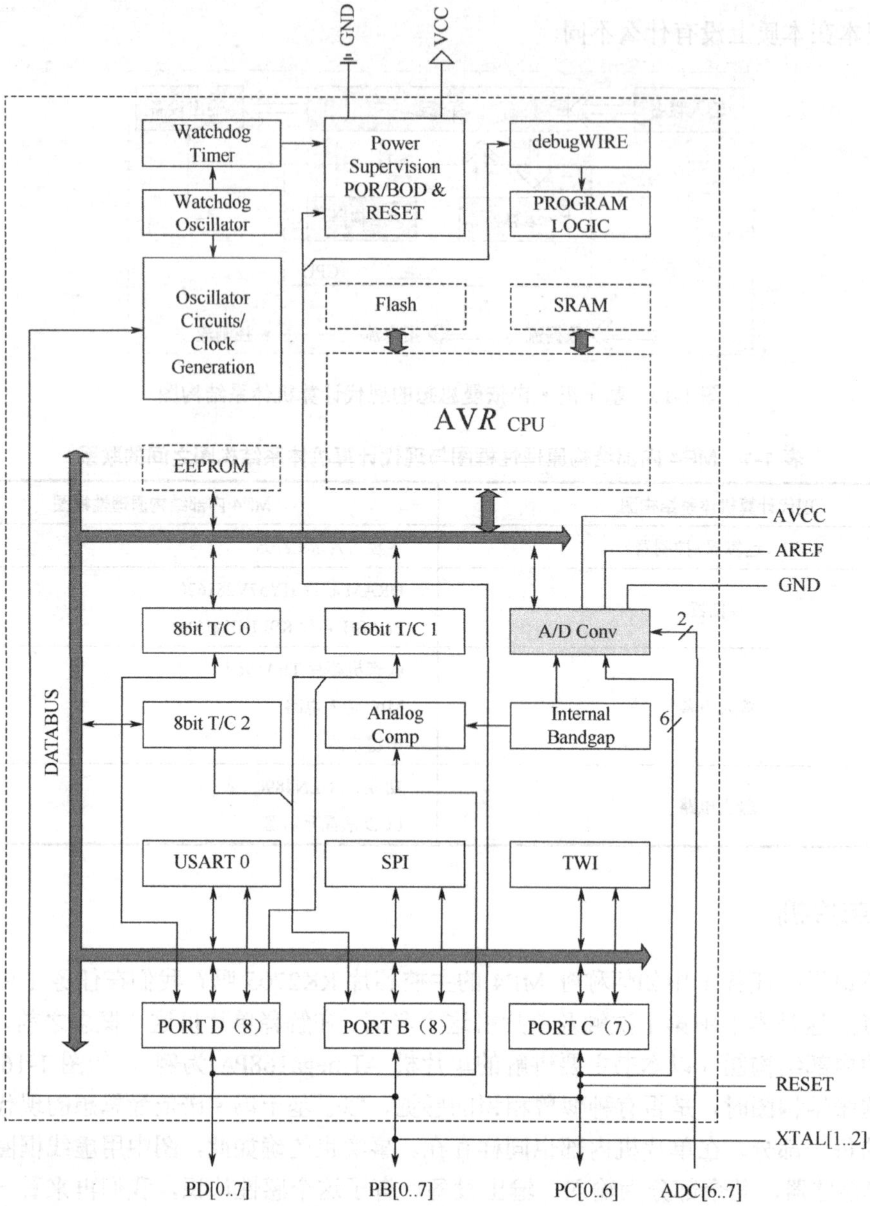

图 1-16　ATmega168PA 内部结构图

四、选择适合学习的单片机

“行是知之始，知是行之成”，在理解了单片机基本概念后，就需要我们构建自己的开发环境了。在此之前，我们还要了解一下现代单片机的应用格局，选择一款易学、易用、应用范围广的单片机进行学习。按照单片机的数据总线宽度（在现阶段可以将数据总线宽度理解为，在时间上的某一时刻，单片机可以同时处理的 1 或 0 数据的个数，例如，8 位机可以同时处理 8 个 1 或 0 的数据，32 位机可以同时处理 32 个 1 或 0 的数据）可以将单片机分为 4 位机、8 位机、16 位机、32 位机和 64 位机，如表 1-2 所示。

表 1-2　不同数据总线宽度的单片机应用领域及其典型代表

数据总线宽度	应用领域	典型代表
4 位机	需要超低成本的领域，如家用电器	东芝、NEC、华邦
8 位机	工业现场控制、家居产品、仪器仪表、汽车电子	51 系列、Atmel 公司的 AVR 系列、Microchip 公司的 PIC 系列
16 位机	数值计算、仪器仪表、汽车电子	TI 公司的 MSP430 系列
32 位机	数值计算、工业现场控制、家居产品、仪器仪表、汽车电子	ARM 系列
64 位机	通用计算机	Intel 公司、AMD 公司

从学习的难易程度上来说，数据总线宽度越宽单片机越复杂，学习难度越大；相反数据总线宽度越小单片机越简单，学习难度越小。但是，由于 4 位机大量地应用于超低成本的家用电器领域，厂家以“出量”为主要营销方式，并不热衷于在市场上进行技术上的推广，所以，很难找到 4 位机的研发资料和开发系统。

除去 4 位机，8 位机应该是初学者首选的单片机了，市面上主要的典型产品系列有：51 系列、Atmel 公司的 AVR 系列和 Microchip 公司的 PIC 系列。其中应用最为广泛的是 AVR 系列和 PIC 系列，2016 年 2 月，Microchip 公司宣布和 Atmel 公司合并，成为了单片机领域全球第 3 大供应商。在这两个系列中，选择任一系列单片机进行学习都是比较合适的。

最后再说一下 51 系列，51 系列是美国 Intel 公司于 1980 推出的产品，相比较它的前身 48 系列有了明显的改进。但相对于其他的单片机来说，51 系列已经过于古老了，不过在我国还有很多的高等院校在讲解 51 系列单片机。现在电子技术的飞速发展可以用“**突飞猛进，日新月异**”来形容，在高校中讲解一个比学生岁数还大很多的单片机，显然是不合时宜的。

综合以上观点，本书选用 Atmel 公司的 AVR 系列单片机作为学习的对象，构建教学实验板，进行单片机的讲解。

五、构建单片机开发环境

使用 AVR 系列单片机进行产品开发，需要安装 Atmel 公司的开发环境 Atmel Studio，我们可以从其网站上直接下载如图 1-17 所示。如果英文不好，进入公司网页后，可以在其主页右上角找到“简体中文”切换到中文网页，在主页的右下角即可找到其下载选项。Atmel Studio 是一套自由（free）软件，在学习和使用时可以免费使用。

图 1-17　Atmel 公司官方网站

安装好 Atmel Studio 开发环境后，我们还需要一个程序烧写软件，用于将计算机上的程序文件（准确地说是编译后的映像文件）烧写到单片机内部，本书推荐使用 PROGISP，如图 1-18 所示。

图 1-18　AVR 单片机烧写软件 PROGISP

软件安装完毕后，还需购买一些必要的硬件开发工具，主要有 AVR JTAGICE 仿真器，如图 1-19 所示以及 AVR ISP 下载器，如图 1-20 所示。其中 AVR JTAGICE 仿真器价格比较昂贵，并不是开发所必须得，本书在讲解过程中，会告诉大家应用 AVR ISP 下载器的多种调试手段以代替 AVR JTAGICE。

图 1-19　AVR JTAGICE 仿真器

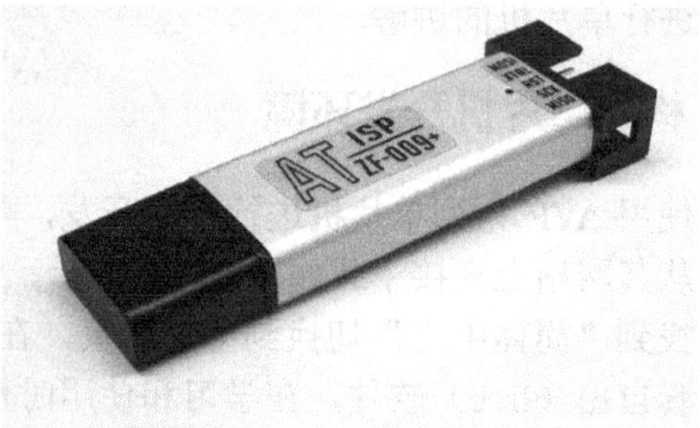

图 1-20　AVR ISP 下载器

【任务小结】

通过本任务的学习，我们已经知晓了智能电子产品和单片机都遵循基于冯·诺依曼思想的现代计算机体系架构，是计算机中的一种，而且智能电子产品的主控芯片采用单片机来完成；在此基础上，我们对现在市面上流行的单片机进行了一个概况性的认识，并选择了 Atmel 公司的 AVR 系列单片机作为学习的对象；最后构建了基于 Atmel Studio 的 AVR 单片机开发环境。**“知之愈明，则行之愈笃；行之愈笃，则知之益明”**，在下一个任务中，我们将动手实现一个会唱歌的“音乐盒”，用以加深对所学知识的理解。

笔记：

任务三　牛刀小试，实现会唱歌的“音乐盒”

【任务要求】

（1）打开 AVRWARE++例程模板，开始项目设计。

（2）熟悉程序的基本架构，调用声音播放函数。

（3）编译、下载，实现会唱歌的“音乐盒”。

【任务引入】

如图 1-21 所示是本书所使用的教学实验板，单片机采用 Atmel 公司的 ATmega168PA，并且还含有以下多种硬件资源。

图 1-21　本书所使用的教学实验板

（1）带有 1 路蜂鸣器电路。

（2）带有 8 路直接 I/O 控制 LED 灯。

（3）带有 8 路直接 I/O 控制键盘。

（4）带有 24 路串行控制 LED 灯。

（5）带有 3*3 矩阵控制键盘。

（6）带有 8 路 7 段（实际为 8 段）LED 数码管。

（7）带有 1 路实时时钟 SD2405（内含电池、温度补偿及校准电路，年误差小于 5 秒）。

（8）带有 1 路 USB 接口。

（9）带有 1 路单总线数字式温度传感器 DS18B20。

（10）带有 1 路 10 位 A/D 接口。

（11）带有 4 路 8 位 D/A 接口。

除了丰富的硬件资源外，教学实验板还引入了基于层次化软件设计思想的 AVRWARE++软件体系架构，应用 AVRWARE++软件体系架构进行单片机程序开发，用户不需熟悉硬件的结构及内部细节即可开发出结构优良的单片机程序。而且 AVRWARE++提供所有编译前的源代码，所以也可根据此源代码进行程序开发的学习，以增长自身的技能。

好了，现在就开始实现我们的第 1 个例程。

知识链接

AVRWARE++是一套开源的基于层次化软件设计思想的，用于 Atmel 公司 AVR 系列单片机开发的软件架构。相比较其他的软件架构，其具有以下的特点。

① 采用层次化软件设计思想进行单片机程序设计；

② 完备的单片机内部外设驱动程序库；

③ 可扩展的单片机外部芯片（模块）驱动程序库；

④ 提供硬件映射层，使得用户逻辑与硬件驱动分开，增加了系统的可读性、可扩展性、可移植性并有利于单片机程序设计的多人协作。

⑤ 与 MSP430WARE++（一款基于 TI 公司 MSP430 系列单片机的程序架构）在架构上完全兼容，可以相互移植，混合开发。

【任务指导】

一、打开 AVRWARE++例程模板，开始项目设计

（1）首先打开本书提供的例程模板，选择“File→Open→Project”，其对话框如图 1-22 所示，选择例程 01（LC01）下的 Program.atsln 工程文件。

（2）打开软件界面右侧的“Solution Explorer”（解决方案浏览器）面板，如图 1-23 所示，双击打开 main.c 文件。

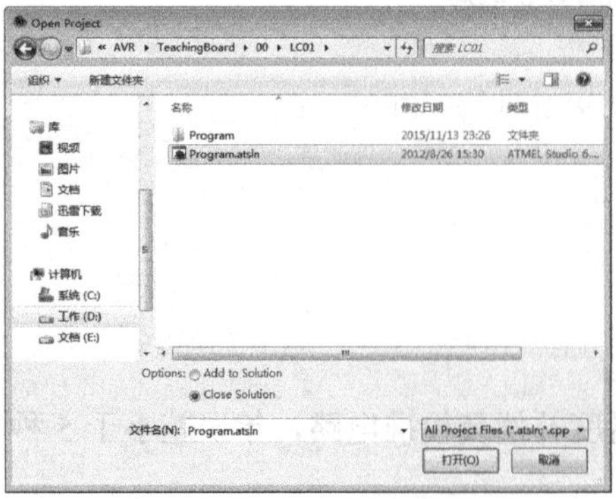

图 1-22　打开 LC01 工程

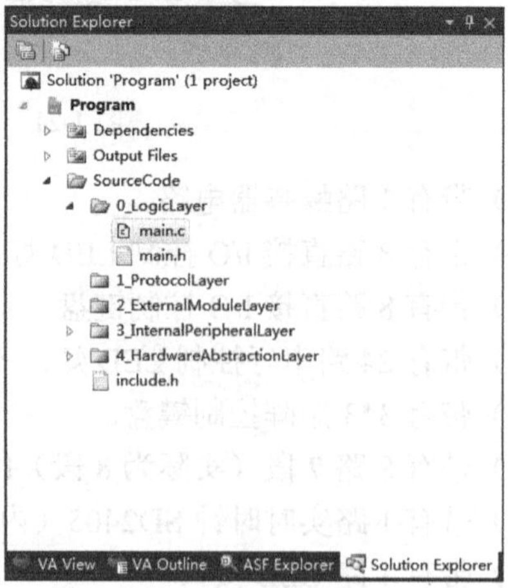

图 1-23　解决方案浏览器面板

（3）查阅发现 main.c 文件中已经有很多编写完成的程序代码，如程序 1-1 所示。

【程序 1-1】

```
//加入包含文件
#include "../include.h"
//主程序
int main(void)
{
  //定义变量

  //目标板初始化，该函数会自动初始化相应的外设文件
  TARGET_Init();
  //全局变量初始化

  //在上电时，执行的相应操作

  //后台主循环
  while(1)
  {
       //在这里完成自己的项目逻辑

       //喂狗语句，大部分工程项目都不应去除
       #if WDT_MODE!=0
           TARGET_WatchDogReset();
       #endif
  }
  return 0;    //永不执行
}
```

二、熟悉程序的基本架构，调用声音播放函数

由于大家已经学习过 C 语言程序设计，所以对于程序 1-1 所示的代码理解起来应该不太困难，现在只就重点问题，进行简要的介绍。

（1）语句：#include "../include.h"，表明包含头文件 include.h，AVRWARE++软件体系架构采用“自顶向下，层次包含”的方法进行体系架构，所以在使用时，不必熟知需调用函数所在的头文件名，在包含 include.h 头文件后，只需直接调用即可。

（2）语句：int main(void)，是 C 程序的主函数，C 语言程序设计是这样描述主函数的：C 语言规定 1 个 C 程序必须有而且只能有 1 个 main 函数，1 个 C 程序总是从 main 函数中的第 1 句程序开始执行，并在 main 函数中结束，或者永不结束。

（3）语句：TARGET_Init()，是目标板初始化函数，负责调用目标板上需初始化外设的驱动程序，此函数只需在目标板上电的时候调用 1 次即可，以后不需调用。

（4）语句：while(1)，是无限循环，当程序运行到 while(1)时，便不再退出。

知识链接

一个 C 程序中应该有“无限循环”存在吗？虽然很多人（包括 C 语言的教科书）对这个问题都持怀疑态度，但是答案是肯定的。前面已经说过不只我们面前的电脑是计算机，实际上诸如单片机这种微型计算机已经深入到了生活的各个领域，包括电视机、电冰箱、洗衣机、微波炉、投影仪……等都有单片机进行控制，我们驾驶的小型汽车上的单片机就有几十种之多，这些设备都具有一个共性就是“程序的运行与时间是不相关的”，程序不会因为时

间到达了某一时刻而停止，而只和一些外部的事件相关，例如，掉电、按键点击等。为什么能够做到这一点呢，因为这些设备里的程序无一例外都有 while(1)这个无限循环存在。那么我们还会问我们使用的电脑上的程序呢？答案也是肯定的，我们可以感觉到用计算机打字、上网、玩游戏这些应用程序的运行也是和时间不相关的，我们在用 word 编写文档的时候，不会因为使用了几个小时，而 word 自动关闭，这也说明了这些相对复杂的程序内部依然有 while(1)这个无限循环存在。

（5）语句：TARGET_WatchDogReset()，这条语句理解上有些麻烦，感觉好像和“狗”（Dog）有关系，确实如此。**“大道至简，事缓则圆”**，我们先把这个问题暂时搁置一下，在后续的章节会向大家做详细的阐述。

（6）语句：return 0，这条语句是 main 函数的返回语句，但由于 while(1)的存在，这条语句是永远不会被执行的。

（7）复习了上述知识后，我们应该能够理解到了，本例程可以通过函数调用来实现音乐的播放，如程序 1-2 所示。

【程序 1-2】

```
//加入包含文件
#include "../include.h"
//主程序
int main(void)
{
  //定义变量

  //目标板初始化，该函数会自动初始化相应的外设文件
  TARGET_Init();
  //全局变量初始化

  //在上电时，执行的相应操作

  //后台主循环
  while(1)
  {
      //在这里完成自己的项目逻辑
      PlayMusic("HappyBirthDay");                //播放歌曲：生日快乐
      PlayMusic("TheLoneStarSingingAlone");      //播放歌曲：孤星独吟
      PlayMusic("HappyNewYear");                 //播放歌曲：新年好
      PlayMusic("Nocturne");                     //播放歌曲：夜曲
      PlayMusic("Spring");                       //播放歌曲：春天在哪里
      //喂狗语句，大部分工程项目都不应去除
      #if WDT_MODE!=0
          TARGET_WatchDogReset();
      #endif
  }
  return 0;    //永不执行
}
```

三、编译和下载的步骤

（1）C 程序写完后，首先要进行代码的保存，其图标如图 1-24 所示，单击即可。

（2）接下来就要生成可执行程序了（包括编译和链接同时完成），其图标如图 1-25 所示。

图 1-24　单击保存图标进行代码保存

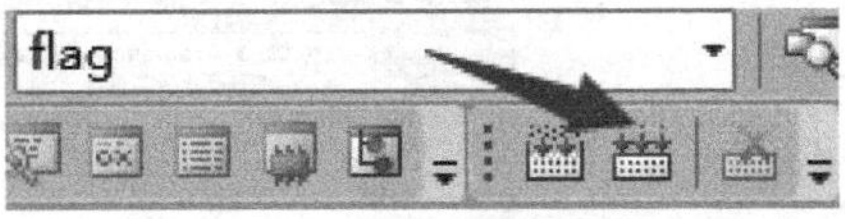

图 1-25　单击生成图标建立可执行文件

（3）如果程序在书写上没有语法错误，生成后会在输出对话框中显示，如图 1-26 所示的内容，表示程序生成正确，否则需要根据提示的内容更正程序中的相应代码。

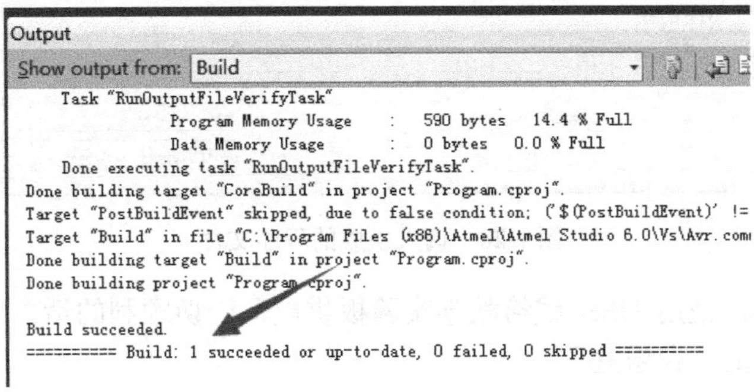

图 1-26　在输出对话框查看程序的生成情况

（4）上述步骤正确完成后，就可以将生成的可执行程序下载到教学实验板中了，如图 1-27 所示，打开下载软件 PROGISP。

图 1-27　下载软件 PROGISP 启动界面

（5）选择芯片类型为 ATmega168PA，将“比较识别字”、“芯片擦除”、“编程 FLASH”、“数据自动重载”、“校验 FLASH”等选项勾选。

（6）单击“调入 Flash”按钮，打开先前生成的程序，如图 1-28 所示，其位置在程序文件夹下的 Program-Release 文件夹下，文件名为 Program.hex。

（7）现在将下载器连接到计算机的 USB 口上，另一端接在教学实验板的程序下载口上，由于下载器可以直接给教学实验板供电，所以此时不需要单独给教学实验板供电。

（8）单击 PROGISP 软件界面上的“自动”按钮图标，如图 1-27 所示，程序便会下载到目标开发板。

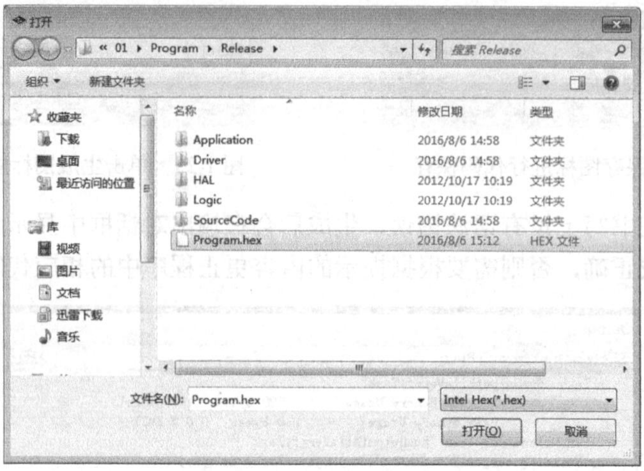

图 1-28　调入生成的程序文件

（9）断掉下载器，使用 USB 线给教学实验板供电，一切顺利的话，现在就可以欣赏我们的作品了——会唱歌的“音乐盒”。

【任务小结】

我们从解剖 MP4 开始说起，一同认知了数字电子计算机、冯·诺依曼思想，以及单片机的内涵和真谛，并在自己的开发板上实现一个简单但富有生机的实例——会唱歌的“音乐盒”。在这个时候，我们一定要切忌浮躁，因为浮躁使我们不能深入认识到事情的复杂性，不能深刻认识到做好事情的重要性；不能从事情的细节上去了解去把握，不能看到隐藏在事情背后的困难。一切才刚刚开始，“雄关漫道真如铁，而今迈步从头越”，我们已经一同走进了单片机程序设计的大门，用行神如空、行气如虹的气魄克服学习中遇到的困难，我们一定可以越过一道道难关，取得最终的胜利。

笔记：

【知识包】

请扫描二维码查阅知识包中的学习内容

评价与考核

课程名称：单片机程序设计与应用		授课地点：		
名称：与单片机的一见钟情——记录你与单片机的相识		授课教师：	授课学时：	
课程性质：理论+实践		综合评分：		
知识掌握情况评分（35 分）				
序号	**知识考核点**	**教师评价**	**配分**	**得分**
1	认知智能电子产品		10	
2	认知模拟和数字		5	
3	认知数字电子计算机		10	
4	认知冯·诺依曼思想		5	
5	认知单片机		5	
工作任务完成情况评分（65 分）				
序号	**能力操作考核点**	**教师评价**	**配分**	**得分**
1	打开 AVRWARE++工程模板		15	
2	理解 C 程序的基本框架		10	
3	添加音乐播放函数		10	
4	编译		15	
5	下载		15	
违纪扣分（20 分）				
序号	**违纪考察点**	**教师评价**	**配分**	**得分**
1	课上吃东西		5	
2	课上打游戏		5	
3	课上打电话		5	
4	其他扰乱课堂秩序的行为		5	

上课心得：____

____

____

____

思考与练习

（1）简述模拟信号与数字信号的异同点。

（2）简述冯·诺依曼思想。

（3）简述单片机的基本概念。

（4）简述 C 程序中 main 函数的 2 个重要特性。

（5）单片机 C 程序中是否应该有 while(1)存在，为什么？

教学微视频

项目 2　初识层次化软件设计思想——点亮你的 LED

【任务书】

（1）直接应用寄存器点亮 LED。

（2）控制指定 LED 的亮灭。

（3）应用层次化软件设计思想实现多路 LED 闪烁。

【项目描述】

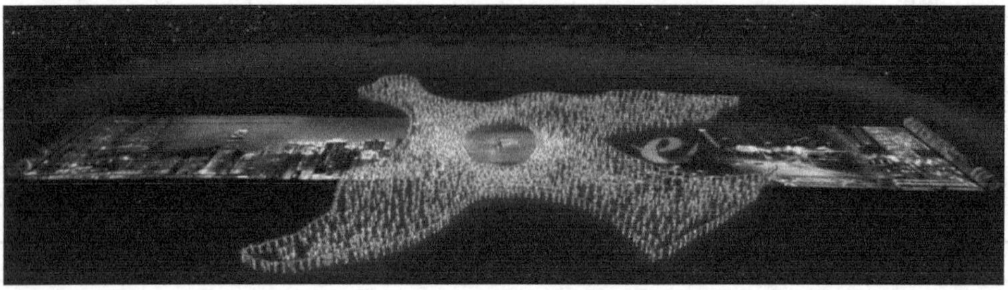

图 2-1　北京奥运会流光溢彩的开幕式场景

看到图 2-1，大家是否还能够想起 2008 年北京奥运会那流光溢彩、波澜壮阔的开幕式，是否还能想起那只正在起飞的“和平鸽”和体现中国深厚传统文化的“画轴”。“天地之间，丹青流淌，水墨晕化；天地氤氲，万物化醇。一轴长卷中国画表达出东方美学独特的时空观念与哲学精神。”

能够实现如此气势磅礴、万马奔腾的艺术效果，是与现代科技的飞速发展密不可分的。本项目就从实现这只漂亮的“和平鸽”最基本的科技元素——LED，开始说起，并借助这个项目和大家探讨一种高效的程序设计方法——“层次化软件设计思想”。

【知识目标】

（1）了解单片机控制 LED 的基本方法。

（2）掌握 C 语言中的位操作。

（3）掌握 C 语言中的宏定义。

（4）掌握置高、置低和反转功能宏的实现方法。

（5）了解层次化软件设计思想。

【能力目标】

（1）能够直接操纵寄存器控制 LED 的闪烁。

（2）能够操纵寄存器中的指定为。
（3）能够将硬件原理图直译成映射层。
（4）能够进行逻辑层代码的设计。

【素质目标】

（1）具备编写分层次程序代码的初步能力。
（2）具备运行、调试 C 语言应用程序的综合能力。
（3）具备小组分工合作与协调的综合能力。

笔记：

任务一　直接应用寄存器点亮 LED

【任务要求】

（1）单片机控制 LED 发光的基本方法。
（2）应用 PORTC 寄存器控制 LED 闪烁。
（3）程序代码解读。

【任务引入】

在开始本项目的任务之前，我们先来简要地认知一下 LED。LED 的英文全称是 Light Emitting Diode，翻译成中文就是发光二极管，是一种能够将电能转化为光能的半导体器件，它改变了白炽灯钨丝发光与节能灯三基色粉发光的原理，而采用电场发光。相对于传统的发光器件，LED 具有寿命长、光效高、低辐射与低功耗等众多优点，且白色 LED 的光谱几乎全部集中于可见光频段，其发光效率超过 150lm/W。如图 2-2 所示为 LED 发光带。

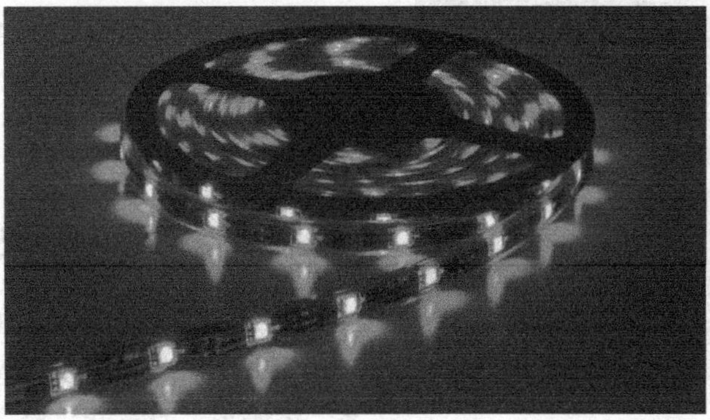

图 2-2　LED 发光带

知识链接

光通量（lm）：由于人眼对不同波长的电磁波具有不同的灵敏度，所示不能直接用光源的辐射功率或辐射通量来衡量光能量，必须采用以人眼对光的感觉量为基准的单位——光通量来衡量。光通量用符号Φ表示，单位为（lm）。

LED 是特殊的二极管，和普通二极管一样由半导体芯片组成。半导体芯片是 LED 的核心，它附着在基底上，直接连接负极，正极则由导线连接阳极接柱，由反射碗增强芯片的照明效果，整个芯片被环氧树脂封装起来。LED 的结构组成如图 2-3 所示。

简单来讲，LED 由多层很薄的掺杂半导体材料制成，一层带过量的电子（N 区），另一层缺乏电子而形成正点的“空穴”（P 区），如图 2-4 所示。给 LED 两端加上电压（P 区加正电压，N 区加负电压），则会在 LED 中形成电场，当电场能量越过“费米能级（Fermi level）”时，电子便会穿过“禁带（band gap）”到达“空穴”区，从而形成电流。电子和空穴相互结合会释放能量，从而发出可见光。

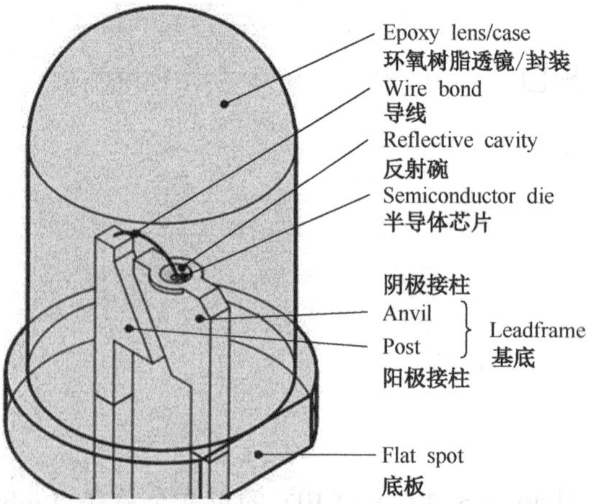

图 2-3 LED 的结构组成

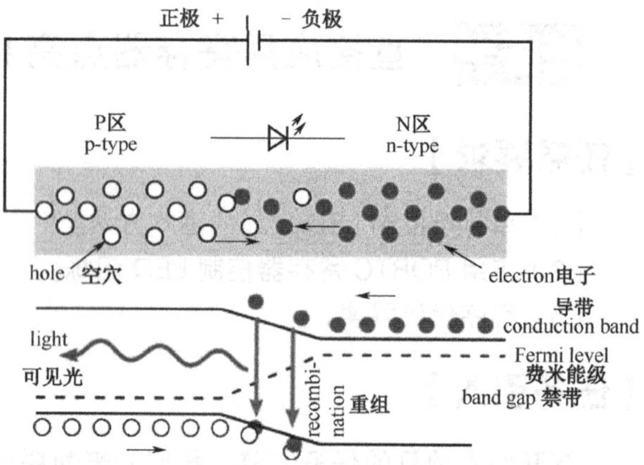

图 2-4 LED 的发光原理

图 2-5 显示了常见发光二极管的颜色，分别为绿色、蓝色、红色、黄色和白色。这是因为它们掺杂了不同的化学物质而形成的。除了白色 LED 作为主要照明器件外，绿色 LED、蓝色 LED、红色 LED 较为重要，因为根据“三基色原理”，可以应用绿色 LED、蓝色 LED、红色 LED 发出自然界中的各种可见光。

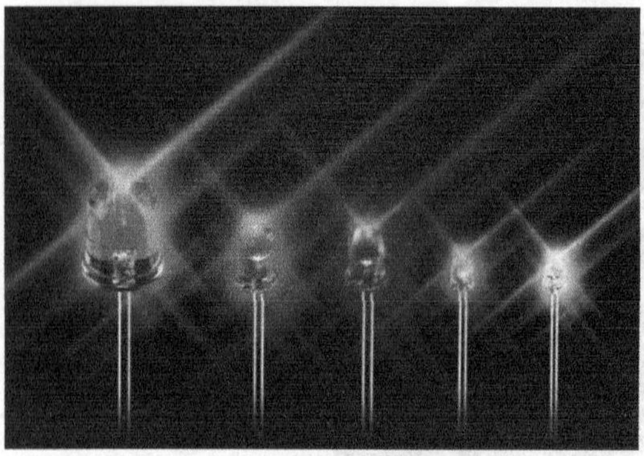

图 2-5 LED 的常见颜色

【任务指导】

一、单片机控制 LED 发光的基本方法

图 2-6 显示了单片机的最小系统图，大家第一次见到时，一定会觉得蛮复杂的。不过没有关系，俗语说“万事开头难”，我们采取蚕食策略，一点一点地进行消化，现在我们只需要关注驱动

LED 的相关电路。图中实线框部分标识了电路中 LED 的正确使用方法，其中 VCC 为供电电压，整个系统中采用 3.3V 供电，R0 是电阻，标称为 1k，接到 AVR 单片机 ATmega168PA 的 PORTC 端口的第 2 引脚，也就是 PC2。

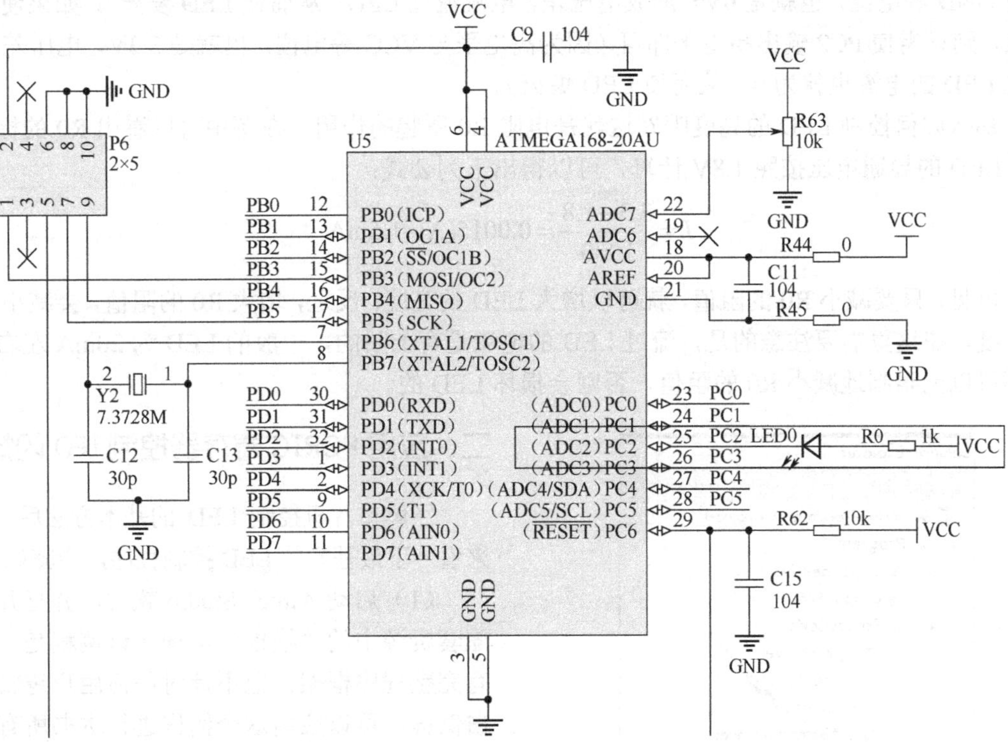

图 2-6　含有 LED 控制电路的单片机最小系统图

知识链接

端口（PORT）：单片机用于实现数据并行输入和输出的引脚集合，其所包含的数量与单片机的位数相关。例如：8 位单片机每个端口包含 8 个引脚，16 位单片机每个端口包含 16 个引脚，32 位单片机每个端口包含 32 个引脚。由于我们使用的单片机为 8 位单片机，所以从图 2-6 可以看出，每个端口最多包含 8 个引脚，整个单片机包含 3 个端口，分别为 PORTB、PORTC 和 PORTD。

在项目 1 中，我们已经探讨过了，单片机是以数字电路为基础的微型计算机，其只处理 0 和 1 两种信号。0 和 1 这两种信号映射到单片机的端口和引脚上，是如何定义的呢？答案是：0 表示低电平，此引脚电平与地（GND）等电位；1 表示高电平，此引脚电平与电源 VCC（3.3V）等电位，此外 0 和 1 还在单片机中表示其他一些信息，例如，引脚的方向，引脚的上拉（上拉电阻是否使用）等，这些将在后续的章节中介绍。

在任务引入中，已经介绍了 LED 的发光原理，已经得知 LED 是二极管的一种，具有二极管所具有的特性。其也是单向导电，但导通电压比普通二极管高许多，并随着颜色的不同而不同，一般红色发光二极管的导通电压在 1.8V 左右。由于其具有单相导电性，其正极应与高电平相连接，负极应与低电平相连接，这样才能保证电流流过 LED，从而使 LED 发光，且 LED

的发光强度与流过的电流相关，电流越大，LED 越亮；反之，电流越小，LED 越暗。

参照图 2-6，可以观察到 LED 的正极通过一个电阻与 VCC（3.3V）电源相连接，负极直接与 PC2 相连接，不难分析出，如果使 LED 发光，则只需使 PC2 输出低电平即可（因为低电平与 GND 等电位，也就是 0V，形成电压差，电流流过 LED，从而使 LED 发光）；如果使 LED 熄灭，则只需使 PC2 输出高电平即可（因为高电平与 VCC 等电位，也就是 3.3V，电压差为 0，流过 LED 的电流也就为 0，从而使 LED 熄灭）。

那么如何控制 LED 的亮度呢？这就是电阻 R0 所起的作用，在图中可以看出 R0 的标称为 1k，LED 的导通电压按照 1.8V 计算，可以得出下列公式：

$$I=\frac{3.3-1.8}{1000}=0.0015(\text{A})=1.5\text{mA}$$

可见，只要减小 R0 的阻值，就可以增大 LED 的亮度；反之，增大 R0 的阻值，会减小 LED 的亮度。在这里需要注意的是，流过 LED 的电流是有上限的，一般的 LED 为 20mA 左右，所以不可以无限制地减小 R0 的阻值，否则会损坏 LED 的。

二、应用 PORTC 寄存器控制 LED 闪烁

了解单片机控制 LED 的基本方法后，首先来看一下最基本的 LED 控制程序，步骤如下。

（1）启动 Atmel Studio 软件，并打开随书配套资源中的“模板”例程（该例程是一个具有完整程序框架，但不针对任何用户逻辑的空白例程，可以应用这个例程进行本书所有的程序开发）。

（2）在屏幕右面的 Solution Explorer 面板中找到 main.c 文件，双击打开，如图 2-7 所示。

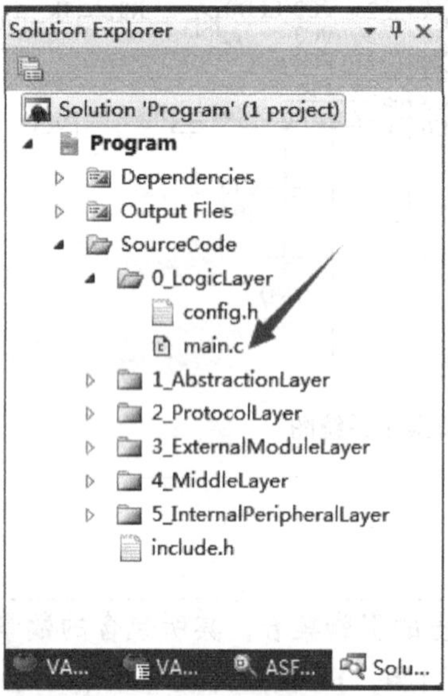

图 2-7　在 Solution Explorer 面板中打开 main.c 文件

（3）在程序中找到 main 函数，如果对这个函数中的内容还有什么不理解，可以重新再看一下项目 1 中的相关内容。

（4）输入如程序 2-1 所示的程序。

【程序 2-1】

```
//加入包含文件
#include "../include.h"

//定义系统常量

//定义全局变量

//主程序
int main(void)
{
  //定义局部变量

  //目标板初始化，该函数会自动初始化相应的外设文件
  TARGET_Init();

  //初始化全局变量
```

```
    //在上电时，执行的相应操作
    DDRC = 0xFF;
    //后台主循环
    while(1)
    {
        //在这里完成自己的项目逻辑
        PORTC = 0x00;
        TARGET_Delayms(1000, 1);
        PORTC = 0xFF;
        TARGET_Delayms(1000, 1);
        //喂狗语句，大部分工程项目都不应去除
        #if INTERNAL_PERIPHERAL_WDT_MODE != 0
            TARGET_WatchDogReset();
        #endif
    }
    return 0;    //永不执行
}
```

（5）根据项目 1 中所示的方法对程序进行编译。

（6）使用杜邦线将教学实验板上的 LED 模块部分的 LED0 与单片机的 PC2 引脚相连接。

（7）根据项目 1 中所示的方法将二进制文件下载到单片机中。

（8）给教学实验板供电，如果一切正确的话，我们可以看到实验板上的 LED0 以 1 秒为间隔闪烁。

三、程序代码解读

在完成上述步骤后，我们对程序进行分析。

（1）程序中使用了 AVR 的两个寄存器分别为 DDRC 和 PORTC，其中 DDRC 为方向寄存器，PORTC 为端口寄存器，由于 AVR 为 8 位机，所以其寄存器宽度绝大部分宽度也为 1 个字节（8 位），DDRx 寄存器和 PORTx 寄存器，每位对应相应端口的 1 个引脚，如表 2-1 所示，对于 ATmega168PA，x 对应 B、C、D 三个端口，这里还需要指出的是，今后我们在学习单片机的过程中，数字不加声明均从 0 起算，这与我们日常生活中的习惯不大相同，大家务必注意。

表 2-1　寄存器与引脚对照表

寄存器	BIT7	BIT6	BIT5	BIT4	BIT3	BIT2	BIT1	BIT0
引脚	PIN7	PIN6	PIN5	PIN4	PIN3	PIN2	PIN1	PIN0

知识链接

寄存器（register）：是在单片机设计时就已经定义功能的，离单片机内部 CPU 最近的存储单元，操纵寄存器可以使单片机完成指定的功能，寄存器中的数据在单片机掉电后会消失。由于单片机的功能不同，其在寄存器的定义上也不尽相同，相比较而言，8 位单片机的寄存器较为简单，位数越高寄存器功能越复杂。也正是基于上述原因，使得直接操纵寄存器的程序，不具有可移植性。

（2）DDRx 寄存器的每位表示对应引脚的方向，单片机引脚的方向有输出和输入之分，输出是指向外发出高低电平，输入是指测试外部电平的高与低。当把 DDRx 寄存器的相应位置成

1，则对应的引脚方向为输出，当把 DDRx 寄存器的相应位置成 0，则对应的引脚方向为输入。通过上述讲述我们不难分析出，程序应当将 PC2 引脚置成输出方向，才能控制 LED 的亮灭，也就是应当在程序中将 DDRC 的 BIT2 置成 1。

（3）当 DDRx 中相应的引脚置成输出方向后，PORTx 寄存器的每位表示输出电平的高或者低。当把 PORTx 寄存器的相应位置成 1，则对应的引脚输出高电平，也就是电源 VCC 的电压，对应本实例应该为 3.3V；当把 PORTx 寄存器的相应位置成 0，则对应的引脚输出低电平，也就是地 GND，对应本实例应该为 0V。通过上述讲述不难分析出，将 PORTC 的 BIT2 置成 1，则 LED0 灭；将 PORTC 的 BIT2 置成 0，则 LED0 亮。

（4）下面我们来理解一下语句 DDRC = 0xFF，数字前面加 0x 表示十六进制数，十六进制数、十进制数与二进制数的对应关系，如表 2-2 所示。

表 2-2　十六进制数、十进制数与二进制数的对应关系

十六进制	十进制	二进制
0x00	0	0000
0x01	1	0001
0x02	2	0010
0x03	3	0011
0x04	4	0100
0x05	5	0101
0x06	6	0110
0x07	7	0111
0x08	8	1000
0x09	9	1001
0x0A	10	1010
0x0B	11	1011
0x0C	12	1100
0x0D	13	1101
0x0E	14	1110
0x0F	15	1111

仔细观察表 2-2，可以得到如下规律：

① 十六进制逢十六进一，用 A、B、C、D、E、F 表示十进制的 10、11、12、13、14、15。

② 二进制逢二进一，4 位二进制对应 1 位十六进制。

③ 应用“8421”规则进行二进制与十六进制之间的快速转换，即二进制的第 0 位置 1，表示 1；二进制的第 1 位置 1，表示 2；二进制的第 3 位置 1，表示 4；二进制的第 4 位置 1，表示 8，正确转换后，进行加法运算即可求出相应的十进制或十六进制。

例 2-1：将二进制数 1011 转换为十六进制数。

解：根据 8421 规则，1011 的第 3、1、0 位为 1，对应的数字为 8、2、1，将此 8、2、1 进行加法运算答案为 11，所以对应的十六进制数为 0x0B。

例 2-2：将十六进制数 0x0E 转换为二进制数。

解：十六进制数 0x0E 是十进制数的 14，根据 8421 规则，可以把 14 分解为 8、4、2 三个数字之和，8、4、2 对应的二进制位为 3、2、1，所以转换后的二进制数是 1110。

④ 对于高于 4 位的二进制数与十六进制数的转换，可以采取左端补 0（根据数学常识，

数字左端补 0，其数值不改变)，将位数凑足为 4 的倍数，然后 4 位二进制一组，分别转换为十六进制数的方法进行转换。

例 2-3：将二进制数 1011001 转换为十六进制数。

解：二进制数 1011001 为 7 位，左端补 1 个 0 后为 01011001，其位数为 8。将其以 4 位为 1 组分别进行转换，第 1 组为 0101，转换为十六进制数是 5，第 2 组为 1001 转换为十六进制数是 9，所以最后的答案是 0x59。

例 2-4：将十六进制数 0x3C 转换为二进制数。

解：十六进制数 0x3C 可以看作两个十六进制数 3、C，分别进行转换。3 转换成二进制数为 0011，C 转换成二进制数为 1100，所以转换后的二进制数为 111100。

根据上述知识再来理解一下语句 DDRC = 0xFF，0xFF 对应的二进制数为 11111111，DDRC 为 8 位寄存器，分别表示引脚 PC7-PC0 的输入/输出方向，将对应的位置 1 表示输出，对应的位置 0 表示输入。所以 DDRC = 0xFF 语句的含义是将引脚 PC7～PC0 的方向置位输出。

（5）语句 PORTC = 0x00 和 PORTC = 0xFF，大家现在是否已经不难理解了，语句 PORTC = 0x00 表示将引脚 PC7～PC0 全部输出低电平，语句 PORTC = 0xFF 表示将引脚 PC7～PC0 全部输出高电平。我们已经在前面分析过了，按照图 2-6 的电路设计方法，引脚输出低电平点亮 LED，引脚输出高电平熄灭 LED。

（6）语句 TARGET_Delayms(1000, 1)的含义是延时 1 秒，其中第 1 个参数应该很好理解表示延时的时间单位为毫秒（ms），1000 毫秒对应 1 秒，所以延时为 1 秒，第 2 个参数用于程序的喂狗（这是本书中第 2 次提到“狗”了，还需要再放一下，一切都不着急）。

（7）有了上述的知识，我们再看 main 函数中的内容应该不会太困难了，流程图如图 2-8 所示。

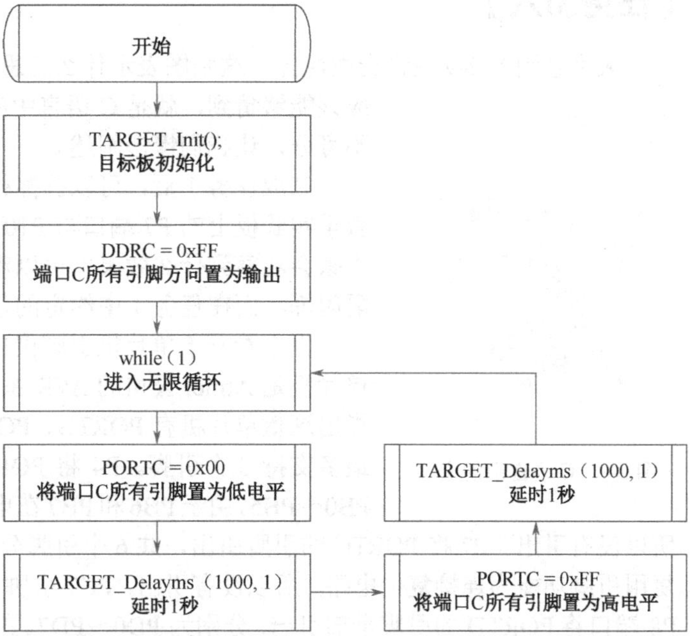

图 2-8　直接使用寄存器使 LED 以 1 秒为间隔闪烁流程图

【任务小结】

通过这个任务，首先对 LED 的发光原理有了一个感性的认识，并领会了使用单片机控制 LED 亮灭的要点；然后，学习了 DDRx 和 PORTx 两个寄存器，并编写程序通过对这两个寄存器进行读写操作达到了控制 LED 亮灭的效果。不仅如此，还复习了有关进制转换的知识，掌握了应用“8421”规则快速进行进制转换的方法。虽然，完成这个任务的时候，可以观察到 LED0 以 1 秒为间隔闪烁的结果，不过对于这个任务还是有问题存在的，大家不妨将教学实验板的 P7 端口与 P10 端口通过 2×5 的软排线相连接，然后再给教学实验板通电。大家看到了什么效果？和约定的效果一致吗？为什么会是这个效果呢？将在任务二中加以介绍。

笔记：

任务二 控制指定 LED 的亮灭

【任务要求】

（1）认知 C 语言中的位操作。
（2）操纵寄存器中的指定位。
（3）认知 C 语言中的宏定义。
（4）置高、置低和反转功能宏。

【任务引入】

大家看到图 2-9 或许会很诧异，这张图表示什么意思呢？如果大家完整地学习了 C 语言，应该能够猜到，就是 C 语言中的“宏”。任务二中的内容与“宏”密不可分，让我们慢慢阐述。

图 2-9　C 语言中的宏

完成任务 1 后，可以拆掉杜邦线，然后直接使用 2×5 软排线将教学实验板上的 P7 端口与 P10 端口相连接，再给教学实验板通电，大家会观察到什么效果？可以观察到，LED0～LED5 均以 1 秒为间隔闪烁，而在任务 1 中约定的任务要求是 LED0 以 1 秒为间隔闪烁。

先来看一下单片机引脚接口的电路图，如图 2-10 所示。使用的单片机是 Atmel 公司的 AVR 系列的 ATmega168PA，上一个任务已经指出这款单片机有 PORTB、PORTC 和 PORTD 三个端口，每个端口最多支持 8 个引脚。P4 将 PORTB 的引脚引出，共 6 个引脚分别为 PB0～PB5，由于 PB6 和 PB7 在电路中复用引脚功能为连接外部晶振，所以没有引出。P7 将 PORTC 的引脚引出，共 6 个引脚分别为 PC0～PC5，由于 PC6 在电路中复用引脚功能为连接复位电路，所以没有引出，PC7 引脚 ATmega168PA 在封装时就没有引出。P8 端口将 PORTD 的引脚全部引出，分别为 PD0～PD7。P4、P7 和 P8 的 9、10 引脚均连接 VCC 电源（3.3V）。

接下来，我们看一下 LED 模块电路图，如图 2-11 所示，P10 端口的引脚 1～8 分别对应 LED0～LED7，引脚 9 和 10 通过电阻连接 LED 的正极。使用 2×5 软排线将 P7 端口与 P10 端口相连接，除了使 VCC 电源连接到 LED 正极外，还将单片机的 PORTC 与 LED 的负极相连接，其连接示意如下：

PC0->LED0
PC1->LED1
PC2->LED2
PC3->LED3
PC4->LED4

PC5->LED5

空->LED6

空->LED7

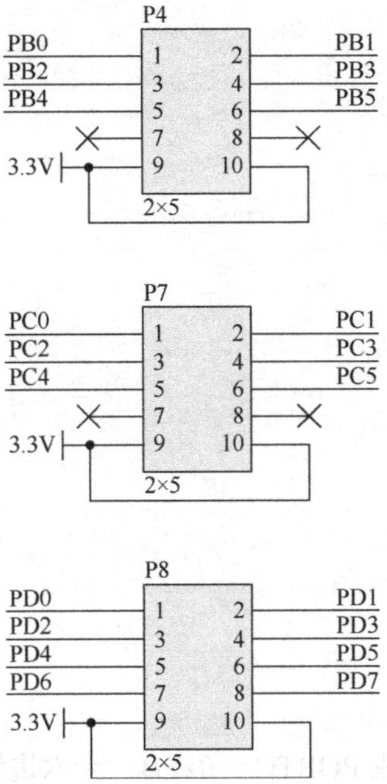

图 2-10　ATmega168PA 引脚接口电路图

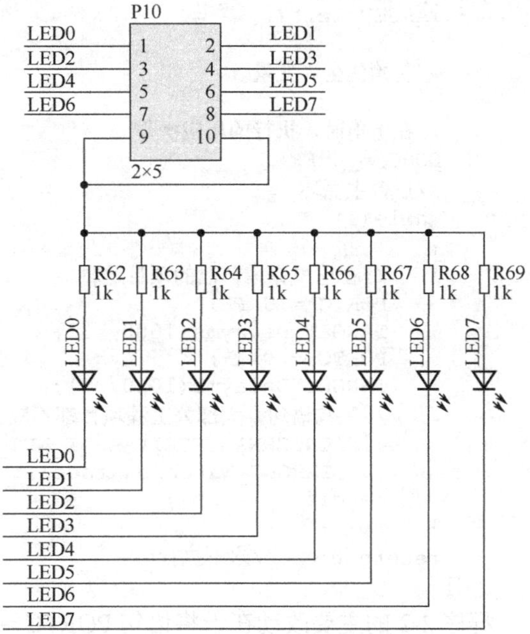

图 2-11　LED 模块电路图

这就解释了 LED6 和 LED7 不闪烁的原因，因为 PORTC 没有 PC6 和 PC7，所以无法控制 LED6 和 LED7。那么为什么 LED0～LED5 同时闪烁呢？让我们带着这个问题开始任务吧。

【任务指导】

一、认知 C 语言中的位操作

再来回顾一下上个任务的程序语句 PORTC = 0x00，十六进制数 0x00 对应的二进制数是 000000000，就是对 PORTC 寄存器的 BIT7～BIT0 全部置 0，则相应的引脚全部输出低电平，此时除了没有引脚控制的 LED6 和 LED7 之外，其余 6 个 LED 全部点亮；同理，PORTC = 0xFF，则对 PORTC 寄存器的 BIT7～BIT0 全部置 1，相应的引脚全部输出高电平，所有 LED 全部熄灭。

理解了上述原因后，接下来在我们头脑中呈现出来的问题是，“如何控制 1 个 LED 闪烁呢？”，例如，只针对 PC2 引脚进行设置，从而仅控制 LED2，首先分析一下程序 2-2 是否能够做到。

【程序 2-2】

```
//加入包含文件
#include "../include.h"

//定义系统常量

//定义全局变量

//主程序
```

```
int main(void)
{
  //定义局部变量

  //目标板初始化，该函数会自动初始化相应的外设文件
  TARGET_Init();

  //初始化全局变量

  //在上电时，执行的相应操作
  DDRC = 0xFF;
  //后台主循环
  while(1)
  {
      //在这里完成自己的项目逻辑
      PORTC = 0xFB;
      TARGET_Delayms(1000, 1);
      PORTC = 0xFF;
      TARGET_Delayms(1000, 1);
      //喂狗语句，大部分工程项目都不应去除
      #if INTERNAL_PERIPHERAL_WDT_MODE != 0
          TARGET_WatchDogReset();
      #endif
  }
  return 0;    //永不执行
}
```

程序 2-2 的主要改动在于将语句 PORTC = 0x00，改成 PORTC = 0xFB。十六进制数 0xFB 转换为二进制数是 11111011，可看见除 BIT3 为 0 外，其余位均为 1，将 0xFB 赋予 PORTC 寄存器，则相应的引脚除 PC2 输出低电平外，其余引脚均输出高电平，所以只有 PC2 所对应的 LED2 点亮，其余 LED 均处于熄灭状态。语句 PORTC = 0xFF 由上可知，其作用是 PORTC 所有引脚均输出高电平，所有 LED 均处于熄灭状态。按照前面所述的方法对这段程序进行编译并下载到教学实验板中，我们可以观察到，只有 LED2 以 1 秒为间隔闪烁，其余 LED 均处于熄灭状态，从表面上达到了我们想要的效果。

真达到了我们想要的效果吗？我们的任务要求是只控制 LED2，而并非让其他 LED 处于熄灭状态，其他 LED 也可以处于点亮状态，只是程序不去处理而已。而程序 2-2 强制将其余 LED 全部熄灭，所以程序 2-2 达不到我们想要的效果。如何才能达到控制一个引脚的目的呢？这就需要借助 C 语言中操纵底层硬件的运算符：位运算。

C 语言中的位运算符一共有 6 个，分别为&、|、^、~、<<、>>，详细解释如表 2-3 所示。

表 2-3　C 语言中的位运算符

运算符	含义	描述
&	按位与	如果两个相应的二进制位都为 1，则该位的结果值为 1，否则为 0
|	按位或	两个相应的二进制位中只要有一个为 1，该位的结果值为 1
^	按位异或	若参加运算的两个二进制位值相同则为 0，否则为 1
~	取反	一元运算符，用来对一个二进制数按位取反，即将 0 变 1，将 1 变 0
<<	左移	用来将一个数的各二进制位全部左移 *N* 位，右补 0
>>	右移	将一个数的各二进制位右移 *N* 位，移到右端的低位被舍弃，对于无符号数，高位补 0

有了基本的概念后，我们以实例的形式详细说明位运算的使用方法。

例 2-5：试计算 3 & 5 的运行结果。

解：
```
        00000011 <- 0x03
      & 00000101 <- 0x05
        -----------
          00000001 -> 0x01
```
例 2-6： 试计算 3 | 5 的运行结果。

解：
```
        00000011 <- 0x03
      |   00000101 <- 0x05
        -----------
          00000111 -> 0x07
```
例 2-7： 试计算 3 ^ 5 的运行结果。

解：
```
        00000011 <- 0x03
      ^   00000101 <- 0x05
        -----------
          00000110 -> 0x06
```
例 2-8： 试计算~ 5 的运行结果。

解：
```
    ~   00000101 <- 0x05
        -----------
          11111010 -> 0xFA
```
例 2-9： 试计算 5<<3 的运行结果。

解：
```
        00000101 <- 0x05   << 3
        -----------
          00101000 -> 0x28
```
例 2-10： 试计算 5>>1 的运行结果。

解：
```
        00000101 <- 0x05   >> 1
        -----------
          00000010 -> 0x02
```

二、操纵寄存器中的指定位

接下来，我们看一下如何应用位运算来操作字节中的指定位。

例 2-11： 写出表达式，使得将给定字节 x 通过该表达式运算后，仅第 4 位置成 1，其余位保持不变。

分析： 此问题要求将字节 x 的第 4 位置成 1，其余位保持不变，用 X 表示字节中的位，需要达到如下效果：
```
      XXXXXXXX
  ?
  -----------
      XXX1XXXX
```
大家仔细思考后，可以得到如下答案：
```
      XXXXXXXX
  |   00010000
```

XXX1XXXX

所以表达式为： x = x | 0x10。

是否可以让该表达式再形象一些，即让 0x10 与 4（第 4 位）产生联系，大家仔细思考后，可知 0x10 = 1 << 4，所以可以得到最终的表达式：x = x | (1 << 4)，或者表达式为 x |= (1 << 4)。

例 2-12：写出表达式，使得将给定字节 x 通过该表达式运算后，仅第 4 位置成 0，其余位保持不变。

分析：此问题要求将字节 x 的第 4 位置成 0，其余位保持不变，用 X 表示字节中的位，需要达到如下效果：

XXXXXXXX

?

XXX0XXXX

大家仔细思考后，可以得到如下答案：

XXXXXXXX

& 11101111

XXX0XXXX

所以表达式为： x = x & 0xEF。

是否可以让该表达式再形象一些，即让 0xEF 与 4（第 4 位）产生联系，大家仔细思考后，可知 0xEF = ~(1 << 4)，所以可以得到最终的表达式：x = x & ~(1 << 4)，或者表达式为 x &= ~(1 << 4)。

例 2-13：写出表达式，使得将给定字节 x 通过该表达式运算后，仅第 4 位反转，其余位保持不变。

分析：此问题要求将字节 x 的第 4 位置成 0，其余位保持不变，用 X 表示字节中的位，需要达到如下效果：

XXXXXXXX

?

XXX$\bar{X}$XXXX

大家仔细思考后，可以得到如下答案：

XXXXXXXX

^ 00010000

XXX$\bar{X}$XXXX

所以表达式为：x = x ^ 0x10。

是否可以让该表达式再形象一些，即让 0x10 与 4（第 4 位）产生联系，大家仔细思考后，可知 0x10 = ~(1 << 4)，所以可以得到最终的表达式：x = x ^ (1 << 4)，或者表达式为 x ^= (1 << 4)。

通过例 2-11、例 2-12 和例 2-13，我们得到操作字节中某一位的方法，用 x 表示字节，y 表示需要置高或置低的位，可以得到表达式：

```
置高x字节的第y位：x |= (1 << y)
置低x字节的第y位：x &= ~(1 << y)
反转x字节的第y位：x ^= (1 << y)
```

应用上述 3 个表达式，我们就可以操纵指定寄存器的高低了，仍以 PC2 控制 LED2 为例，可以改写程序 2-2，如程序 2-3 所示。

【程序 2-3】

```
//加入包含文件
#include "../include.h"

//定义系统常量

//定义全局变量

//主程序
int main(void)
{
  //定义局部变量

  //目标板初始化，该函数会自动初始化相应的外设文件
  TARGET_Init();

  //初始化全局变量

  //在上电时，执行的相应操作
  DDRC |= (1 << 2);
  //后台主循环
  while(1)
  {
        //在这里完成自己的项目逻辑
        PORTC &= ~(1 << 2);
        TARGET_Delayms(1000, 1);
        PORTC |= (1 << 2);
        TARGET_Delayms(1000, 1);
        //喂狗语句，大部分工程项目都不应去除
        #if INTERNAL_PERIPHERAL_WDT_MODE != 0
            TARGET_WatchDogReset();
        #endif
  }
  return 0;    //永不执行
}
```

按照前面所述的方法对这段程序进行编译并下载到教学实验板中，我们可以观察到，只有 LED2 以 1 秒为间隔闪烁，其余 LED 会保持原先的状态，这样才达到了我们想要的效果。

三、认知 C 语言中的宏定义

程序 2-3 实现了单独控制 PC2，不影响其他引脚状态的目的。但置高、置低和反转三个表达式对于一般的程序设计人员理解起来还是有一定难度的（尤其是计算机上层程序设计人员，他们对硬件的运行原理理解不深），“增强程序的可读性”是在编写程序时需要坚守的一个非常重要的原则。如何才能够使置高、置低和反转三个表达式的可读性增强，且易于操作呢？答案是“宏”。

宏定义的作用是用标识符来代表一串字符，相当于给一串字符命名。一旦经#define 对一串字符命名，便可在源程序中使用宏定义标识符，C 编译系统在编译之前将这些表示符号置换成所定义的一串字符。

（1）无参宏定义。

无参宏定义的一般格式：

```
        #define 标识符 一串字符
```

标识符被定义为代表一串字符的宏名。例如：

```
   #define E 2.17828
```

宏定义命名及使用规则：

① #号与 define 之间一般不留空格；但宏名左右两边必须至少用一个空格分隔。

② 宏名的有效范围为定义之后到本源文件结束。

③ 允许#define 命令出现在程序中的任何位置。

④ 一个经#define 定义的宏名，也可在程序中通过#undef 终止其作用域，如程序 2-4 所示。

【程序 2-4】

```
#define PI 3.1415926
#include <stdio.h>
main()
{
 printf("main:%f",PI);
 func();
}
#undef PI
func()
{
 printf("Func:%f",PI);      //报错，不认识的标识符
 return;
}
```

⑤ 在一个宏定义中，允许出现已存在的宏名，如程序 2-5 所示。

【程序 2-5】

```
#define WIDTH 80
#define LENGTH (WIDTH+50)
#include <stdio.h>
main()
{
 printf("%d,%d\n",WIDTH,LENGTH);
}
```

（2）带参宏定义。

在程序设计中，宏定义除了定义符号常量外，还经常用于定义带参数的宏。带参宏定义的一般格式为：

```
        #define 宏名（参数表） 一串字符
```

例如：

```
        #define SUM(a,b) a+b
```

下面列举了一些常用的带参宏定义，大家可以参考一下。

① 求 x，y 中的较大者。

```
        #define MAX(x,y) ((x>y)?(x):(y))
```

② 求 x 的绝对值。

```
        #define ABS(x,y) ((x>=0)?(x):(0-x))
```

③ 求 x 除以 y 的百分比。

```
        #define PERCENT(x,y) (100*(x)/(y))
```

④ 判断 x 是否是奇数。

```
        #define ISODD(x) ((x)%2==1)? 1:0)
```

⑤ 定义 $y=x^2+3x+1$ 函数。

```
        #define Y(x) ((x)*(x)+3*(x)+1)
```

（3）宏定义的使用规则及注意事项。

① 宏代换是用实参简单地替换形参，所以使用括号非常重要，如程序 2-6 所示，在定义 POWER 宏时，将 x 用()括住，如果不加()，则计算的结果是 5+3*5+3，而非（5+3）的平方。

【程序 2-6】

```
#define POWER(x)  ((x)*(x))
#include <stdio.h>
main()
{
 int x=5,y=3;
 int z;
 z=POWER(x+y);
printf("z=%d\n",z);
}
```

② 在程序控制上，函数的调用需要进行控制的转移，而使用带参数的宏则仅是表达式的运算。

③ 带参数的宏一般是个运算表达式，所以它不像函数那样有一定的数据类型。宏的数据类型可以说是它的表达式运算结果的类型，随着使用的实参不同，运算结果呈现不同的数据类型。

```
#define MAX(x,y)  ((x>y)?(x):(y))
a=MAX(3,5);
b=MAX(3.5,4.2);
```

④ 在程序中使用带参数的宏比调用函数可以得到更高的执行速度，但是占用的空间比函数多。因为函数在程序中只存在一处定义，其他地方只调用，不复制；而宏引用实质上是宏复制，因此在程序中有多少处引用宏，就有多少个宏的备份。

四、置高、置低和反转功能宏

用宏来重写置高、置低和反转 3 个表达式，可以增强程序的可读性和可操作性。我们以置高表达式为例进行分析，再来回顾一下置高表达式：

```
x |= (1 << y)
```

先对(1 << y)进行带参宏定义，如下所示：

```
#define BIT(x)  (1 << x)
```

以 BIT(x)为基础可以得到第 0 位至第 7 位的宏定义，如下所示：

```
#define BIT0 BIT(0)
#define BIT1 BIT(1)
#define BIT2 BIT(2)
#define BIT3 BIT(3)
#define BIT4 BIT(4)
#define BIT5 BIT(5)
#define BIT6 BIT(6)
#define BIT7 BIT(7)
```

接着，定义置高功能宏，如下所示：

```
#define SETBIT(x, y) x |= y
```

这样就完成了置高功能宏的定义，如果此时希望将 PC2 引脚置成高电平，可以直接应用宏定义 SETBIT 完成，如下所示：

```
SETBIT(PORTC, BIT2)
```

上述表达式相对于原先的直接应用位运算的表达式要好理解得多，SET 是“设置”的意思，BIT 表示二进制的位，再看表达式，可以直观地理解为将 PORTC 寄存器的第 2 位置成高电平。

同样，可以得到置低功能宏的宏定义，如下所示：

```
#define CLRBIT(x, y) x &= ~y
```

希望将 PORTC 寄存器的第 2 位置成低电平，可以这样完成：

```
CLRBIT(PORTC, BIT2)
```

很容易理解，CLR 是 Clear 的简写，翻译成中文是置低的意思，就是将 PORTC 寄存器的第 2 位置成低电平。

最后，给出反转功能的宏定义，如下所示：

```
#define CPLBIT(x, y) x ^= y
```

有了上述功能宏，可以重写程序 2-3，如程序 2-7 所示。

【程序 2-7】

```
//加入包含文件
#include "../include.h"

//定义系统常量

//定义全局变量

//主程序
int main(void)
{
  //定义局部变量

  //目标板初始化，该函数会自动初始化相应的外设文件
  TARGET_Init();

  //初始化全局变量

  //在上电时，执行的相应操作
  SETBIT(DDRC, BIT2);
  //后台主循环
  while(1)
  {
      //在这里完成自己的项目逻辑
      CLRBIT(PORTC, BIT2);
      TARGET_Delayms(1000, 1);
      SETBIT(PORTC, BIT2);
      TARGET_Delayms(1000, 1);
      //喂狗语句，大部分工程项目都不应去除
      #if INTERNAL_PERIPHERAL_WDT_MODE != 0
          TARGET_WatchDogReset();
      #endif
  }
  return 0;    //永不执行
}
```

程序 2-7 相比较程序 2-3 可读性有了大幅度的增强，大家现在或许会问，程序中为什么能够使用 SETBIT 和 CLRBIT 功能宏呢？答案是这些功能宏已经定义好了，我们绝不能违背 C 语言中的“先定义后使用原则”。查看解决方案浏览器面板，如图 2-12 所示，找到 DataType.h 头文件，双击打开后，仔细观察，可看到如下代码，如程序 2-8 所示。

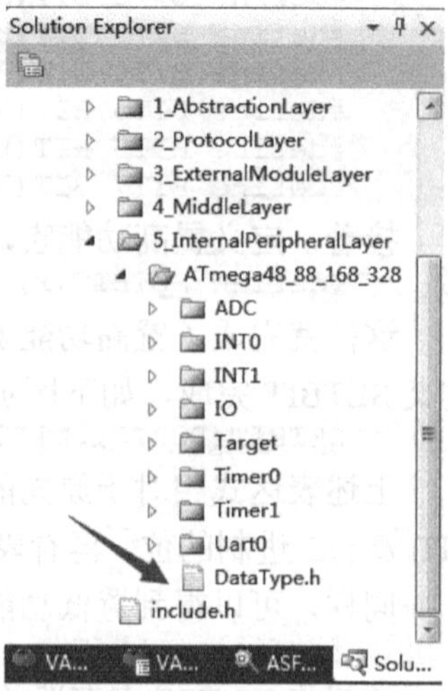

图 2-12 查找 DataType.h 头文件

【程序 2-8】

```
//功能宏，以下内容与移植不相关
#define SETBIT(x, y) (x |= y)
#define CLRBIT(x, y) (x &= ~y)
#define CPLBIT(x, y) (x ^= y)
#define CHKBIT(x, y) (x & y)
#define BIT(x)        (1<<x)
```

```
#define BIT0        BIT(0)
#define BIT1        BIT(1)
#define BIT2        BIT(2)
#define BIT3        BIT(3)
#define BIT4        BIT(4)
#define BIT5        BIT(5)
#define BIT6        BIT(6)
#define BIT7        BIT(7)
#define BIT8        BIT(8)
#define BIT9        BIT(9)
#define BITA        BIT(10)
#define BITB        BIT(11)
#define BITC        BIT(12)
#define BITD        BIT(13)
#define BITE        BIT(14)
#define BITF        BIT(15)
```

在这个头文件中定义了 SETBIT（置高）、CLRBIT（置低）、CPLBIT（反转）、CHKBIT（检测）和 BIT0～BIT7 等多个功能宏，这些功能宏在程序中是可以直接使用的。

最后，按照前面所述的方法对程序 2-7 进行编译并下载到教学实验板中，我们可以观察到，只有 LED2 以 1 秒为间隔闪烁，其余 LED 会保持原先的状态，和程序 2-3 运行的结果是相同的。

【任务小结】

本任务首先通过位运算讲解了控制寄存器中的特定位的方法，我们应用位运算进行程序设计，就可以单独操纵教学实验板上指定的 LED，其他 LED 的状态可以保持不变；在此基础上，我们应用宏定义重新封装了位运算的表达式，使得在达到同样运行效果和运行效率的基础上，增加了程序的可读性和可操作性，并且程序更加易于编写和维护。还能进一步提高程序的可读性吗？答案是肯定的，如果大家已经深刻理解了本任务所讲述的内容，我们就开始任务三的学习吧。

笔记：____

____

____

任务三　应用层次化软件设计思想实现多路 LED 闪烁

【任务要求】

（1）认知层次化软件设计思想。

（2）将硬件原理图直译成映射层。

（3）逻辑层设计。

【任务引入】

一、认知层次化软件设计思想

大家不要认为层次化软件设计思想是多么复杂和全新的概念，实际上随着操作系统（如

Windows、Linux、UNIX 等）技术的迅速发展，层次化软件设计思想已经在程序设计领域大面积普及，图 2-13 所示为现在典型计算机系统的软件层次结构图。不过对于我们电子相关专业的同学来说，缺乏一些必要的计算机基础课程所讲授的知识，例如软件设计方法学、操作系统原理等。所以才使得我们所设计的程序如同程序 2-7 一样存在诸多问题。

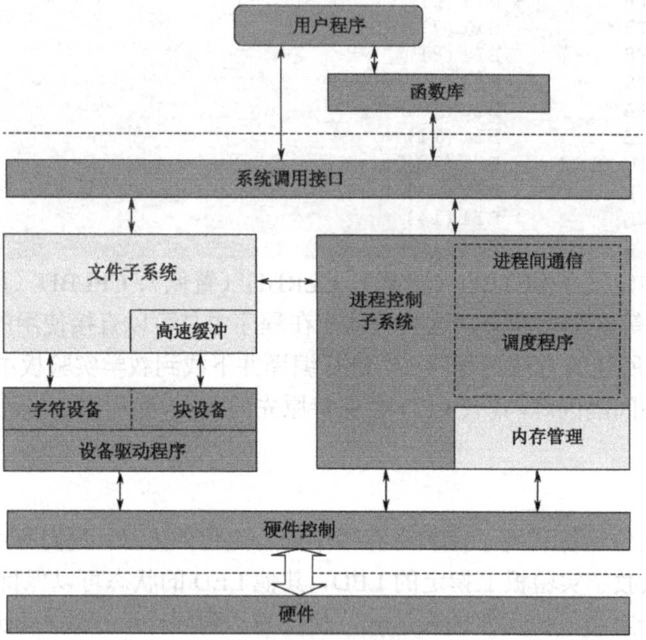

图 2-13　计算机系统结构图

【任务指导】

程序 2-7 相比较程序 2-3 可读性已经大幅度增强，但程序 2-7 仍然存在很多问题。

（1）可读性还需进一步增强：程序 2-7 中用到了很多功能宏，例如 SETBIT、CLRBIT、BIT2 等，用到了很多寄存器，例如 DDRC、PORTC 等。如果希望能够很好地理解这段程序，就必须理解上述功能宏的具体含义，并且要仔细阅读 ATmeag168PA 的数据手册或相关书籍才能理解上述寄存器的含义，进而理解程序的作用。所以说程序 2-7 的可读性还有待增强。

（2）不具有可复用性：程序 2-7 将逻辑实现与底层功能（例如使用到了 DDRC 和 PORTC 寄存器）混写，使得代码不能重复利用，当逻辑层功能或底层硬件改动后，必须重写逻辑层或相关底层程序，使得新项目的开发效率低下。

（3）不具有多人协作性：程序 2-7 将所有功能集中于 main.c 中完成，使得在开发时，只能单人独立开发，不可多人协作。随着单片机技术的快速发展，程序的复杂性显著提高，进行多人协作的项目开发是必然的趋势，按照程序 2-7 的设计方法是无法满足的。

（4）不具有可移植性：现在单片机的发展可谓“百花齐放，百家争鸣”，不仅不同厂家的单片机寄存器结构不同，就是同一厂家同一系列不同型号的单片机的寄存器结构也并不相同，这就使得在 main 函数中调用寄存器的程序书写方式是不具有任何可移植性的，仅能局限在原始设计的单片机上运行。

追求“可读性强、可代码复用、可多人协作和可跨 CPU 移植”是编写程序的终极目标，使用程序 2-7 传统的单片机程序设计方法是很难实现的，这就需要引入更为高级的软件设计思想——“层次化软件设计思想”。

图 2-14 示出了在单片机上实现层次化软件设计思想的架构方式，软件上共分为 6 层，由下向上分别为：InternalPeripheralLayer（内部外设层）、MiddleLayer（中间层）、ExternalModuleLayer（外部模块层）、ProtocolLayer（协议层）、AbstractionLayer（映射层）和 LogicLayer（逻辑层），在 Atmel Studio 中的架构如图 2-15 所示。

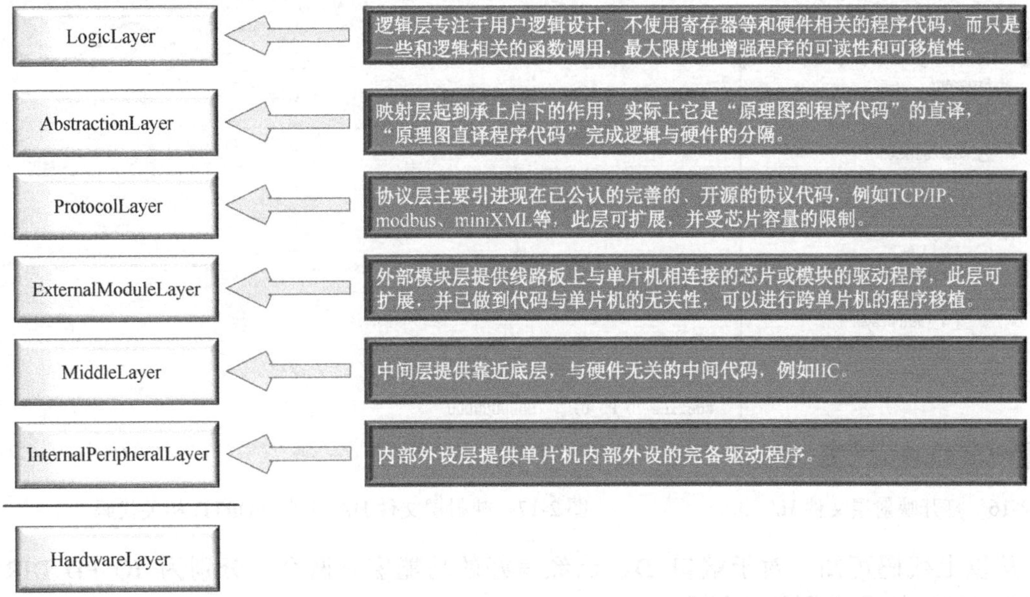

图 2-14　层次化软件设计思想

单片机是一种微型化的计算机，也由 CPU、存储器、输入/输出外设组成，内部外设层就是对应单片机内部外设的驱动程序；线路板上面中心位置是单片机，由单片机控制其他板上焊接的芯片和模块运行，外部模块层就是对应这些芯片和模块的驱动程序；映射层承上启下用于用户逻辑与硬件的分离，映射层设计优良可以确保逻辑层与硬件的无关性；逻辑层只针对用户逻辑的实现，对于编写逻辑层的程序设计人员，不需要具备底层硬件的知识体系。

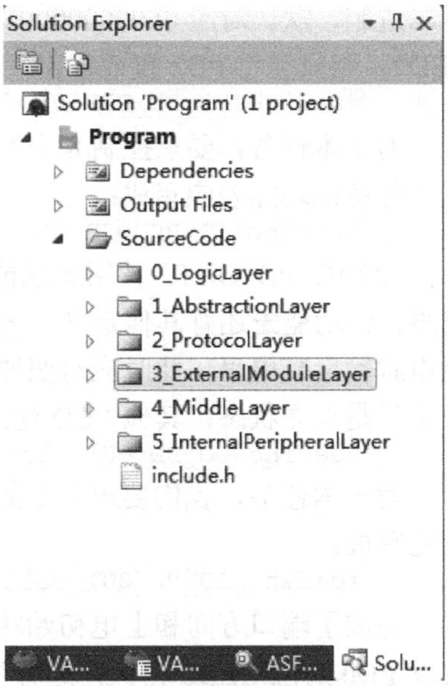

图 2-15　层次化软件设计思想在 Atmel Studio 中的架构

二、将硬件原理图直译成映射层

为了深入理解层次化软件设计思想，仍以 LED 为例进行讲解。任务要求：控制 LED0～LED7 8 个 LED 以 200ms 为间隔从两边向中间依次点亮，全部点亮后，再全部熄灭，由此周而复始。

实现这个任务，首先要看一下硬件的连接，任务要求直接控制 8 个 LED，这就需要使用具备 8 个引脚的端口，查看 PORTB、PORTC 和 PORTD，只有 PORTD 能够满足要求，所以我们需要使用软排线将教学实验板上的 P8 端口与 P10 端口相连接，在连接时大家可以参考图 2-10 和图 2-11。在这里需要注意的是，我们后面操纵的寄存器为 PORTD 相关寄存器，而非前面所述的 PROTC。

对于这个任务应用层次化软件设计思想，只需对逻辑层和映射层进行程序设计，不涉及其他层。下面我们参照图 2-10 和图 2-11，进行映射层程序设计，大家在这个地方需要理解的是“映射层就是原理图的直译”，看得懂原理图一定能够正确写出映射层。参照图 2-16 打开映射层文件 HAL.h，可以看到映射层文件主要是针对 PORTB、PORTC 和 PORTD 的操作，在此我们仅关注 PORTD，代码如图 2-17 所示。

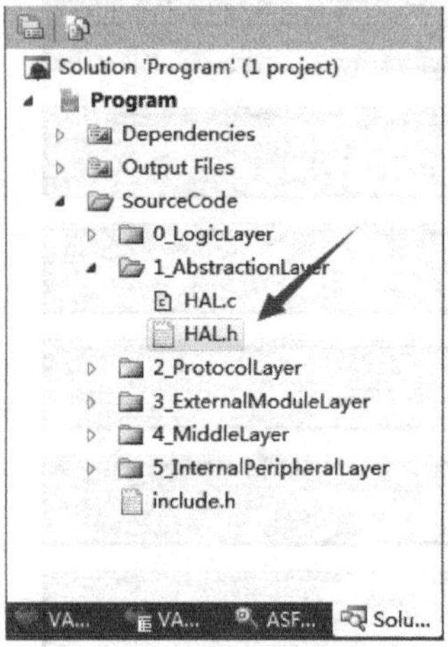

图 2-16　打开映射层文件 HAL.h

```
////////////////////////////////////////////////////////////////////////////
//PortD
#define IO_PD_DIR    0b00000000
#define IO_PD_OUT    0b00000000
////////////////////////////////////////////////////////////////////////////
```

图 2-17　映射层文件 HAL.h 的 PORTD 相关代码

从以上代码可知，对于端口 D，已经写好的功能宏有两个，分别为 IO_PD_DIR 和 IO_PD_OUT，下面分别予以介绍。

（1）IO_PD_DIR：使用此功能宏定义 PORTD 下引脚的方向，0 为输入，1 为输出。0b 表示二进制，默认对应 0b00000000，表示 PORTD 下 8 个引脚的方向都为输入。如果仅希望控制 LED2，则只需将 PD2 置成输出，可以这样写该功能宏：

```
#define IO_PD_DIR 0b00000100
```

对于本任务，要求控制 8 个 LED，所以需要将 PORTD 下的全部引脚都置为输出，所以对于本任务该功能宏应写成：

```
#define IO_PD_DIR 0b11111111
```

（2）IO_PD_OUT：使用此功能宏定义 PORTD 下输出引脚在上电时的初始状态（对于输入引脚，该功能宏还有其他定义，将在后续章节中再做探讨），0 表示上电时输出低电平，1 表示上电时输出高电平，此时应对照原理图 2-11，辨别控制 LED 亮灭的电平。如果希望 LED2 在上电时是点亮状态，其他 LED 是熄灭状态，则应这样定义该功能宏：

```
#define IO_PD_OUT 0b11111011
```

对于本任务，我们要求上电的时候，所有 LED 均处于熄灭状态，所以对于本任务该功能宏应写成：

```
#define IO_PD_OUT 0b11111111
```

完成了端口方向和上电初始状态的定义后，下一步就需按照原理图对引脚进行定义，现在仅以 PD0 对应 LED0 为例，进行讲解。通过观察图 2-10 和图 2-11，软排线连接正确后，PD0 与 LED0 相连接，所以这样定义引脚：

```
#define LED0 BIT0
```

BIT0 即表示引脚 0，对于引脚的宏名，应遵循“与原理图一致”的原则，以增强原理图与程序的对应性，所以定义为 LED0。

LED0 可以实现的操作是点亮与熄灭，按照实际的功能意义进行下面功能宏定义：

```
点亮操作：#define LED0_OPEN CLRBIT(PORTD, LED0)
熄灭操作：#define LED0_SHUT SETBIT(PORTD, LED0)
```

上述工作完成后，就可以仿照 LED0 完成 LED1～LED7 的代码。

接下来，还需要完成对所有 LED 的整体操作，功能宏定义如下：

```
点亮操作：#define ALL_LED_OPEN PORTD=0x00
熄灭操作：#define ALL_LED_SHUT PORTD=0xFF
```

最终完成的代码，如程序 2-9 所示。

【程序 2-9】

```
#ifndef HAL_H_
#define HAL_H_

//引脚定义
////////////////////////////////////////////////////////////////////////////
//PortB
#define IO_PB_DIR    0b00000000
#define IO_PB_OUT    0b00000000
////////////////////////////////////////////////////////////////////////////

////////////////////////////////////////////////////////////////////////////
//PortC
#define IO_PC_DIR    0b00000000
#define IO_PC_OUT    0b00000000
////////////////////////////////////////////////////////////////////////////

////////////////////////////////////////////////////////////////////////////
//PortD
#define IO_PD_DIR    0b11111111
#define IO_PD_OUT    0b11111111
////////////////////////////////////////////////////////////////////////////
#define LED0 BIT0
#define LED1 BIT1
#define LED2 BIT2
#define LED3 BIT3
#define LED4 BIT4
#define LED5 BIT5
#define LED6 BIT6
#define LED7 BIT7

#define LED0_OPEN CLRBIT(PORTD, LED0)
#define LED0_SHUT SETBIT(PORTD, LED0)
#define LED1_OPEN CLRBIT(PORTD, LED1)
#define LED1_SHUT SETBIT(PORTD, LED1)
#define LED2_OPEN CLRBIT(PORTD, LED2)
#define LED2_SHUT SETBIT(PORTD, LED2)
#define LED3_OPEN CLRBIT(PORTD, LED3)
#define LED3_SHUT SETBIT(PORTD, LED3)
#define LED4_OPEN CLRBIT(PORTD, LED4)
#define LED4_SHUT SETBIT(PORTD, LED4)
#define LED5_OPEN CLRBIT(PORTD, LED5)
#define LED5_SHUT SETBIT(PORTD, LED5)
#define LED6_OPEN CLRBIT(PORTD, LED6)
#define LED6_SHUT SETBIT(PORTD, LED6)
#define LED7_OPEN CLRBIT(PORTD, LED7)
#define LED7_SHUT SETBIT(PORTD, LED8)

#define ALL_LED_OPEN PORTD = 0x00
#define ALL_LED_SHUT PORTD = 0xff
//函数原型声明

#endif /* HAL_H_ */
```

三、逻辑层设计

有了映射层的基础，我们编写逻辑层程序应该没有什么难度了。再来回顾一下任务的要求：控制 LED0～LED7 8 个 LED 以 200ms 为间隔从两边向中间依次点亮，全部点亮后，再全部熄灭，由此周而复始。

首先我们根据要求绘制逻辑层的流程图，如图 2-18 所示。相信大家理解这个流程图是没有任何问题的，即使是非专业的人员也能够轻易看明白这个流程图所表述的问题。由流程图翻译成 C 程序代码，也是很简单的一件事情，例如，点亮 LED0，可以直接翻译成程序代码 LED0_OPEN，延时 200ms，可以直接翻译成程序代码 TARGET_Delayms(200, 1)。

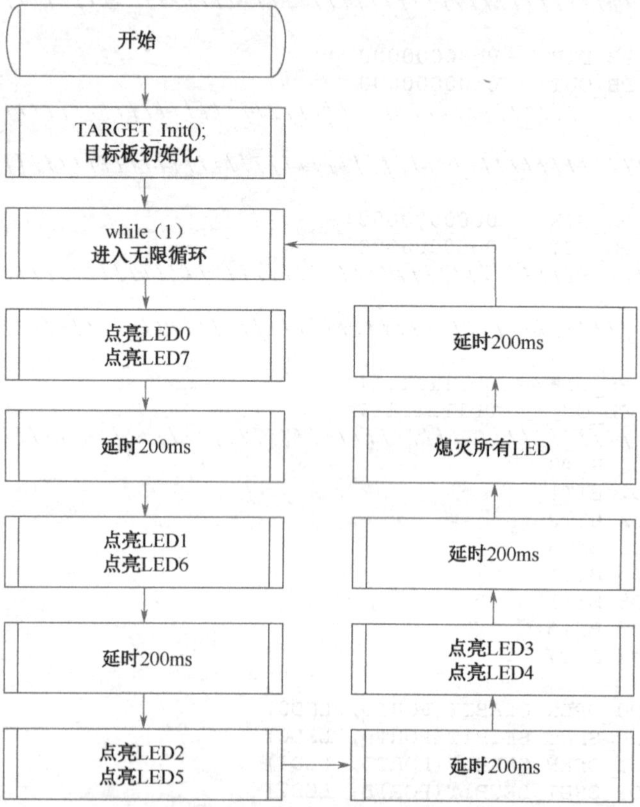

图 2-18　多路 LED 闪烁流程图

程序 2-10 是完成本任务最终的程序代码，还如前所述，我们先进行编译，然后将目标文件下载到教学实验板中，再次上电可以看到 8 个 LED 灯，以 200ms 为间隔从两边向中间闪烁，当 8 个 LED 灯全部点亮后，再延时 200ms，全部熄灭，然后周而复始不停循环。

【程序 2-10】

```
int main(void)
{
  //定义局部变量

  //目标板初始化，该函数会自动初始化相应的外设文件
  TARGET_Init();

  //初始化全局变量

  //在上电时，执行的相应操作
```

```
    //后台主循环
    while(1)
    {
        /*
        ***********************************
        在这里完成自己的项目逻辑
        ***********************************
        */
        LED0_OPEN;
        LED7_OPEN;
        TARGET_Delayms(200, 1);
        LED1_OPEN;
        LED6_OPEN;
        TARGET_Delayms(200, 1);
        LED2_OPEN;
        LED5_OPEN;
        TARGET_Delayms(200, 1);
        LED3_OPEN;
        LED4_OPEN;
        TARGET_Delayms(200, 1);
        ALL_LED_SHUT;
        TARGET_Delayms(200, 1);
        /*
        ***********************************
        喂狗语句，大部分工程项目都不应去除
        ***********************************
        */
        #if INTERNAL_PERIPHERAL_WDT_MODE != 0
            TARGET_WatchDogReset();
        #endif
    }
    return 0;    //永不执行
}
```

【任务小结】

我们从点亮 LED 的方法开始说起，给大家介绍了传统的通过寄存器控制单片机引脚输出高低电平控制 LED 的方法，并深入介绍了置高、置低和反转功能宏，使大家对单片机控制 LED 的本质有了一个深入的理解。在此基础上，说明了传统的单片机程序设计方法的不足，并指出了我们设计程序应达到的终极目标是“可读性强、可复用代码、可多人协作和可跨 CPU 移植”，由此引出了层次化软件设计思想，并应用层次化软件设计思想完成了控制多个 LED 闪烁的任务。大家通过该实例的讲解，可以深刻地理解到，应用层次化软件设计思想进行程序设计相比较传统的单片机程序设计方法，写出的代码更加易读、代码可以反复利用，并且可以采取不同开发人员编写不同层次代码的特点，将一个项目分解成多个层次进行多人协作，由于逻辑层不具有和硬件相关的任何程序，所以其具有完备的可移植性，可以在不同的 CPU 上进行运行。

笔记：______________________________

【知识包】

请扫描二维码查阅知识包中的学习内容

评价与考核

课程名称：单片机程序设计与应用		授课地点：		
名称：初识层次化软件设计思想——点亮你的 LED		授课教师：	授课学时：	
课程性质：理论+实践		综合评分：		
知识掌握情况评分（40 分）				
序号	知识考核点	教师评价	配分	得分
1	单片机控制 LED 发光的方法		10	
2	认知 C 语言中的位操作		5	
3	认知 C 语言中的宏定义		10	
4	置高、置低和反转功能宏		5	
5	认知层次化软件设计思想		10	
工作任务完成情况评分（60 分）				
序号	能力操作考核点	教师评价	配分	得分
1	应用 PORTC 寄存器控制 LED		15	
2	操纵寄存器中的指定位		15	
3	将硬件原理图直译成映射层		15	
4	逻辑层程序设计方法		15	
违纪扣分（20 分）				
序号	违纪考察点	教师评价	配分	得分
1	课上吃东西		5	
2	课上打游戏		5	
3	课上打电话		5	
4	其他扰乱课堂秩序的行为		5	

上课心得：________________________________

思考与练习

（1）简述单片机控制 LED 的基本方法。
（2）简述 SETBIT（置高）功能宏的具体实现方法。
（3）简述 CLRBIT（置低）功能宏的具体实现方法。
（4）简述 CPLBIT（反转）功能宏的具体实现方法。
（5）简述层次化软件设计方法。
（6）简述将硬件原理图直译成映射层的方法。

教学微视频

项目3 串转并的方法——控制更多的LED

【任务书】

（1）认知“倒计时器”硬件原理。
（2）编写程序，显示数字“0”。
（3）编写程序，实现“倒计时器”。

【项目描述】

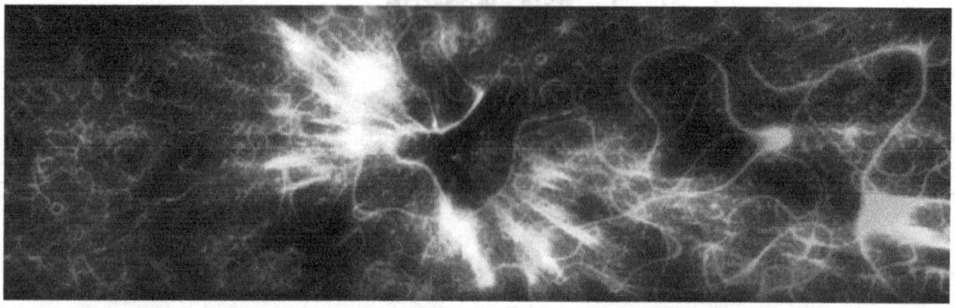

图 3-1 在 LED 大屏上播放的蓝色水波纹炫彩效果

LED 技术的飞速发展，给我们的生活带来了一系列精彩的体验，如图 3–1 所示为在 LED 大屏上播放的蓝色水波纹炫彩效果，可谓美轮美奂。实现如此精妙绝伦的极致体验，依赖于很多关键技术的突破，尤其是蓝光 LED 的发明，使得应用三基色原理实现全彩图像成为了可能。除此之外，也与单片机控制技术的发展密不可分，为了得到画质更为清晰的图像，就必然要加大 LED 的数量，只有实现对 LED 的实时控制，才能呈现出色彩丰富、画质流畅的美妙画面。本项目以“倒计时器”为例，带领大家一窥单片机控制大量 LED 的方法，以起到抛砖引玉的作用。

知识链接

三基色原理：在中学的物理课中我们做过棱镜的试验，白光通过棱镜后被分解成多种颜色逐渐过渡的色谱，颜色依次为红、橙、黄、绿、青、蓝、紫，这就是可见光谱。其中人眼对红色、绿色、蓝色最为敏感，人的眼睛就像一个三色接收器的体系，大多数的颜色可以通过红、绿、蓝三色按照不同的比例合成产生。同样绝大多数单色光也可以分解成红色、绿色、蓝色三种光。这是色度学的最基本原理，即三基色原理。

LED 在发展初期只能生产绿色和红色两种 LED，所以早期生产的 LED 大屏都是两基色的（绿色和红色混合成黄色），在显示图像时，色彩偏差很大。随着蓝色 LED 的发明，并大量投入市场，才使得使用三基色原理实现 LED 大屏成为了可能，图 3-2 显示了三基色原理配光图。

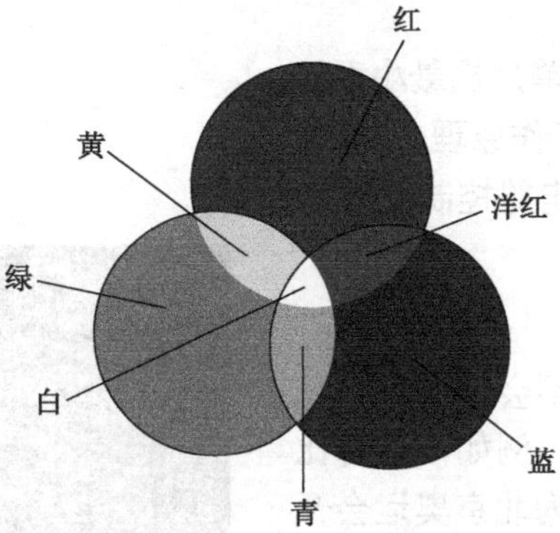

图 3-2　三基色原理配光图

【知识目标】

（1）了解 ATmega168PA 单片机最小系统。
（2）了解 74HC595 内部工作原理。
（3）掌握 24 路 LED 模块电路控制原理。
（4）掌握 config.h 文件的使用。
（5）掌握 74HC595 配置文件的使用。

【能力目标】

（1）能够自己搭建单片机最小系统。
（2）能够根据项目要求，配置 config.h。
（3）能够根据硬件原理图，配置 74HC595 配置文件。
（4）能够设计可读性强的逻辑层代码。

【素质目标】

（1）具备编写分层次程序代码的初步能力。
（2）具备运行、调试 C 语言应用程序的综合能力。
（3）具备小组分工合作与协调的综合能力。

笔记：

任务一 认知“倒计时器”硬件原理

【任务要求】

（1）认知 ATmega168PA 单片机最小系统。

（2）认知 74HC595 内部工作原理。

（3）认知 24 路 LED 模块电路控制原理。

【任务引入】

图 3-3 北京奥运会开幕式倒计时节目表演

对于倒计时器，大家一定不会陌生，它在很多场合都发挥着重要的作用，例如，体育比赛，纪念活动，如图 3-3 所示为北京奥运会开幕式倒计时节目表演。不仅如此，倒计时器还代表着我们逝去的年华，正如唐代著名诗人李商隐的《锦瑟》中所写的一句话“锦瑟无端五十弦，一弦一柱思华年。”所描述的景象，人的一生也是要用时间来衡量的，谁也不能跨出这个时间的倒计时器……本任务就以倒计时器为例，来说明单片机控制更多 LED 的方法，以期巩固所学的知识，提炼自身的技能。

【任务指导】

一、认知 ATmega168PA 单片机最小系统

在开始本任务之前，首先来认知一下单片机最小系统。单片机最小系统是指单片机能够执行用户程序所需的最小硬件电路，通常对应的软件程序也非常简单。单片机的最小系统是真正掌握单片机技术的第 1 步，学习任何一款单片机都应该先理解该单片机的最小系统。

图 3-4 所示的 ATmega168PA 单片机最小系统包括数字电源电路、模拟电源电路、复位电路、时钟电路和下载电路 5 部分，下面将分别予以介绍。

1. 数字电源电路

由引脚 6、4、3、5 组成数字电源电路，其中引脚 6 和 4 为电源，在原理图中用 VCC（3.3V）表示，引脚 3 和 5 为数字地，在原理图中用 GND 表示。数字电源为 ATmega168PA 单片机内部的数字部分供给 1.8V 至 5.5V 工作电压，其供电范围非常广，可以适用于各种不同的运行环境与场所。在这里需要注意的是，其最大供电电压为 6.0V，电源电压超过这个数值，有可能损毁单片机。还需要注意的是，引脚 6 和 4 对地有一个标称为 104 的电容，这个电容称为去耦电容（decouple），其作用是为了保证器件稳定工作而给器件电源提供的“本地小池塘”。当器件运行时，会不断产生快速变化的电荷需求，对于这种快速的要求，电源模块无法及时给器件提供电流予以补充，只能依靠器件附近的电容予以解决。可以把电容理解成平时灌满水的小池塘，一旦小池塘附近的庄稼缺水，能立刻从小池塘得到补充，而无须求助远方的水源。去耦电容还有另一个作用，是为运行的器件产生的噪声提供一条就近流入地平面的低阻抗路径，以避免这些干扰影响该电源的其他负载。

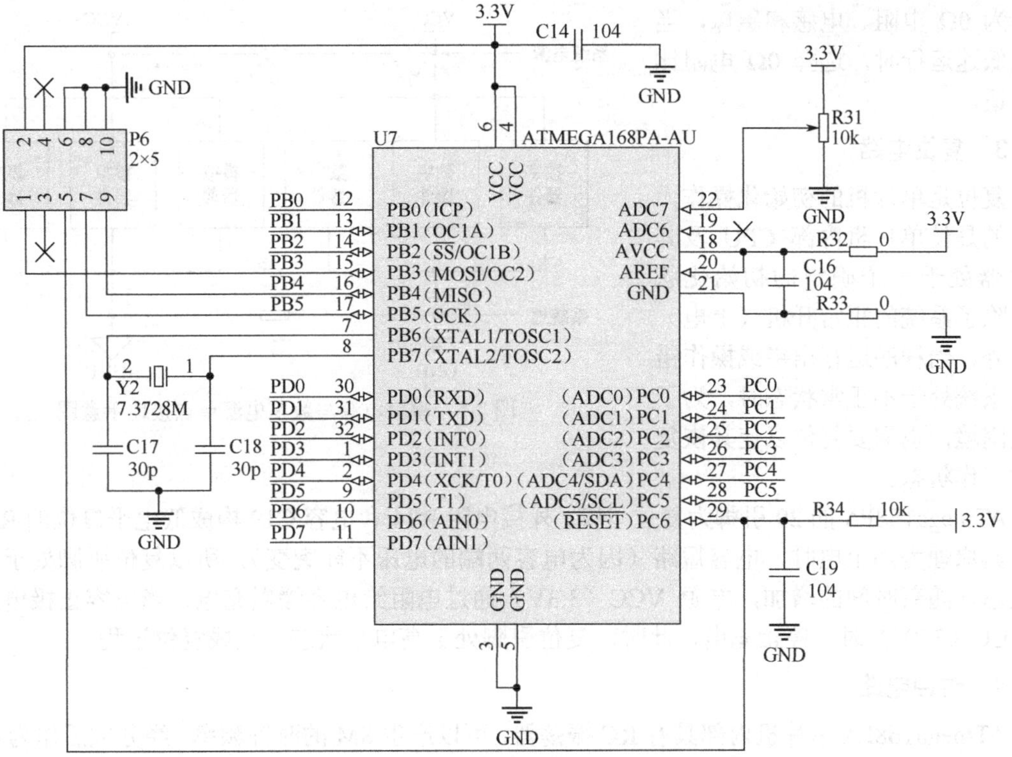

图 3-4　ATmega168PA 单片机最小系统

知识链接

电容标称：通常当电容容量小于 10000pF 时，用 pF 作为单位；当大于 10000pF 时，用 μF 作为单位。为了简便起见，大于 100pF 而小于 1μF 的电容常常不标注单位。没有小数点的，它的单位是 pF，有小数点的，它的单位是 μF。例如，3300 就是 3300pF，0.1 就是 0.1μF 等。

2．模拟电源电路

引脚 18、20、21 构成模拟电源电路，引脚 18 为模拟电源，在原理图中用 AVCC 标识，引脚 20 为模拟参考电压，用 AREF 标识，引脚 21 为模拟地，用 AGND 标识，但在 ATmega168PA 中未做区分，与数字地一样用 GND 标识。C16 为模拟电源的去耦电容。

大家现在最为疑惑的是电阻 R32 和 R33 所起的作用，为何是 0Ω？在项目 1 中，我们已经介绍过数字信号和模拟信号，数字信号是阶跃可变的信号，其抗干扰能力较强；模拟信号是连续可变的信号，抗干扰能力较弱。不仅如此，由于数字信号连续可变，所以还是一个干扰的较大的噪声源，如果不在电路上加以遏制，其噪声信号串扰到模拟信号部分，会造成模拟信号的失真。那么，如何才能使数字信号的噪声干扰对模拟信号的影响降到最小呢？我们可以遵循下面的原则：

（1）对于低速精密系统，采取模拟电源与数字电源单点接地的方法进行连接；

（2）对于高速系统，为最小的电流回路，仅做电源的隔离，一般不具体区分模拟地和数字地，也就是采用同一个地平面。

图 3-4 所示的电路显然属于（1）中所述的情况，所以采取模拟电源与数字电源单点接地的方法比较合适，如图 3-5 所示。其中，连接器件的选择根据系统运行的频率不同可以有 3 种，

分别为 0Ω 电阻、电感和磁珠，当系统低速运行时，选择 0Ω 电阻比较合适。

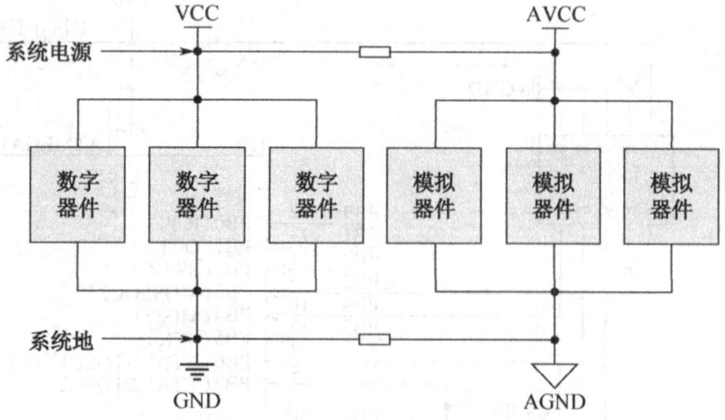

图 3-5　模拟电源与数字电源单点接地示意图

3．复位电路

复位是单片机的初始化操作，其目的是使单片机内部 CPU 及其寄存器处于一个确定的初始化状态。除了系统的正常开机（上电）复位外，当程序运行出错或操作错误使系统处于不正常状态时，为了摆脱困境，也需要复位以使其恢复正常工作状态。

ATmega168PA 的 29 引脚为复位引脚，外接电阻 R34 和电容 C19 构成低电平复位的 RC 电路。其原理为当上电时，电容短路（因为电容两端的电压不能突变），所以复位引脚处于低电平状态，随着时间的增加，电源 VCC（3.3V）通过电阻给电容缓慢充电，当电容正极电压达到 VCC（3.3V）时，停止充电，此时，复位引脚处于高电平状态，完成复位过程。

4．时钟电路

ATmega168PA 单片机内部具有 RC 振荡器，可以产生 8M 的时钟频率，经分频后作为 CPU 和其他外设的时钟源。由于 RC 振荡器在频率上存在一定的误差，且受温度的影响较大，所以在对时钟要求较高的场合，一般选用外部时钟的工作方式。当 RC 振荡器或外部时钟电路的频率一旦确定，CPU 的时钟频率也就确定了。CPU 的时序是指令执行中各控制信号在时间上的相互关系，单片机本身就如同一个复杂的同步时序电路，为了确保同步工作方式的实现，电路在时钟信号的控制下严格地按时序进行工作。

图 3-4 所示的 Y2、C17 和 C18 构成了外接石英晶体振荡器时钟电路，将时钟信号通过引脚 7、引脚 8 传递给单片机，电容 C17 和 C18 起到稳定和微调频率的作用，其容量的选择通常为（30±10）pF，振荡频率的选择范围可以从 1.2MHz 至 24MHz。

知识链接

石英晶体振荡器：又名石英谐振器，简称晶振，是由具有压电效应的石英晶体片制成的。这种石英晶体薄片受到外加交变电场的作用时会产生机械振动，当交变电场的频率与石英晶体的固有频率相同时，振动便变得很强烈，这就是晶体谐振特性的反应。利用这种特性，就可以用石英谐振器取代 LC（线圈和电容）谐振回路、滤波器等。由于石英谐振器具有体积小、重量轻、可靠性高、频率稳定度高等优点，被应用于家用电器和通信设备中。石英谐振器因具有极高的频率稳定性，故主要用在要求频率十分稳定的振荡电路中做谐振元件。

5．下载电路

完成 C 程序的设计后，需经过编译和链接将其转换为机器码，然后再通过下载器下载到单片机中，下载器与单片机相连的端口，就是图 3-4 所示的 P6。这种下载方式称为 ISP（在系统编程中），意思为不需要将单片机从线路板上取下，就可以将程序下载进单片机内部，对于 ATmega168PA 单片机由于其下载方式使用串行模式，所以也称为串行下载。ATmega168PA 除电源和地外还使用 4 个引脚用于下载，分别为引脚 15、16、17、29。其中引脚 29 已经介绍过为复位引脚，引脚 15、16、17 构成另外一种同步串行总线 SPI，将会在本书的后半部分予以介绍。

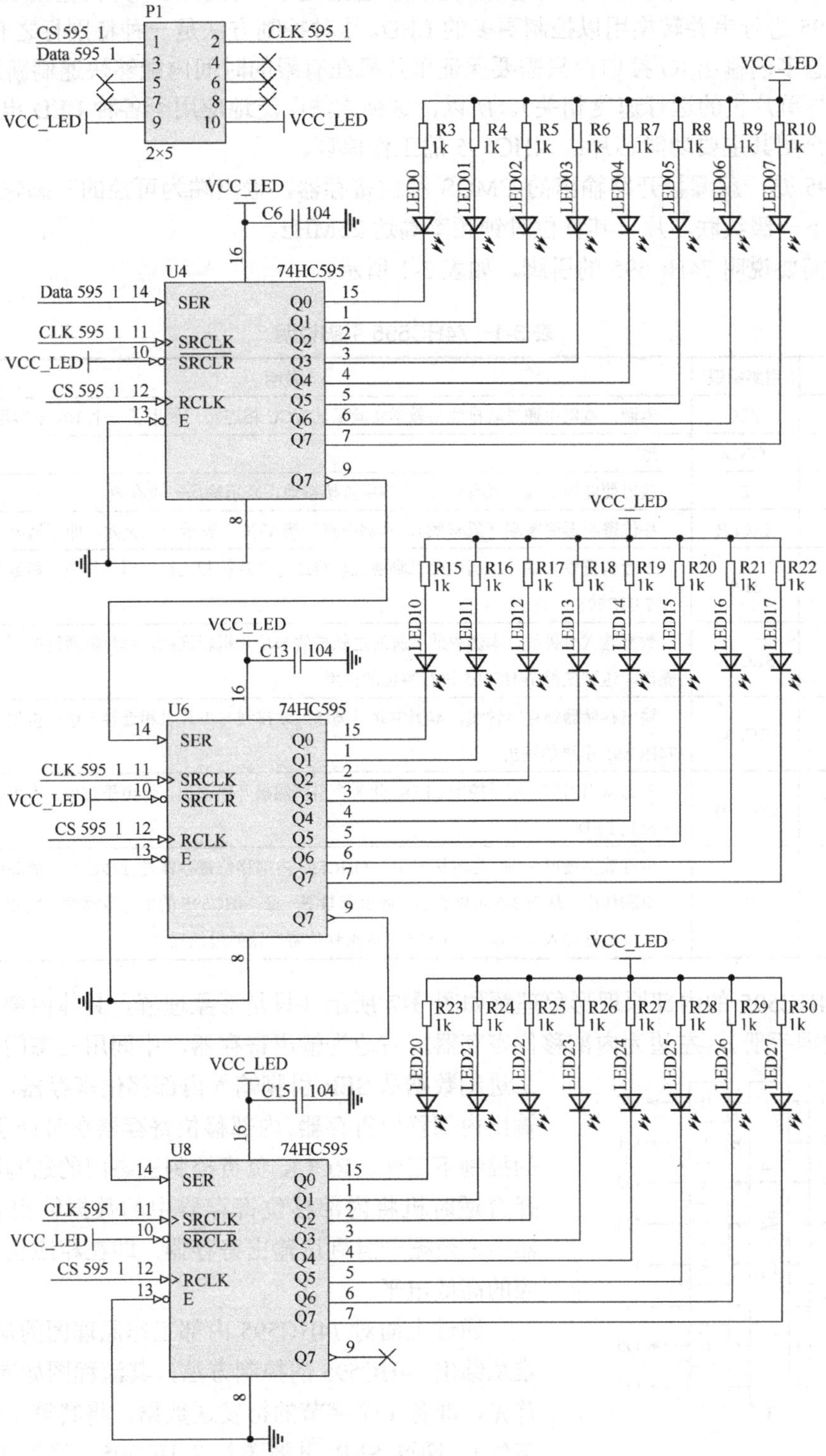

图 3-6　24 路 LED 模块电路原理图

二、认知74HC595内部工作原理

如图3-6所示为24路LED模块电路原理图，它给出了一种扩展单片机输出IO口的方法：利用74HC595进行串并转换用以控制更多的LED。这种控制方法是一种特别行之有效的方法，可以扩展任意多的输出IO接口，只需要保证单片机在有限的时间内能够快速刷新所有的LED即可（这点与单片机的运行速度相关）。所以，这种方法广泛地应用于各种LED电子屏的制作中。以下将介绍其主要功能芯片：74HC595的工作原理。

74HC595是一款漏极开路输出的CMOS移位寄存器，输出端为可控的三态输出，亦能串行输出控制下一级级联芯片，其移位时钟频率高达25MHz。

首先，简要说明74HC595的引脚，如表3-1所示。

表3-1 74HC595引脚说明

序号	引脚标识	说明
16	VCC	电源，本例中通过软排线与教学实验板的VCC相连接，使用了一个104电容用作去耦
8	GND	地
13	E	输出使能控制线（低有效），本例中直接接地，表示输出一直有效
10	SRCLR	移位寄存器清零端（低有效），本例中直接接VCC，表示一直无效，即不清零
14	SER	串行数据输入端，本例中此引脚通过软排线与单片机相连接，用于将单片机欲发送的数据送入74HC595
11	SRCLK	数据输入时钟线，本例中此引脚通过软排线与单片机相连接，单片机通过控制该引脚的高低操作，达到使得74HC595进行移位的作用
12	RCLK	输出存储器锁存时钟线，本例中此引脚通过软排线与单片机相连接，单片机使用此引脚控制74HC595引脚的输出
15、1、2、3、4、5、6、7	O0～O7	三态输出引脚，用于控制LED，此8个引脚漏极开路输出，低电平有效，不可直接通过高电平控制LED
9	Q7	串行数据输出引脚，当时钟发生，74HC595内部移位寄存器进行移位时，最高位的数据将从此引脚移出，从图3-6可以看出，此引脚与下一级74HC595的串行数据输入端相连接，也就是说此位数据移入下一级74HC595的内部移位寄存器的最低端

对于74HC595的内部原理形象理解如图3-7所示（只是形象理解，具体内部原理可参看74HC595数据手册），左边为内部移位寄存器，右边为输出寄存器，中间用三态门予以分开。

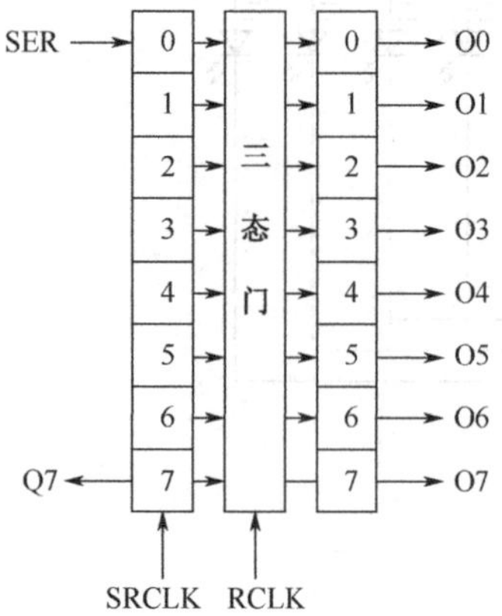

图3-7 74HC595内部原理形象理解图

二进制数据从SER引脚输入内部移位寄存器，从Q7引脚输出内部移位寄存器。内部移位寄存器在时钟引脚SRCLK的控制下工作，RCLK负责控制三态门的通与断，用于选择合适时机将内部移位寄存器中的数据输出到输出寄存器中，数据一旦到达输出寄存器，即在相应引脚上呈现相应的高低电平。

通过上面对74HC595内部工作原理图的形象理解，不难总结出74HC595的控制方法，其流程图如图3-8所示。首先，准备1个字节的待发送数据，将其第7位取出（最高位），通过SER引脚送入74HC595，然后通过SRCLK引脚产生一个时钟信号，则该位数据移入74HC595内部移位寄存器的第0位，同时，内部移位寄存器的第1～6位

会向高位移动 1 位，第 7 位移出 74HC595。如此循环 8 次，即可将待发送的 1 个字节的数据全部移入 74HC595。数据移入完毕后，通过 RCLK 引脚打开内部三态门，则内部移位寄存器中的数据传输到输出寄存器，并在输出引脚上呈现。

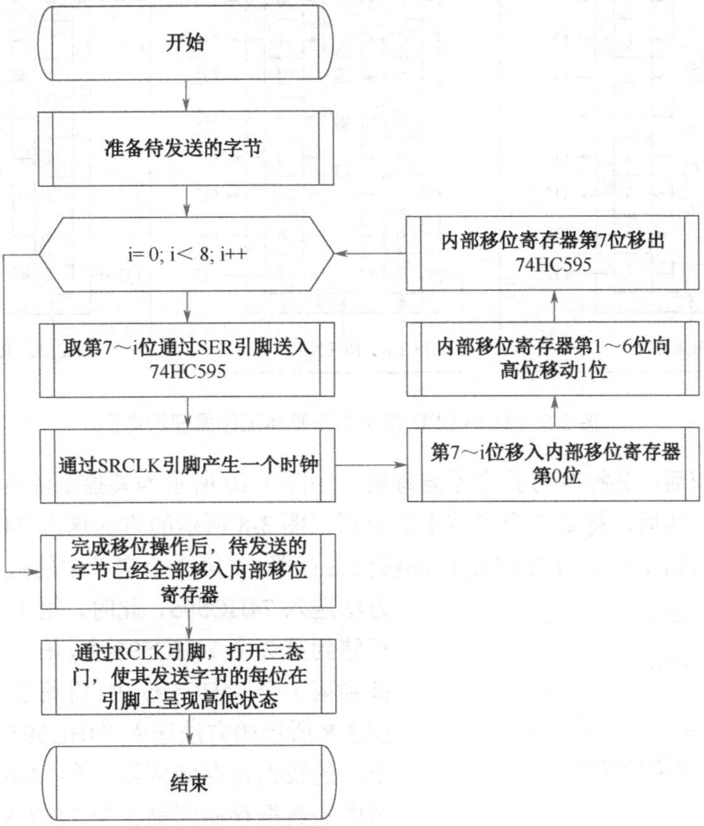

图 3-8　74HC595 控制方法流程图

三、认知 24 路 LED 模块电路控制原理

有了前面的基础，现在可以仔细分析一下 24 路 LED 模块电路的工作原理了。再看图 3-6，P3 端口是与单片机相连接的端口，此时仅使用单片机的 3 个引脚即可控制 24 路 LED，实际上这种方法控制 LED 的数目是没有限制的，只需要评估系统的响应时间能否满足项目的需求即可，无论控制多少个 LED，都使用单片机的 3 个引脚。现在假设 P3 端口通过软排线与 P9 端口相连接，即使用单片机的 PROTC 控制 24 路 LED，则可以得到如下对应关系：

PC0->RCLK（用于控制三态门，与 3 个 74HC595 都相连）

PC1->SRCLK（内部移位寄存器的时钟引脚，与 3 个 74HC595 都相连）

PC2->SER（内部移位寄存器的输入引脚，仅与第 1 个 74HC595 相连）

明白了引脚对应关系后，再查看 3 个 74HC595 的连接方式。我们可以观察到，3 个 74HC595 分别控制 8 路 LED，总共控制 24 路 LED。第 1 个 74HC595 的 SER 引脚与 P3 端口的第 3 引脚相连接，也就是与单片机的 PC2 引脚相连接。另外 2 个 74HC595 的 SER 引脚均与上一个 74HC595 的 Q7 引脚相连接，也就是说，第 1 个 74HC595 内部移位寄存器移出的数据送入第 2 个 74HC595，第 2 个 74HC595 内部移位寄存器移出的数据送入第 3 个 74HC595。时钟引脚与三态门控制引脚均与 3 个 74HC595 同时连接，起到同时控制的作用，也就是说，当发送时钟信号时，3 个 74HC595 的内部移位寄存器同时移位，当发送打开/关闭三态门信号时，3 个 74HC595 的内部三态门同时打开/关闭，整体工作原理示意图如图 3-9 所示。

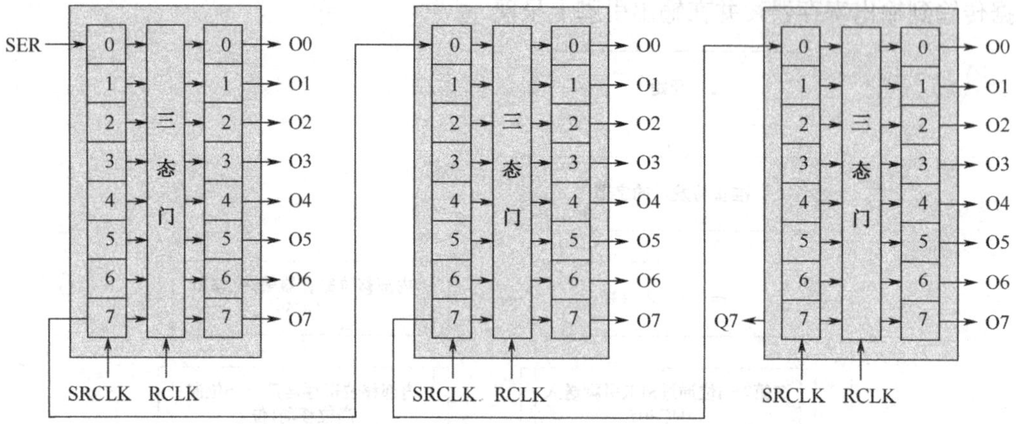

图 3-9　24 路 LED 模块电路整体工作原理示意图

有了上述知识后，其控制方式亦不难理解，如图 3-10 所示为其控制流程图。首先，准备 3 个待发送的字节，然后，将第 1 个字节中的数据以图 3-8 所示的方法送入 74HC595，此时，该字节的数据将存入第 1 个 74HC595 的内部移位寄存器；将第 2 个字节中的数据以图 3-8 所示的方法送入 74HC595，此时，第 1 个字节中的数据将存储到第 2 个 74HC595 中，第 2 个字节中的数据存储到第 1 个 74HC595 中；将第 3 个字节中的数据以图 3-8 所示的方法送入 74HC595，此时，第 1 个字节中的数据将存储到第 3 个 74HC595 中，第 2 个字节中的数据存储到第 2 个 74HC595 中，第 3 个字节中的数据存储到第 1 个 74HC595 中。最后，通过引脚 RCLK 打开三态门，让内部移位寄存器的状态，呈现在引脚上。

图 3-10　24 路 LED 模块电路整体控制流程图

【任务小结】

通过完成这个任务，首先，对 ATmega168PA 的最小系统有了一个清晰的认识；然后，学习了 74HC595 的运行原理，并理解了其控制的具体方法；最后，使用 3 个 74HC595，将其首尾连接在一起，以达到控制 24 路 LED 的目的。

由于单片机引脚数目的限制，当需要对更多的外部器件进行控制时，必须扩展单片机的 IO 引脚。扩展单片机的 IO 引脚有多种方法，其中本任务所介绍的 74HC595 是扩展输出引脚最为有效的方法，如果大家希望扩展输入引脚，可以使用 74HC165 芯片，其运行原理除引脚方向外，其他基本与 74HC595 相同。有兴趣的读者，可以自学一下。当需要扩展输出引脚时，应使用 74HC595 电路，只需使用单片机的 3 个 IO 引脚；当扩展输入引脚时，应使用 74HC165 电路，也只需使用单片机的 3 个 IO 引脚；当需要既扩展输入引脚又扩展输出引脚时，应使用 74HC595 和 74HC165 的混合电路，也只需使用单片机的 4 个引脚（对其原因有兴趣的读者，可自学后获得答案）。

笔记：

任务二　编写程序，显示数字“0”

【任务要求】

（1）config.h 文件的使用。
（2）74HC595 配置文件的使用。
（3）认知 74HC595 的操作函数和功能宏。
（4）在 24 路 LED 模块上显示数字“0”。

【任务引入】

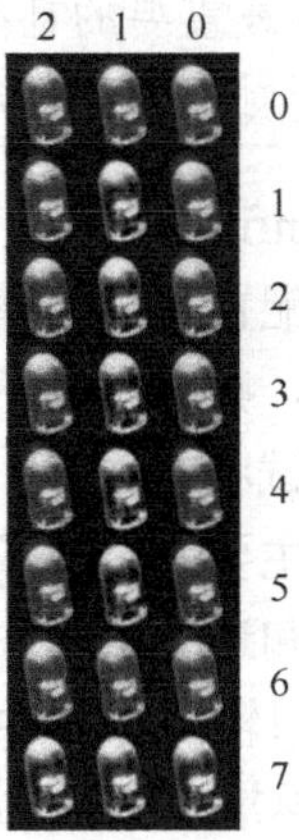

图 3-11　使用 24 路 LED 形成的数字“0”

在开始本任务之前，首先熟悉一下教学实验板上 24 路 LED 的排列顺序，如图 3-11 所示，24 路 LED 形成了 8 行 3 列的点阵排列。为了更好地与程序相互对应（在 C 语言中，大部分数字均从 0 起排，例如数组的下标），行与列均从 0 起排，行号的起止范围为 0～7，列号的起止范围为 0～2，右上角为坐标的（0,0）。

参看图 3-6（24 路 LED 模块电路原理图），将原理图与教学实验板上实际排列的 LED 进行对应，其关系如下：原理图中第 1 个 74HC595 控制教学实验板上的第 0 列 LED，第 2 个 74HC595 控制教学实验板上的第 1 列 LED，第 3 个 74HC595 控制教学实验板上的第 2 列 LED；每个 74HC595 输出的引脚 O0～O7，分别对应教学实验板上的第 0 行至第 7 行。

图 3-11 显示了应用 24 路 LED 模块形成的点阵数字“0”，为了能够很好地绘制其他数字，我们只使用 24 路 LED 的第 0 行至第 6 行，第 7 行始终保持为熄灭状态。如何使用程序控制相应的 LED 亮灭呢？这就是学习本任务所要达到的目的。

【任务指导】

一、config.h 文件的使用

在 AVRWARE++开发模板的逻辑层（0_LogicLayer），除了 main.c 文件，还有一个文件，名为 config.h。config.h 是整个工程项目的配置文件，在开始一个新的工程的时候，首先就需要对该文件进行相应的设置，以完成对整个工程的配置操作，如图 3-12 所示。

知识链接

头文件：一般在一个应用开发体系中，功能的真正逻辑实现是以硬件层为基础，在驱动程序、硬件映射层程序以及用户逻辑层程序中完成的。头文件的主要作用在于多个代码文件全局变量（函数）的重用、防止定义的冲突，对各个被调用函数给出一个描述，其本身不需要包含程序的逻辑实现代码，它只起描述性作用，用户程序只需要按照头文件中的接口声明来调用相关函数或变量，链接器会从库中寻找相应的实际定义代码。

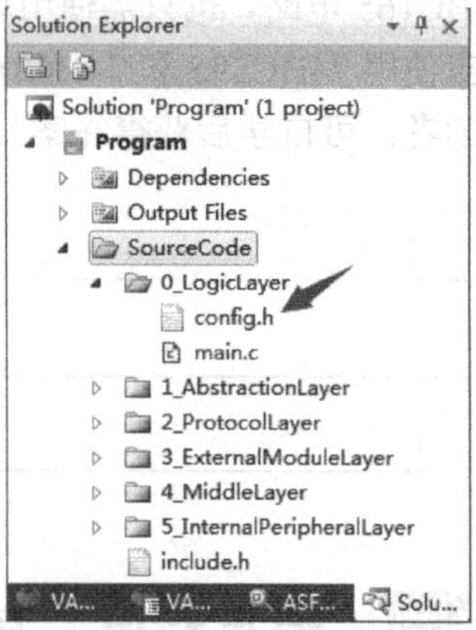

图 3-12　在逻辑层中包含 config.h 和 main.c 两个文件

从结构上来看，头文件是用户应用程序和函数库之间的桥梁和纽带。在整个软件结构中，头文件不是最重要的部分，但它是 C 语言家族中不可缺少的组成部分。编译时，编译器通过头文件找到对应的函数库，进而把已引用函数的实际内容导出来代替原有函数。

打开 config.h 文件，该文件主要由 5 部分组成，分别为：调试状态选择、AVR 器件选择、内部外设层配置、外部模块层配置和协议层配置。在使用 config.h 文件时，应遵循上述顺序一一进行配置，其步骤如下。

（1）调试状态选择。

此部分主要是定义了一个调试状态宏：DEBUG，利用这个调试状态宏可以将应用程序分为调试状态和运行状态。调试状态主要用于系统纠错，可以把系统运行时的一些信息通过LED显示、串行口输出等多种方式向外传递，使得开发者可以根据这些提示判断当前系统的运行状态，当发现异常时，即时定位异常程序所在的位置。而运行状态则需将这些调试信息全部屏蔽，给用户一个清晰简洁的人机交互界面，并达到最大的运行效率。

关于调试状态宏的使用，可以参看程序 3-1，调试系统时，如需对某一个具体值进行判断，当这个值不存在时，则希望通过串行口向计算机发送一串字符“The value is not existing, error number is #8”（这个值不存在，错误代码为#8），此时就可以将本部分涉及的调试状态宏（DEBUG）设为 1，语句为：“#define DEBUG 1”，当程序运行时，如果希望出现的数值确实不存在，则执行语句“Uart0_SendString("The value is not existing, error number is #8");”，此时可通过串行口观察到相应的字符串。系统调试完毕后，转入运行状态，如果不希望再输出这个字符串，则只需将调试状态宏（DEBUG）设为 0 即可，语句为：“#define DEBUG 0”。

【程序3-1】

```
#if DEBUG == 1
 Uart0_SendString("The value is not existing, error number is #8");
#endif
```

（2）AVR 器件选择。

本书配套的AVRWARE++体系架构仅支持ATmega48_88_168_328系列单片机。

（3）内部外设层配置。

前面已经提到，内部外设层是指单片机内部外设的驱动程序层，通过这部分内容可以对单片机内部外设的使用情况进行相应的配置，当前这个实例仅需对看门狗进行配置，其他内部外设的使用，将在后续的项目中分别进行介绍，大家也可根据相应的注释，自行探究。

知识链接

看门狗：为了防止系统在异常情况下受到干扰，导致 CPU 程序跑飞，系统长时间异常工作，通常是引进看门狗，如果 CPU 不在规定的时间内按要求访问看门狗，就认为 CPU 处于异常状态，看门狗就会强迫 CPU 复位，使系统重新从头开始按规律执行用户程序。引入看门狗电路后，可以使单片机系统可靠性大幅度提升。

如程序 3-2 所示，该程序写在 while(1)无限循环中，也就是说，无限循环每运行 1 次，均执行 1 次喂狗操作，以保持看门狗不对 CPU 进行复位，程序正常运行。如果异常发生，导致 CPU 处于死机状态，程序不再运行，则喂狗语句也不会被再执行，当达到看门狗电路规定的喂狗时间后，看门狗会自动复位 CPU，使得程序重新运行。

【程序3-2】

```
#if INTERNAL_PERIPHERAL_WDT_MODE != 0
TARGET_WatchDogReset();
#endif
```

那么，看门狗电路规定的喂狗时间是多少呢？这个时间就在本部分内容中进行设置，具体的时间都在注解中有明确的说明，如程序 3-3 设置 INTERNAL_PERIPHERAL_WDT_MODE 为 7，则看门狗电路规定的喂狗时间为 1 秒，也就是说，程序必须在 1 秒之内至少执行 1 次喂狗操作。

【程序3-3】

```
#define INTERNAL_PERIPHERAL_WDT_MODE7          //0:   不支持看门狗
                                               //1:   15ms
                                               //2:   30ms
                                               //3:   60ms
                                               //4:   120ms
                                               //5:   250ms
                                               //6:   500ms
                                               //7:   1s
                                               //8:   2s
                                               //9:   4s
                                               //10:  8s
```

大家现在或许对这个问题还有疑问，如果 while(1)中的程序运行的时间比较长，不能保证在 1 秒之内执行 1 次喂狗操作，该如何处理呢？

第 1 种方法是将 INTERNAL_PERIPHERAL_WDT_MODE 宏定义的数值调高，例如，可将 INTERNAL_PERIPHERAL_WDT_MODE 定义为 10，则只需保证在 8 秒的时间内进行 1 次喂狗操作就可以了，但是这种方法会造成异常发生后，恢复时效的下降，当系统异常时，必须等待 8 秒后才能使系统复位。

第 2 种方法是在适当的地方添加喂狗语句，例如，项目 2 的走马灯程序，如程序 2-9 所示，用到了延时函数 TARGET_Delayms，该函数有 2 个参数，第 1 个参数是延时的时间，单位为 ms，第 2 个参数就是是否喂狗标识，当第 2 个参数设为 1 时，则表示在延时的同时执行喂狗操作。例如，TARGET_Delayms(200, 1)语句，表示延时 200ms，并同时执行喂狗操作。

（4）外部模块层配置。

外部模块层也已在项目 2 中进行了介绍，它是线路板上与单片机相连接的芯片或模块的驱动层。通过这部分内容可以对单片机外部的芯片或模块的使用情况进行相应的配置。本例中使用到了74HC595芯片，由于电路原理图中将控制74HC595的单片机引脚均指定在同一个端口上，所以，这里应该将EXTERNAL_MODULE_HC595_MODE宏设置为1，如程序3-4所示。

【程序3-4】

```
#define EXTERNAL_MODULE_HC595_MODE   1
//0: 没有使用HC595芯片
//1: 使用HC595芯片，其引脚配置在相应的config文件中进行设置
//2: 使用HC595芯片，其引脚配置在相应的config文件中进行设置，三个引脚可以使用不同的端口
```

（5）协议层配置。

项目2中对协议层进行了简单的介绍，协议层的主要功能是引进现在已公认的完善的、开源的协议代码。因为本例没有具体地使用到该层的信息，其相应的使用方法，将在后续的内容中进行介绍。

二、74HC595配置文件的使用

如程序3-4所示在config.h文件中设置74HC595时，其注解中有如下提示“其引脚配置在相应的config文件中进行设置”，这表明仅告知AVRWARE++体系架构，使用74HC595芯片还是不够的，还必须告知AVRWARE++体系架构，74HC595具体的使用情况，包括74HC595的控制引脚连接到单片机的哪个端口和哪个引脚上。

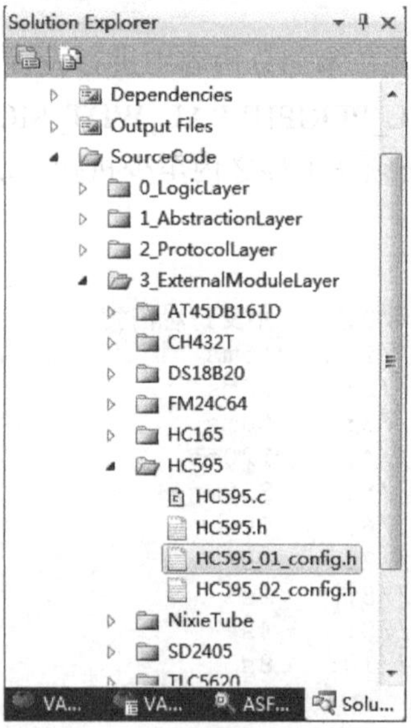

图3-13　对74HC595的硬件连接情况进行配置

对于这部分内容的设置其实很简单，就是看原理图，告诉AVRWARE++体系架构，硬件的连接情况就可以了。我们先来看看74HC595具体使用时，需要配置的内容，由于在config.h文件中，对74HC595使用的功能宏EXTERNAL_MODULE_HC595_MODE设置为1，所以，需要打开3_ExternalModuleLayer（外部模块层），HC595文件夹下的HC595_01_config.h文件，如图3-13所示。

在这个文件中需要对如下功能宏进行配置，如程序3-5所示。

【程序3-5】

```
#ifndef HC595_01_CONFIG_H_
#define HC595_01_CONFIG_H_

#define HC595_PORT
#define HC595_DDR
#define HC595_CLOCK
#define HC595_CS
#define HC595_MOSI

#endif /* HC595_01_CONFIG_H_ */
```

HC595_PORT宏用于指明其使用的PORT（端口）寄存器的名称，其具体使用方法是，如果74HC595与PORTB端口相连接，则这里写PORTB；如果74HC595与PORTC端口相连接，则这里写PORTC；如果74HC595与PORTD端口相连接，则这里写PORTD。

HC595_DDR 宏用于指明其使用的 DDR（方向）寄存器的名称，其具体使用方法是，如果 74HC595 与 PORTB 端口相连接，则这里写 DDRB；如果 74HC595 与 PORTC 端口相连接，则这里写 DDRC；如果 74HC595 与 PORTD 端口相连接，则这里写 DDRD。

HC595_CLOCK 宏用于指明 74HC595 的引脚 SRCLK 与单片机的哪个引脚相连接，只需在引脚号之前加入 PIN 即可，例如，SRCLK 与端口 C 第 1 引脚相连接，则将 HC595_PORT 宏设为 PORTC，HC595_DDR 宏设为 DDRC，HC595_CLOCK 设为 PIN1 即可。

HC595_CS 宏用于指明 74HC595 的引脚 RCLK 与单片机的哪个引脚相连接，只需在引脚号之前加入 PIN 即可，例如，RCLK 与端口 PORTC 第 0 引脚相连接，则将 HC595_PORT 宏设为 PORTC，HC595_DDR 宏设为 DDRC，HC595_CLOCK 设为 PIN0 即可。

HC595_MOSI 宏用于指明 74HC595 的引脚 SER 与单片机的哪个引脚相连接，只需在引脚号之前加入 PIN 即可，例如，RCLK 与端口 PORTC 第 2 引脚相连接，则将 HC595_PORT 宏设为 PORTC，HC595_DDR 宏设为 DDRC，HC595_CLOCK 设为 PIN2 即可。

有了上述准备后，查看原理图，如图 3-6 所示，假定使用软排线将 P3 端口与 P9 端口相连接，则 74HC595 引脚与单片机引脚的对应关系如下：

PC0->RCLK

PC1->SRCLK

PC2->SER

由此，可以写出 74HC595 的配置程序，如程序 3-6 所示。

【程序3-6】

```
#ifndef HC595_01_CONFIG_H_
#define HC595_01_CONFIG_H_

#define HC595_PORT   PORTC
#define HC595_DDR        DDRC
#define HC595_CLOCK  BIT1
#define HC595_CS     BIT0
#define HC595_MOSI   BIT2

#endif /* HC595_01_CONFIG_H_ */
```

三、认知 74HC595 的操作函数和功能宏

编写程序使得在 24 路 LED 模块上显示数字“0”。首先，查看 74HC595 具体的操作函数和功能宏，这些函数和功能宏均在相应的头文件中进行定义。

打开 HC595.h 头文件，里面定义了 6 个功能宏（HC595_SELECT、HC595_UNSELECT、HC595_SET_CLOCK、HC595_CLR_CLOCK、HC595_SET_MOSI、HC595_CLR_MOSI）和 2 个函数（HC595_Init、HC595_WriteByte）。

其中现阶段需要熟悉的功能宏只有 1 个，那就是 HC595_SELECT，该功能宏用于将 74HC595 内部移位寄存器中的数据迅速传递到输出寄存器，其操作方法是打开 74HC595 的三态门，使得内部移位寄存器与输出寄存器联通，然后迅速关闭。

对于函数，也仅需熟悉 HC595_WriteByte 函数即可，因为 HC595_Init 函数由 AVRWARE++ 自动调用，main 函数中的 TARGET_Init()函数负责调用相应硬件的初始化函数，即 HC595_Init 函数。

函数 HC595_WriteByte 仅带有一个参数 u8_Byte，该参数定义为 uint8（无符号整型 8 位），

就是向 74HC595 写入的字节。在学习下面的内容时，大家应该对比着前面所讲述的 74HC595 工作原理，例如，程序 3-7 中 3 次调用 HC595_WriteByte 函数，分别写入 0x01、0x02、0x03，0x01 应当写入第 3 个 74HC595 芯片，对应图 3-11 的第 2 列 LED，0x02 写入第 2 个 74HC595 芯片，对应图 3-11 的第 1 列 LED，0x03 写入第 1 个 74HC595 芯片，对应图 3-11 的第 0 列 LED。仅 3 次调用 HC595_WriteByte 还是不够的，还需要再调用 HC595_SELECT 功能宏，将 74HC595 内部移位寄存器中的内容传递到输出寄存器，才能看到最终的显示结果。

【程序3-7】

```
HC595_WriteByte(0x01);
HC595_WriteByte(0x02);
HC595_WriteByte(0x03);
HC595_SELECT;
```

在本部分内容的最后还需要再提一下 AVRWARE++的数据类型，AVRWARE++在 C 语言固有的数据类型的基础上，自定义了 8 种数据类型，分别为 int8（有符号整型 8 位）、uint8（无符号整型 8 位）、int16（有符号整型 16 位）、uint16（无符号整型 16 位）、int32（有符号整型 32 位）、uint32（无符号整型 32 位）、int64（有符号整型 64 位）、uint64（无符号整型 64 位）。应用这些数据类型编写程序，要比使用 C 语言中自带的数据类型编写程序，更具可读性（为什么？因为 C 语言中自带的数据类型的数据长度是不确定的，例如，int 在 AVR 单片机中是 16 位的，而在 Windows 操作系统上进行 C 语言程序设计，则 int 是 32 位的）。这些数据类型定义在 DataType.h 文件中，参考代码如程序 3-8 所示。

【程序3-8】

```
//定义数据类型
typedef signed char                 int8;
typedef unsigned char               uint8;
typedef signed int                  int16;
typedef unsigned int                uint16;
typedef signed long int             int32;
typedef unsigned long int           uint32;
typedef signed long long int        int64;
typedef unsigned long long int      uint64;
```

四、在 24 路 LED 模块上显示数字“0”

显示数字“0”的前提条件是需要知道数字“0”的字模，再次查看图 3-11，并对比 24 路 LED 模块电路原理图，可知 74HC595 输出低电平则相应的 LED 点亮，输出高电平则相应的 LED 熄灭，由此，可以得出数字“0”对应的二进制位图，如表 3-2 所示。

表 3-2　数字“0”的字模

行 / 列	2	1	0
0	0	0	0
1	0	1	0
2	0	1	0
3	0	1	0
4	0	1	0
5	0	1	0
6	0	0	0
7	1	1	1

根据表 3-2 写出第 0 字节的二进制表达：10000000，转换为十六进制是 0x80；写出第 1 字节的二进制表达：10111110，转换为十六进制是 0xBE；写出第 2 字节的二进制表达：10000000，转换为十六进制是 0x80。根据 74HC595 的运行原理，其字节写入的次序是：第 2 列→第 1 列→第 0 列。由此，可以完成显示数字“0”的 C 语言程序了，如程序 3-9 所示。

【程序3-9】

```
//加入包含文件
#include "../include.h"

//定义系统常量

//定义全局变量

//主程序
int main(void)
{
 //定义局部变量

 //目标板初始化，该函数会自动初始化相应的外设文件
 TARGET_Init();

 //初始化全局变量

 //在上电时，执行的相应操作

 //后台主循环
 while(1)
 {
     /*
     ***********************************
     在这里完成自己的项目逻辑
     ***********************************
     */
     HC595_WriteByte(0x80);
     HC595_WriteByte(0xBE);
     HC595_WriteByte(0x80);
     HC595_SELECT;
     /*
     ***********************************
     喂狗语句，大部分工程项目都不应去除
     ***********************************
     */
     #if INTERNAL_PERIPHERAL_WDT_MODE != 0
         TARGET_WatchDogReset();
     #endif
 }
 return 0;    //永不执行
}
```

上述代码编写完成后，按照前面的方法对该代码进行编译，然后通过下载程序，将映像文件下载到单片机中。使用软排线将教学实验板上的 P7 端口与 P1 端口相连接，再次上电，就可以看到 24 路 LED 模块显示数字“0”了。

【任务小结】

本任务首先和大家探讨了 config.h 文件的使用方法，并在这部分内容中介绍了一种增强系统稳定性的方法——看门狗。接下来，给大家介绍了 74HC595 的配置方法，指出其配置过程

只需查看原理图，并将其具体的连接方法翻译成程序代码即可。最后，介绍了 74HC595 操作的函数和功能宏以及数字“0”的字模的形成方法，进而给出了显示数字“0”的完整 C 程序。有了这些准备后，实现倒计时器已经不困难了，我们将在任务三中，实现一个完成的倒计时器。

笔记：

任务三 编写程序，实现“倒计时器”

【任务要求】

（1）数字字模的构建。
（2）编程实现倒计时。
（3）程序的优化。

【任务引入】

上个任务实现了数字“0”的显示，本任务的目标是实现一个完整的倒计时器，图 3-13 显示了数字“0～9”的字模，首先，对这些字模予以编程实现，然后，将其封装成函数，最后，通过循环语句进行调用，实现倒计时器的功能。

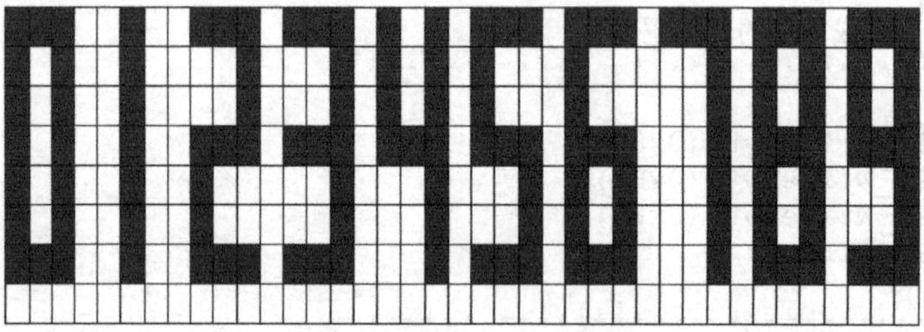

图 3-13 数字“0～9”的字模

【任务指导】

一、数字字模的构建

按照数字“0”字模的构建方法，对数字“1～9”的字模依次进行构建。

（1）数字“1”字模的构建。

根据表 3-3 写出第 0 字节的二进制表达：11111111，转换为十六进制是 0xFF；写出第 1 字节的二进制表达：10000000，转换为十六进制是 0x80；写出第 2 字节的二进制表达：11111111，转换为十六进制是 0xFF。所以顺序写入 74HC595 的字节是：0xFF、0x80、0xFF。

（2）数字“2”字模的构建。

根据表 3-4 写出第 0 字节的二进制表达：10110000，转换为十六进制是 0xB0；写出第 1 字节的二进制表达：10110110，转换为十六进制是 0xB6；写出第 2 字节的二进制表达：10000110，转换为十六进制是 0x86。所以顺序写入 74HC595 的字节是：0x86、0xB6、0xB0。

表 3-3 数字“1”的字模

行 / 列	2	1	0
0	1	0	1
1	1	0	1
2	1	0	1
3	1	0	1
4	1	0	1
5	1	0	1
6	1	0	1
7	1	1	1

表 3-4 数字“2”的字模

行 / 列	2	1	0
0	0	0	0
1	1	1	0
2	1	1	0
3	0	0	0
4	0	1	1
5	0	1	1
6	0	0	0
7	1	1	1

（3）数字“3”字模的构建。

根据表 3-5 写出第 0 字节的二进制表达：10000000，转换为十六进制是 0x80；写出第 1 字节的二进制表达：10110110，转换为十六进制是 0xB6；写出第 2 字节的二进制表达：10110110，转换为十六进制是 0xB6。所以顺序写入 74HC595 的字节是：0xB6、0xB6、0x80。

表 3-5 数字“3”的字模

行 / 列	2	1	0
0	0	0	0
1	1	1	0
2	1	1	0
3	0	0	0
4	1	1	0
5	1	1	0
6	0	0	0
7	1	1	1

（4）数字“4”字模的构建。

根据表 3-6 写出第 0 字节的二进制表达：10000000，转换为十六进制是 0x80；写出第 1 字节的二进制表达：11110111，转换为十六进制是 0xF7；写出第 2 字节的二进制表达：11110000，转换为十六进制是 0xF0。所以顺序写入 74HC595 的字节是：0xF0、0xF7、0x80。

表 3-6　数字“4”的字模

行 / 列	2	1	0
0	0	1	0
1	0	1	0
2	0	1	0
3	0	0	0
4	1	1	0
5	1	1	0
6	1	1	0
7	1	1	1

（5）数字“5”字模的构建。

根据表 3-7 写出第 0 字节的二进制表达：10001100，转换为十六进制是 0x8C；写出第 1 字节的二进制表达：10110110，转换为十六进制是 0xB6；写出第 2 字节的二进制表达：10110000，转换为十六进制是 0xB0。所以顺序写入 74HC595 的字节是：0xB0、0xB6、0x8C。

表 3-7　数字“5”的字模

行 / 列	2	1	0
0	0	0	0
1	0	1	1
2	0	1	1
3	0	0	0
4	1	1	0
5	1	1	0
6	0	0	0
7	1	1	1

（6）数字“6”字模的构建。

根据表 3-8 写出第 0 字节的二进制表达：10001100，转换为十六进制是 0x8C；写出第 1 字节的二进制表达：10110110，转换为十六进制是 0xB6；写出第 2 字节的二进制表达：10000000，转换为十六进制是 0x80。所以顺序写入 74HC595 的字节是：0x80、0xB6、0x8C。

表 3-8　数字“6”的字模

行 / 列	2	1	0
0	0	0	0
1	0	1	1
2	0	1	1
3	0	0	0
4	0	1	0
5	0	1	0
6	0	0	0
7	1	1	1

（7）数字“7”字模的构建。

根据表 3-9 写出第 0 字节的二进制表达：10000000，转换为十六进制是 0x80；写出第 1 字节的二进制表达：11111110，转换为十六进制是 0xFE；写出第 2 字节的二进制表达：11111110，转换为十六进制是 0xFE。所以顺序写入 74HC595 的字节是：0xFE、0xFE、0x80。

表 3-9 数字“7”的字模

行 列	2	1	0
0	0	0	0
1	1	1	0
2	1	1	0
3	1	1	0
4	1	1	0
5	1	1	0
6	1	1	0
7	1	1	1

（8）数字“8”字模的构建。

根据表 3-10 写出第 0 字节的二进制表达：10000000，转换为十六进制是 0x80；写出第 1 字节的二进制表达：10110110，转换为十六进制是 0xB6；写出第 2 字节的二进制表达：11000000，转换为十六进制是 0xC0。所以顺序写入 74HC595 的字节是：0xC0、0xB6、0x80。

表 3-10 数字“8”的字模

行 列	2	1	0
0	0	0	0
1	0	1	0
2	0	1	0
3	0	0	0
4	0	1	0
5	0	1	0
6	1	0	0
7	1	1	1

（9）数字“9”字模的构建。

根据表 3-11 写出第 0 字节的二进制表达：10000000，转换为十六进制是 0x80；写出第 1 字节的二进制表达：10110110，转换为十六进制是 0xB6；写出第 2 字节的二进制表达：10110000，转换为十六进制是 0xB0。所以顺序写入 74HC595 的字节是：0xB0、0xB6、0x80。

表 3-11 数字“9”的字模

行 列	2	1	0
0	0	0	0
1	0	1	0
2	0	1	0
3	0	0	0
4	1	1	0
5	1	1	0
6	0	0	0
7	1	1	1

二、编程实现倒计时

数字字模建立后，就可以通过程序来实现倒计时器了，其实现原理已经在上一个任务中介绍过了，例如，显示数字 5，则直接调用它的字模就可以，如程序 3-10 所示。

【程序3-10】

```
HC595_WriteByte(0xB0);
HC595_WriteByte(0xB6);
HC595_WriteByte(0x8C);
HC595_SELECT;
```

根据上述方法，写出整个倒计时显示程序，如程序 3-11 所示。

【程序3-11】

```
//加入包含文件
#include "../include.h"

//定义系统常量

//定义全局变量

//主程序
int main(void)
{
 //定义局部变量

 //目标板初始化，该函数会自动初始化相应的外设文件
 TARGET_Init();

 //初始化全局变量

 //在上电时，执行的相应操作

 //后台主循环
 while(1)
 {
      /*
      ************************************
      在这里完成自己的项目逻辑
      ************************************
      */
      HC595_WriteByte(0xB0);  //9
      HC595_WriteByte(0xB6);
      HC595_WriteByte(0x80);
      HC595_SELECT;
      TARGET_Delayms(1000, 1);
      HC595_WriteByte(0x80);  //8
      HC595_WriteByte(0xB6);
      HC595_WriteByte(0x80);
      HC595_SELECT;
      TARGET_Delayms(1000, 1);
      HC595_WriteByte(0xFE);  //7
      HC595_WriteByte(0xFE);
      HC595_WriteByte(0x80);
      HC595_SELECT;
      TARGET_Delayms(1000, 1);
      HC595_WriteByte(0x80);  //6
      HC595_WriteByte(0xB6);
      HC595_WriteByte(0x86);
      HC595_SELECT;
```

```
        TARGET_Delayms(1000, 1);
        HC595_WriteByte(0xB0);  //5
        HC595_WriteByte(0xB6);
        HC595_WriteByte(0x86);
        HC595_SELECT;
        TARGET_Delayms(1000, 1);
        HC595_WriteByte(0xF0);  //4
        HC595_WriteByte(0xF7);
        HC595_WriteByte(0x80);
        HC595_SELECT;
        TARGET_Delayms(1000, 1);
        HC595_WriteByte(0xB6);  //3
        HC595_WriteByte(0xB6);
        HC595_WriteByte(0x80);
        HC595_SELECT;
        TARGET_Delayms(1000, 1);
        HC595_WriteByte(0x86);  //2
        HC595_WriteByte(0xB6);
        HC595_WriteByte(0xB0);
        HC595_SELECT;
        TARGET_Delayms(1000, 1);
        HC595_WriteByte(0xFF);  //1
        HC595_WriteByte(0x80);
        HC595_WriteByte(0xFF);
        HC595_SELECT;
        TARGET_Delayms(1000, 1);
        HC595_WriteByte(0x80);  //0
        HC595_WriteByte(0xBE);
        HC595_WriteByte(0x80);
        HC595_SELECT;
        TARGET_Delayms(1000, 1);
        /*
        ***********************************
        喂狗语句，大部分工程项目都不应去除
        ***********************************
        */
        #if INTERNAL_PERIPHERAL_WDT_MODE != 0
            TARGET_WatchDogReset();
        #endif
    }
    return 0;    //永不执行
}
```

将上述程序编译，下载到教学目标板后，就可以观察到 24 路 LED 模块从 9 开始显示，每隔 1 秒数字减 1，直到显示数字 0，然后重新从 9 递减到 0，周而往复。

三、程序的优化

程序 3-11 虽然能够正确实现“倒计时器”项目所达到的目标要求，但是这段程序的可读性比较差，除了我们以外，其他人员（包括程序设计人员）在不理解硬件原理的情况下，很难弄明白这段程序所要表达的意思。“可读性强”是编写程序所要求的四大目标之一。以下将用封装函数的方法，来增强程序代码的可读性。

在 AVRWARE++软件架构中，自定义函数在硬件映射层实现，打开 HAL.h 文件，可以看到在这个文件的末尾有“函数原型声明”的提示，如图 3-14 所示，在那里加入函数的原型声明即可。

在编写自定义函数时，为了增强程序的可读性，函数名一定要有实际意义，且易读。本例中，将函数声明为 ShowNumber，中文的意思是显示数字，HAL.h 的完整程序，如程序 3-12

所示。

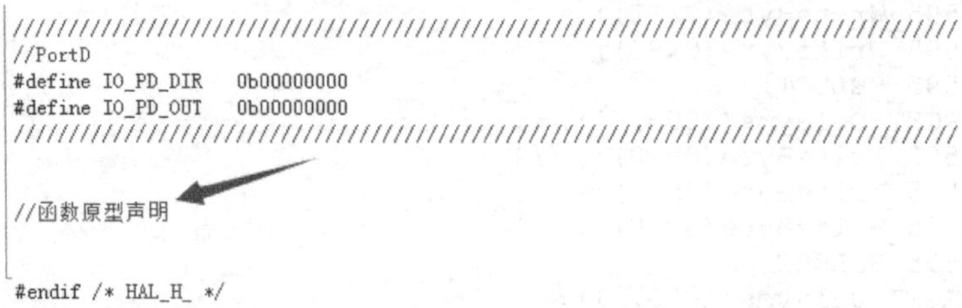

图 3-14 在 HAL.h 文件的末尾加入函数原型声明

【程序3-12】

```
#ifndef HAL_H_
#define HAL_H_

//引脚定义
////////////////////////////////////////////////////////////////////////
//PortB
#define IO_PB_DIR     0b00000000
#define IO_PB_OUT     0b00000000
////////////////////////////////////////////////////////////////////////

////////////////////////////////////////////////////////////////////////
//PortC
#define IO_PC_DIR     0b00000000
#define IO_PC_OUT     0b00000000
////////////////////////////////////////////////////////////////////////

////////////////////////////////////////////////////////////////////////
//PortD
#define IO_PD_DIR     0b00000000
#define IO_PD_OUT     0b00000000
////////////////////////////////////////////////////////////////////////

//函数原型声明
void ShowNumber(uint8 u8_Number);

#endif /* HAL_H_ */
```

在头文件中完成声明函数原型后，就可以在 HAL.c 文件中完成实现函数的代码了。这个函数的编程思路比较简单，就是根据传递参数 u8_Number 的具体数值，调用相应的数字字模，然后使用 HC595_WriteByte 函数将其送入 74HC595，并在函数的末尾调用 HC595_SELECT 功能宏即可，其代码如程序 3-13 所示。

【程序3-13】

```
#include "../include.h"

//以下函数为工程项目中用到的函数
void ShowNumber(uint8 u8_Number)
{
 uint8 u8_Line[3];

 switch (u8_Number)
 {
 case 0:
     u8_Line[2] = 0x80;
     u8_Line[1] = 0xBE;
```

```
            u8_Line[0] = 0x80;
            break;
        case 1:
            u8_Line[2] = 0xFF;
            u8_Line[1] = 0x80;
            u8_Line[0] = 0xFF;
            break;
        case 2:
            u8_Line[2] = 0x86;
            u8_Line[1] = 0xB6;
            u8_Line[0] = 0xB0;
            break;
        case 3:
            u8_Line[2] = 0xB6;
            u8_Line[1] = 0xB6;
            u8_Line[0] = 0x80;
            break;
        case 4:
            u8_Line[2] = 0xF0;
            u8_Line[1] = 0xF7;
            u8_Line[0] = 0x80;
            break;
        case 5:
            u8_Line[2] = 0xB0;
            u8_Line[1] = 0xB6;
            u8_Line[0] = 0x86;
            break;
        case 6:
            u8_Line[2] = 0x80;
            u8_Line[1] = 0xB6;
            u8_Line[0] = 0x86;
            break;
        case 7:
            u8_Line[2] = 0xFE;
            u8_Line[1] = 0xFE;
            u8_Line[0] = 0x80;
            break;
        case 8:
            u8_Line[2] = 0x80;
            u8_Line[1] = 0xB6;
            u8_Line[0] = 0x80;
            break;
        case 9:
            u8_Line[2] = 0xB0;
            u8_Line[1] = 0xB6;
            u8_Line[0] = 0x80;
            break;
        default:
            u8_Line[2] = 0xFF;
            u8_Line[1] = 0xFF;
            u8_Line[0] = 0xFF;
            break;
    }
    HC595_WriteByte(u8_Line[2]);
    HC595_WriteByte(u8_Line[1]);
    HC595_WriteByte(u8_Line[0]);
    HC595_SELECT;
}
```

上述工作完成后，就可以实现逻辑层的代码，由于已经封装了 ShowNumber 函数，所以逻辑层的代码就比较简洁了，而且程序的可读性大幅度增强，如程序 3-14 所示。程序使用了一个 for 循环，来显示数字 9 到 0，相信每一个学习过 C 语言的同学，都能够明白程序所要表达的意义。

【程序3-14】

```
//加入包含文件
#include "../include.h"

//定义系统常量

//定义全局变量

//主程序
int main(void)
{
 //定义局部变量
 int8 i;

 //目标板初始化，该函数会自动初始化相应的外设文件
 TARGET_Init();

 //初始化全局变量

 //在上电时，执行的相应操作

 //后台主循环
 while(1)
 {
     /*
     ***********************************
     在这里完成自己的项目逻辑
     ***********************************
     */
     for (i = 9; i >= 0; i--)
     {
         ShowNumber(i);
         TARGET_Delayms(1000, 1);
     }
     /*
     ***********************************
     喂狗语句，大部分工程项目都不应去除
     ***********************************
     */
     #if INTERNAL_PERIPHERAL_WDT_MODE != 0
         TARGET_WatchDogReset();
     #endif
 }
 return 0;   //永不执行
}
```

对程序 3-14 进行编译，然后将其下载到教学实验板中，可以观察到运行结果与程序 3-11 的运行结果是相同的，但是程序 3-14 的逻辑层代码更具有可读性，也在一定程度上达到了可扩展性、可多人协作性和可移植性。

【任务小结】

本项目从“倒计时器”硬件原理开始说起，给大家讲述了单片机最小系统、74HC595 的内部原理，单片机扩展 IO 口，外部模块层的调用、函数的封装等多项内容。通过这个项目的讲

解我们可以感觉到，在AVRWARE++软件体系架构上进行程序设计，不需要对底层代码的实现有深入的理解，就可以编写出高质量、高可靠性的程序代码。我们可以把更大的精力关注于项目逻辑的实现，关注于代码质量的提高，关注于项目的可持续性研发。

笔记：________________________________

【知识包】

请扫描二维码查阅知识包中的学习内容

评价与考核

课程名称：单片机程序设计与应用		授课地点：		
名称：串转并的方法——控制更多的LED		授课教师：	授课学时：	
课程性质：理论+实践		综合评分：		
知识掌握情况评分（40分）				
序号	**知识考核点**	**教师评价**	**配分**	**得分**
1	认知ATmega168PA单片机最小系统		10	
2	认知74HC595内部工作原理		5	
3	认知24路LED模块电路控制原理		10	
4	config.h文件的使用		5	
5	74HC595配置文件的使用		10	
工作任务完成情况评分（60分）				
序号	**能力操作考核点**	**教师评价**	**配分**	**得分**
1	自己搭建单片机最小系统		15	
2	根据项目要求，配置config.h		15	
3	根据硬件原理图，配置74HC595配置文件		15	
4	设计可读性强的逻辑层代码		15	
违纪扣分（20分）				
序号	**违纪考察点**	**教师评价**	**配分**	**得分**
1	课上吃东西		5	
2	课上打游戏		5	
3	课上打电话		5	
4	其他扰乱课堂秩序的行为		5	

上课心得：____

____

____

____

____

思考与练习

（1）绘制 ATmega168PA 单片机最小系统图。

（2）简述 74HC595 内部工作原理。

（3）简述 24 路 LED 模块电路控制原理。

（4）简述 config.h 文件的配置方法。

（5）简述外部映射层驱动程序的调用方法。

（6）构建 A～F 的字模。

教学微视频

项目 4　中断与定时器——使用数码管表达我们的信息

【任务书】

（1）认知“数码管”的显示原理。
（2）数码管的静态和动态显示。
（3）中断与定时器。

【项目描述】

图 4-1　用数码管显示当前时间

“数码管”相信大家并不陌生，它是由多个发光二极管在一起组成的“8”字形器件，利用数码管可以表达很多的信息，例如，图 4-1 所示的 4 位数码管，可以很好地显示时间信息。

本项目就带领大家一窥数码管显示的奥秘，并教给大家通过 C 程序控制数码管显示的方法。为了提高单片机的运行效率，本项目还将引入中断的概念，并借助“定时器”详细说明中断的使用方法。在完成本项目的学习后，我们将掌握一种高效的单片机程序设计方法——“前/后台程序”。

【知识目标】

（1）了解数码管的显示原理。
（2）了解 74HC138 内部工作原理。
（3）掌握数码管的测量方法。
（4）掌握中断的基本概念。
（5）掌握定时器的基本概念。

【能力目标】

（1）能够进行数码管的动态程序设计。
（2）能够编写定时器中断服务处理程序。
（3）能够根据硬件原理图，配置数码管配置文件。
（4）能够编写“前/后台程序”。

【素质目标】

（1）具备编写“前/后台程序”的初步能力。
（2）具备运行、调试C语言应用程序的综合能力。
（3）具备小组分工合作与协调的综合能力。

笔记：

任务一 认知“数码管”的显示原理

【任务要求】

（1）认知数码管。
（2）数码管的测量。
（3）数码管的字符编码。

【任务引入】

数码管是显示屏中的一类，通过对其不同的引脚输入相对的电流，使其发亮，从而显示出数字，能够显示时间、日期、温度等所有可用数字表示的信息。

由于它的价格便宜、使用简单，在电器特别是家电领域应用极为广泛，空调、热水器、冰箱等都在大量地使用数码管。

图4-2 4位8段数码管

数码管根据所显示字符的位数不同，可以分为1位、2位、4位和8位数码管；根据发光体段数的不同，可以分为7段、8段和9段数码管。图4-2显示的是4位8段数码管，大家可以看出该数码管可以显示4位字符，每个数字由8个发光体组成，其中7个发光体组成数字，另一个发光体表示小数点。

数码管还有亮度不同之分，例如，教学实验板使用的数码管就是高亮数码管（LG3641BH中的H即表示高亮）。除此之外，还有0.5寸、1寸等不同的尺寸。

小尺寸数码管的某一段常由一个发光二极管组成，而大尺寸数码管则由两个或多个发光二极管组成。一般情况下，单个发光二极管的管压降为 1.8V 左右，电流不超过 30mA。

本任务将围绕数码管的硬件显示原理进行讲解，希望通过本任务的学习，为下一个任务——通过硬件控制数码管打下一个坚实的基础。

【任务指导】

一、认知数码管

图 4-3 显示了本书配套的教学实验板所使用的数码管 LG3641BH，根据前面的介绍，可知 LG3641BH 为 4 位 8 段数码管。仅理解这些内容还不够，和 LG3641BH 同类型的还有一种数码管称为 LG3641AH，两种数码管的尾缀分别为 A 和 B，这个尾缀表示了数码管的一种区分方式：共阴极数码管（A 型）和共阳极数码管（B 型）。大家看到阴极和阳极的时候，是否会联想到这是模拟电路开篇时讲的一个重要的元器件：二极管？很正确，不过在数码管中使用的二极管还具有发光功能，也就是在上一个任务中所说的 LED。数码管就是由多个发光二极管（LED）所组成的，将每位发光二极管的所有阴极连接在一起的时候，就称这种数码管为共阴极数码管，如图 4-4 所示；将每位发光二极管的所有阳极连接在一起的时候，就称这种数码管为共阳极数码管，如图 4-5 所示。

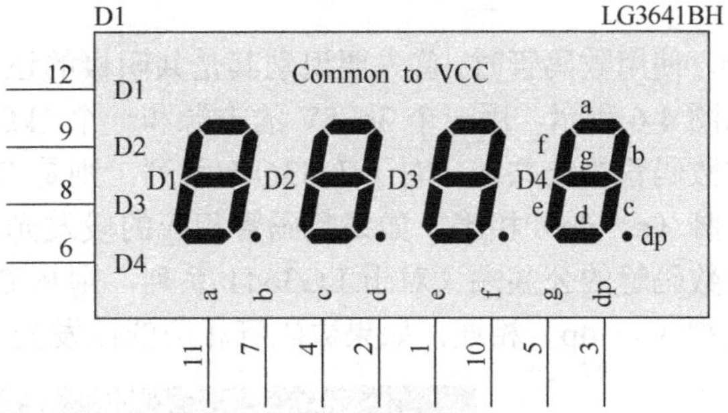

图 4-3　本书配套的教学实验板所用的数码管 LG3641BH

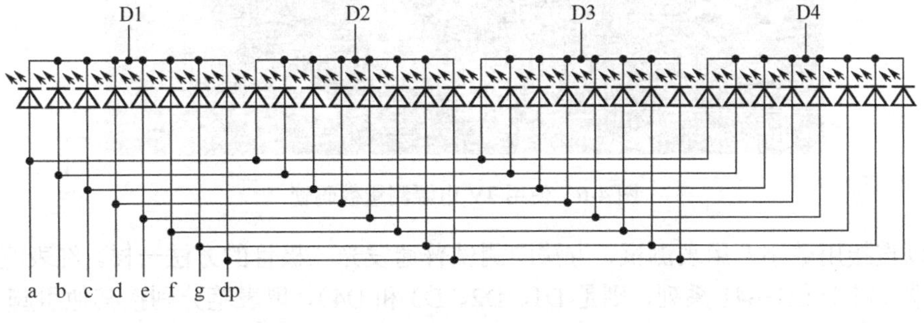

图 4-4　4 位 8 段共阴极数码管内部原理图

仔细观察图 4-4，如果希望数码管上的某位显示某个字符，其具体做法是给 D1 引脚接地，然后按照字符的相应图形给 a～dp 引脚加高电平，则对应的 LED 会点亮，以显示出相应的字符。如果是共阳极数码管呢？如图 4-5 所示，则应该给 D1 引脚加高电平 VCC，然后按照数字的相应图形给 a～dp 引脚加低电平，则相应的 LED 会点亮，以显示出相应的字符。

无论是图 4-4 所示的共阴极数码管还是图 4-5 所示的共阳极数码管，其 4 位数字的 a～dp 引脚均接在了一起，刚才是让 D1 显示希望的字符，如果此时希望 D2 显示字符该如何操作呢？如果希望 D1、D2、D3 和 D4 同时显示不同的数字，可是 a～dp 引脚均接在了一起，这不是很矛盾吗？大家不要着急，我们会在后续的任务中和大家探讨清楚的。

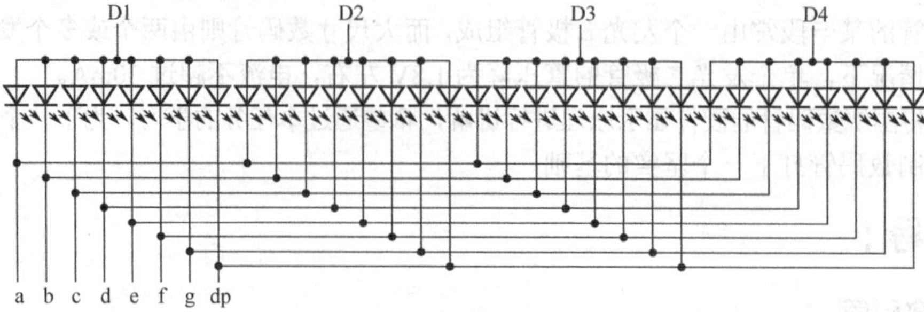

图 4-5　4 位 8 段共阳极数码管内部原理图

二、数码管的测量

使用数码管时，首先要识别其是共阴极的还是共阳极的，这可以通过测量它的引脚来确定。如图 4-6 所示，用一个 3～5V 的电源和一个 1kΩ（或几百 Ω）的电阻，电源的正极串接电阻后与数码管的公共端（对于 LG3641 系列，则是 D1、D2、D3 和 D4）相连，电源的负极与其他引脚（a～dp）相连，如果数码管相应的段发光，则说明此数码管为共阳极的；用电源的负极与数码管的公共端（对于 LG3641 系列，则是 D1、D2、D3 和 D4）相连，电源的正极与其他引脚（a～dp）相连，如果数码管相应的段发光，则说明此数码管为共阴极的。

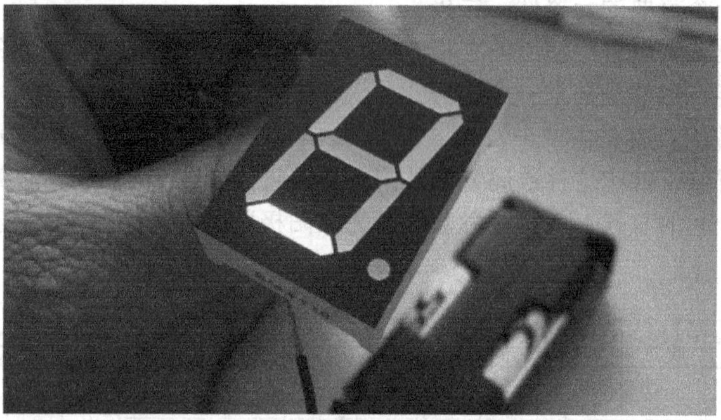

图 4-6　使用 3V 电源测量数码管

还可以直接用数字万用表测试，方法同测试普通发光二极管的方法一样。红表笔连接数码管的公共端（对于 LG3641 系列，则是 D1、D2、D3 和 D4），黑表笔分别接其他引脚（a～dp），如果数码管相应的段发光，则说明此数码管为共阳极的；黑表笔接数码管的公共端（对于 LG3641 系列，则是 D1、D2、D3 和 D4），红表笔分别接其他引脚（a～dp），如果数码管相应的段发光，则说明此数码管为共阴极的。在这里需要提醒大家的是，红表笔是电源的正极，黑表笔是电源的负极。

三、数码管的字符编码

仔细观察图 4-3 所示数码管中的 D4 位原理图上所表示的内容，它利用 a～dp 所对应的发光二极管组成了一个带有小数点的“8”字形状。如果希望数码管上显示字符“0”，则只需将 a、b、c、d、e、f 所对应的发光二极管点亮即可，由于使用的是 8 段数码管，则其控制的 8 个引脚正好组成 1 个字节，所以直接用相应的十六进制表示即可。

按照上述方法，可以分别形成共阴极和共阳极的数码管字符编码表，如表 4-1 和表 4-2 所示。

表 4-1　共阴极数码管字符编码表

字符	dp	g	f	e	d	c	b	a	十六进制
0	0	0	1	1	1	1	1	1	0x3F
1	0	0	0	0	0	1	1	0	0x06
2	0	1	0	1	1	0	1	1	0x5B
3	0	1	0	0	1	1	1	1	0x4F
4	0	1	1	0	0	1	1	0	0x66
5	0	1	1	0	1	1	0	1	0x6D
6	0	1	1	1	1	1	0	1	0x7D
7	0	0	0	0	0	1	1	1	0x07
8	0	1	1	1	1	1	1	1	0x7F
9	0	1	1	0	1	1	1	1	0x6F
A	0	1	1	1	0	1	1	1	0x77
B	0	1	1	1	1	1	0	0	0x7C
C	0	0	1	1	1	0	0	1	0x39
D	0	1	0	1	1	1	1	0	0x5E
E	0	1	1	1	1	0	0	1	0x79
F	0	1	1	1	0	0	0	1	0x71
H	0	1	1	1	0	1	1	0	0x76
L	0	0	1	1	1	0	0	0	0x38
P	0	1	1	1	0	0	1	1	0x73
R	0	0	1	1	0	0	0	1	0x31
U	0	0	1	1	1	1	1	0	0x3E
-	0	1	0	0	0	0	0	0	0x40
.	1	0	0	0	0	0	0	0	0x80
熄灭	0	0	0	0	0	0	0	0	0x00

表 4-2　共阳极数码管字符编码表

字符	dp	g	f	e	d	c	b	a	十六进制
0	1	1	0	0	0	0	0	0	0xC0
1	1	1	1	1	1	0	0	1	0xF9
2	1	0	1	0	0	1	0	0	0xA4
3	1	0	1	1	0	0	0	0	0xB0
4	1	0	0	1	1	0	0	1	0x99
5	1	0	0	1	0	0	1	0	0x92
6	1	0	0	0	0	0	1	0	0x82
7	1	1	1	1	1	0	0	0	0xF8
8	1	0	0	0	0	0	0	0	0x80
9	1	0	0	1	0	0	0	0	0x90
A	1	0	0	0	1	0	0	0	0x88
B	1	0	0	0	0	0	1	1	0x83
C	1	1	0	0	0	1	1	0	0xC6
D	1	0	1	0	0	0	0	1	0xA1

续表

字符	dp	g	f	e	d	c	b	a	十六进制
E	1	0	0	0	0	1	1	0	0x86
F	1	0	0	0	1	1	1	0	0x8E
H	1	0	0	0	1	0	0	1	0x89
L	1	1	0	0	0	1	1	1	0xC7
P	1	0	0	0	1	1	0	0	0x8C
R	1	1	0	0	1	1	1	0	0xCE
U	1	1	0	0	0	0	0	1	0xC1
-	1	0	1	1	1	1	1	1	0xBF
.	0	1	1	1	1	1	1	1	0x7F
熄灭	1	1	1	1	1	1	1	1	0xFF

【任务小结】

通过学习这个任务，首先认知了数码管的内部原理，说明了数码管是由多个 LED 组成的“8”字形显示器件，只需控制数码管不同段的亮灭，即可显示出不同的字符；接下来，说明了数码管的一个非常重要的类型区分方式：共阴极和共阳极，并以 4 位 8 段数码管为例，剖析了其内部结构；在此基础上，说明了判断数码管共阴极和共阳极的方法，使用电源+电阻的方式或者用万用表直接测量数码管的极性；最后，分析了数码管显示不同字符的方法，给出了常用字符的字符编码表。

在学习本任务的时候，还有一个疑问，就是本任务所举的 4 位 8 段数码管的每位的 a～dp 引脚都接在了一起，这样如何同时显示多位字符呢？请让我们带着这个疑问，开始下一个任务的学习。

笔记：________________

任务二　数码管的静态和动态显示

【任务要求】

（1）数码管的静态显示。

（2）认知 74HC138 内部工作原理。

（3）数码管的动态显示。

（4）交替显示字符“01234567”和“89ABCDEF”。

【任务引入】

大家看到图 4-7 所示的图片或许会很疑惑，这与本任务的学习内容有关系吗？有，对于本任务的学习，先从人眼的一个生理现象——“视觉暂留效应”开始说起，用以解释上个任务所留下的疑问。

图 4-7　人眼的视觉暂留效应

视觉暂留顾名思义就是视觉的短暂停留，人眼观看物体时，成像于视网膜上，视网膜上的感光细胞得到光的刺激后，视神经通过生物电流将这种刺激传给大脑，大脑根据这种刺激产生一种直觉，即看见物体。但当物体移动后，视神经对物体的印象并不会立即消失，而是延续 0.1～0.4 秒的时间。这种现象被称为视觉暂留现象，也被称为人眼的惰性。

在日常生活中，会见到很多视觉暂留现象。当人们在室内目视明亮的窗外景观时，瞬时闭上眼睛，会发现窗外景象仍会短暂留在视觉中。又如突然望一下太阳，太阳的影像还会暂留一会儿。还有，在黑暗中舞动一根火柴或者亮着的手电筒，看到的不是一个亮点，而是一条亮线。

视觉暂留现象与光强、环境、视觉疲劳程度有关，暂留的时间长短与所受光刺激的强度、作用时间的长短，以及颜色等因素有关。人眼对于中等亮度的光的刺激，视觉暂留时间为 0.05～2 秒。

电影的拍摄和放映就是视觉暂留的具体应用。现代医学证明，人的眼睛看到一幅画或一个物体后，所看到的画面在 1/24 秒内不会消失。利用这一原理，如果以每秒超过 24 帧画面以上播放连续的图像变化时，人眼无法辨别单幅的静态画面，看上去是平滑连续的视觉效果，这样连续的画面就是视频。在一副画面还没有消失前，播放出下一幅画面，就会给人造成一组流畅的视觉变化效果。

看完了上述内容，现在大家对于教学实验板上的数码管显示方法是否有了一些认识呢？不着急，我们慢慢探讨。

【任务指导】

一、数码管的静态显示

在实际的应用系统中，都会使用多位数码管来表示信息，为了能够使每位数码管单独呈现需要显示的字符，必须对每位数码管的 a～dp 引脚进行单独控制。在这里，以共阳极数码管为例进行讲解，共阴极数码管的显示原理与之是相同的，大家在操作时，只需考虑电平问题（仔细看一下上个任务，共阳极数码管和共阴极数码管电平有何不同？）即可。

图 4-8 显示了为了达到上述效果所需要的数码管内部原理图，但是大家可以看出，这种

数码管的内部结构是比较复杂的，而且引脚数目非常多，一般来说限于多位数码管的制作工艺和体积限制，是很难制造出来的。所以如果希望采用这种显示方式，可以使用 4 个 1 位的数码管予以实现，如图 4-9 所示。这种可以对每位数码管的引脚进行单独控制的显示方式称为静态显示。

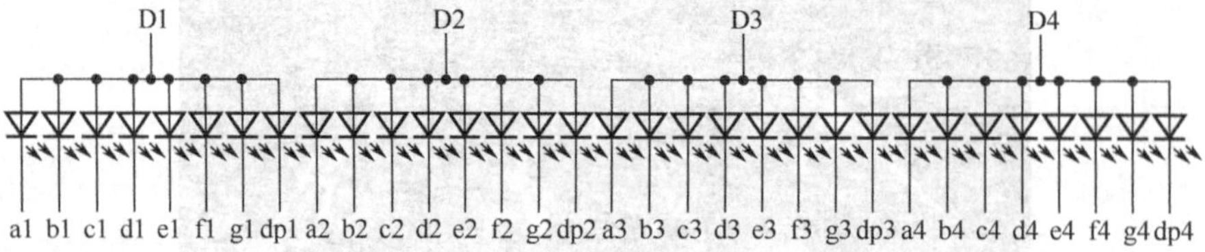

图 4-8　数码管的静态显示

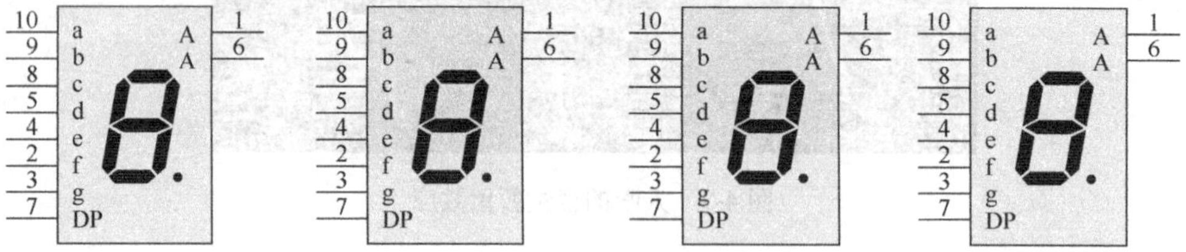

图 4-9　4 个 1 位数码管的静态显示

采用数码管的静态显示方法的突出优点是单片机的编程方法较为简单，其内部 CPU 的运行效率较高，只需把欲显示的字符通过外部电路送到相应的数码管即可，CPU 不需要监视数码管的显示运行。

但这种显示方式的缺点也是极为突出的，如果欲使用 4 位数码管进行静态显示，则共需要 4×1（公共端）+4×8（a～dp）=36 个引脚，这种引脚的使用数量对于任何一款单片机来说，都是不好承受的。如果还需操纵更多位数的数码管，就需要更多的引脚才能够完成。

现在，我们或许会想到，可以使用项目 3 的 74HC595 电路来实现，事实也确实如此，当采用静态显示方式时，一般会使用芯片扩展外围电路的方式来实现，以减小单片机 IO 引脚的使用量。如图 4-10 所示为使用 74HC595 搭建数码管静态显示电路的典型接法，可以看到 1 位数码管就使用 1 个 74HC595，如果当前应用需要使用 8 位数码管，则需要使用 8 个 74HC595 芯片。从图 4-10 就可以感知数码管静态电路的复杂性，如果位数较大，则 PCB 设计布局的工作量就非常大，且尺寸也不容易控制。

但无论如何，数码管的静态显示方式，对于程序来说相对简单，而且 CPU 的利用率非常高，CPU 在完成数码管显示工作的过程中，还有充足的性能可以完成其他高级操作，所以数码管的静态显示方式在很多的应用场合都发挥着重要的作用。

二、认知 74HC138 内部工作原理

如图 4-11 所示为教学实验板所使用的数码管显示电路，该电路使用了 2 个 LG3641BH 数码管（8 位），但是整体电路看上去还是非常简洁的。除了 LG3641BH 以外，电路中还有两个芯片 74HC138、74HC595，8 个三极管驱动电路和 1 个接线端子。

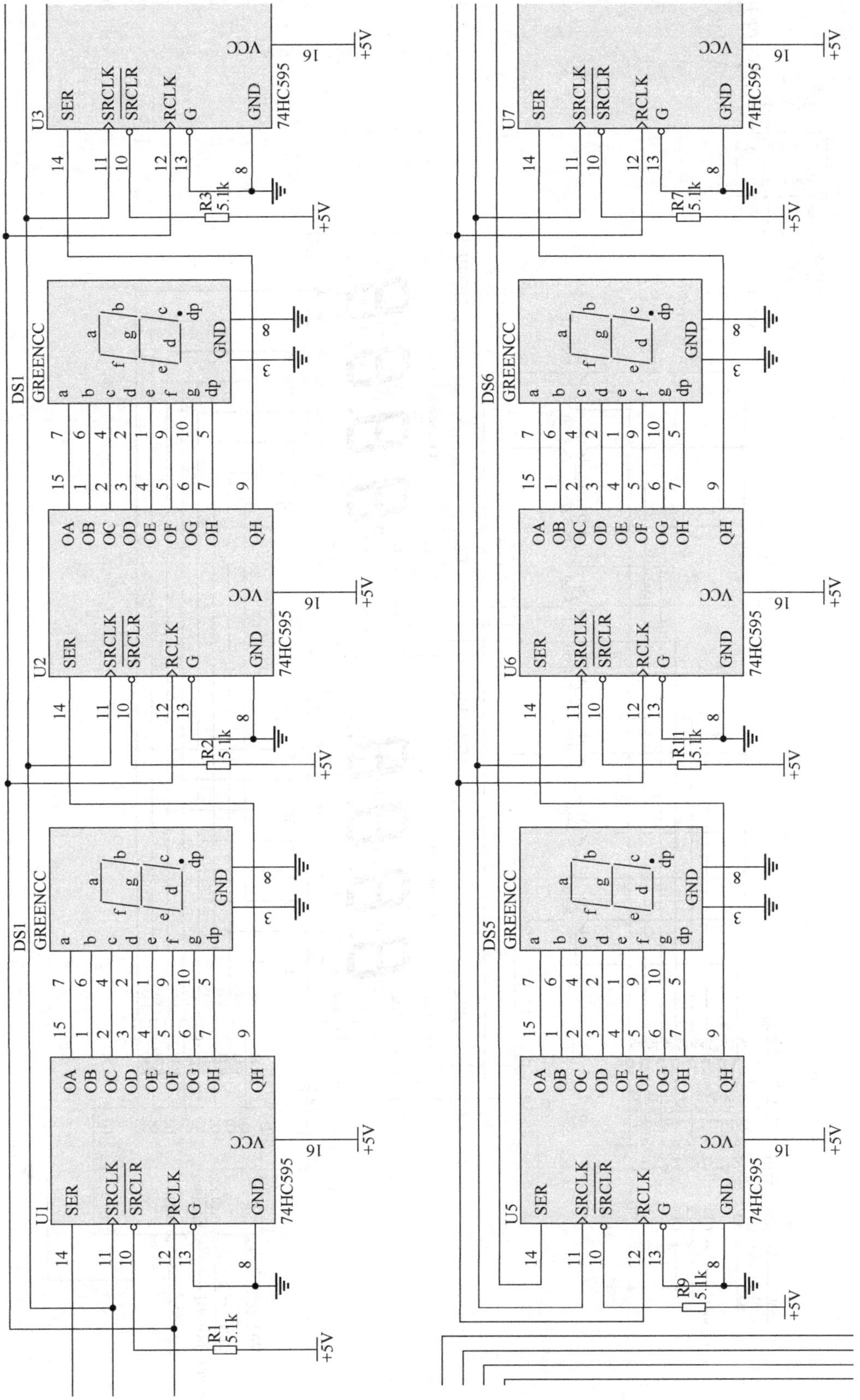

图 4-10　数码管的静态显示典型接法

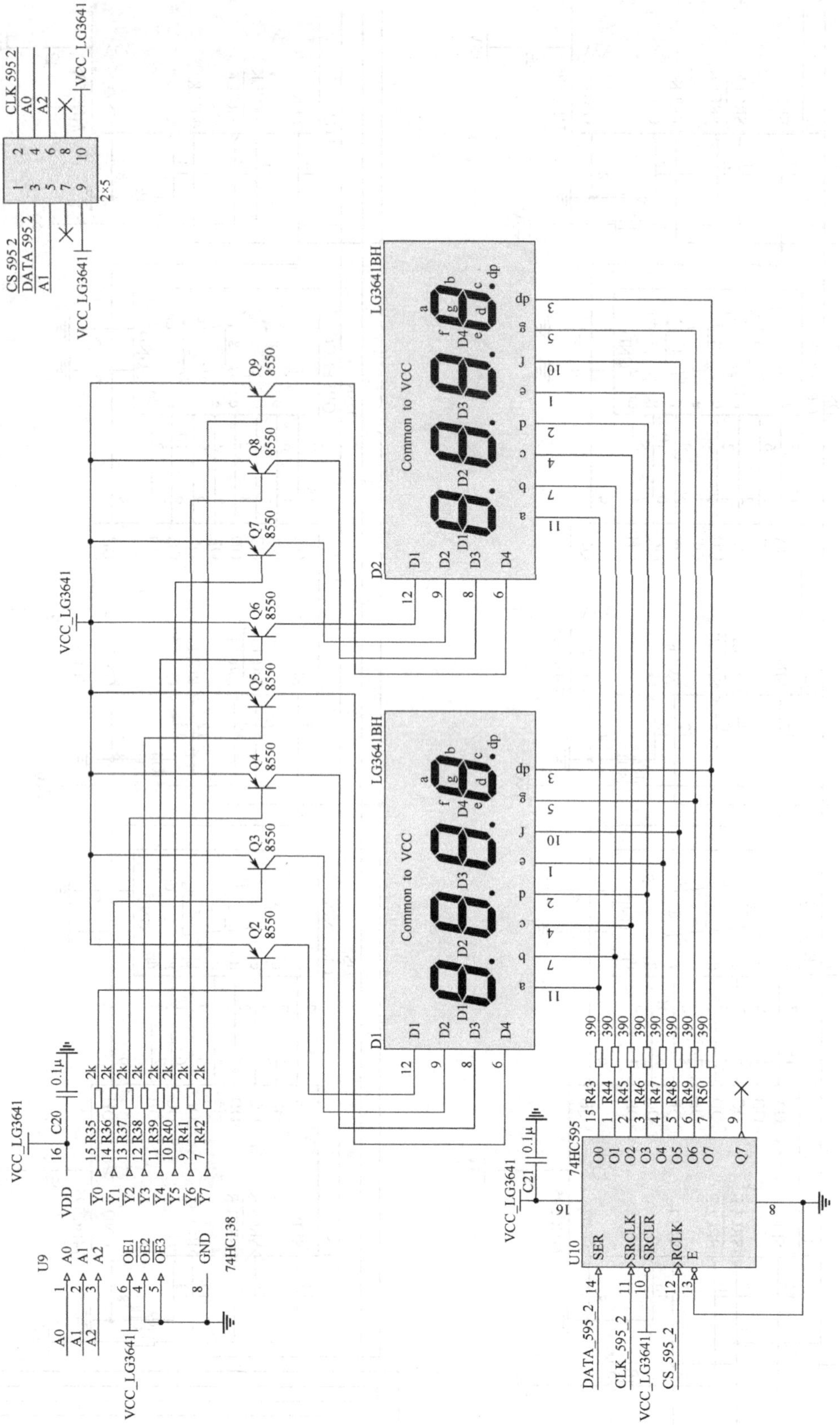

图 4-11　教学实验板所使用的数码管显示电路

74HC595 的使用方法已经在项目 3 中进行了详细的介绍，本部分的讲解将重点说一下 74HC138 的使用方法，在本任务的第 3 部分将对这个电路的整体运行方式和大家进行细致的探讨。

74HC138 其功能是实现 3-8 译码操作，所以又称 74HC138 为 3-8 译码器。74HC138 可以接受 3 位二进制加权地址输入（A0、A1 和 A2），并当使能时，提供 8 个互斥的低有效输出信号（Y0 至 Y7）。74HC138 有 3 个使能输入端：1 个高有效（OE1），两个低有效（OE2 和 OE3），除非 OE1 置高，OE2 和 OE3 置低，否则 74HC138 将保持所有输出为高。利用这种特性，可以组成很多复杂电路，例如，可以使用 4 个 74HC138 和 1 个反相器，即可轻松实现并行扩展，组合成一个 5-32 译码器。

在具体解释 74HC138 的内部工作原理之前，先来看一下 74HC138 的真值表，该表中 L 表示低电平，H 表示高电平，X 表示即可以是低电平，也可以是高电平。

74HC138 的真值表分为上下两部分（通过粗黑线分割），仔细观察上部分内容，可以得到：当 OE1 为 L 或者 OE2 为 H 或者 OE3 为 H（也可以这么说，只要不是 OE1 为 H，OE2 为 L，OE3 为 L）时，无论 A0、A1 和 A2 输入任何电平，输出都为高电平。

看懂真值表上半部分后，再来看一下真值表的下部分。真值表下部分首先表达的信息是在 OE1 为 H，OE2 为 L，OE3 为 L 的条件下，当 A0、A1 和 A2 的输入发生变化后，Y0～Y7 会相应输出不同的信号。将 A0、A1 和 A2，当作三位二进制，反过来进行理解，也就是将 A2 当作二进制的高位，A0 当作二进制的低位，H 表示 1，L 表示 0，将高低电平的组合换算成二进制，可以得到表 4-4。

表 4-3　74HC138 真值表

输入						输出							
OE1	OE2	OE3	A0	A1	A2	Y0	Y1	Y2	Y3	Y4	Y5	Y6	Y7
L	X	X	X	X	X	H	H	H	H	H	H	H	H
X	H	X	X	X	X	H	H	H	H	H	H	H	H
X	X	H	X	X	X	H	H	H	H	H	H	H	H
H	L	L	L	L	L	L	H	H	H	H	H	H	H
H	L	L	H	L	L	H	L	H	H	H	H	H	H
H	L	L	L	H	L	H	H	L	H	H	H	H	H
H	L	L	H	H	L	H	H	H	L	H	H	H	H
H	L	L	L	L	H	H	H	H	H	L	H	H	H
H	L	L	H	L	H	H	H	H	H	H	L	H	H
H	L	L	L	H	H	H	H	H	H	H	H	L	H
H	L	L	H	H	H	H	H	H	H	H	H	H	L

表 4-4　将 74HC138 真值表的输入电平转换成二进制和十进制

A2	A1	A0	二进制			十进制
L	L	L	0	0	0	0
L	L	H	0	0	1	1
L	H	L	0	1	0	2
L	H	H	0	1	1	3
H	L	L	1	0	0	4
H	L	H	1	0	1	5
H	H	L	1	1	0	6
H	H	H	1	1	1	7

有了这个数值转换后，再来观察相应的输出电平。相信大家应该不难看出，当 A2、A1、A0 转换成相应的数字 *n* 时，则 Yn 输出相应的低电平，其他引脚输出高电平。也就是说 A2、A1、A0 转换成数字 0，则 Y0 输出电平；转换成数字 1，则 Y1 输出低电平……

通过上面分析，可以得到如下结论：

（1）74HC138 只有在 OE1 为 H，OE2 为 L，OE3 为 L 的条件下，才能正常工作，否则 Y0～Y7 全部输出高电平；

（2）当 74HC138 正常工作时，根据 A0、A1、A2 引脚的输入变化，可以使输出引脚产生不同的电平变化；

（3）可以将 A2、A1、A0 当成二进制看待，H 表示 1，L 表示 0，转换的数值是多少，则相应的输出引脚 Y 输出低电平，其他引脚输出高电平；

（4）当 74HC138 正常工作时，只有 1 个引脚输出电平。

三、数码管的动态显示

有了上述知识准备后，就可以分析教学实验板的数码管显示电路了，如图 4-10 所示。电路由 8 位数码管组成（2 个 4 位 8 段共阳极数码管 LG3641BH），每个数码管的公共端连接到一个 PNP 三极管 8550 的集电极。在这里，将在三极管的饱和态和截至态来使用三极管，对于 PNP 三极管来说，基极给低电平三极管导通，基极给高电平三极管截至。仔细看电路，三极管的发射极接到了电源 VCC 上，也就是说当三极管的基极给低电平时，三极管导通，电源经过三极管发射极到集电极的管压降后，加到数码管的公共端，由于使用的是共阳极数码管，这样就正好给该位数码管加电。

继续观察电路，注意到三极管的基极通过一个基极电阻接到了 74HC138 的输出引脚 Y0～Y7。在这里先问大家一个问题，为什么要加基极电阻？大家可以仔细思考一下，因为可以把三极管的基极和发射极当做一个二极管来看待，二极管导通后其两端电压会嵌位到一个固定电压，一般为 0.7V，而此时 74HC138 的输出引脚输出的电平为 0V，对电源电压为 3.3V，远大于其导通电压，所以如果不加基极电阻进行分压的话，会烧坏三极管。

74HC138 的使能引脚 OE1 为 H，OE2 为 L，OE3 为 L，说明其工作在正常状态，则其输出引脚的状态由 A2、A1 和 A0 决定，在仔细观察 A2、A1 和 A0 引脚其通过了端口 P5 接到了单片机上。单片机通过与 74HC138 的 A2、A1 和 A0 相连的 3 个引脚发送 000-111 电平（0 表示低电平，1 表示高电平），使得输出引脚 Y0～Y7 以此输出低电平，则相应的三极管会导通，以使得电源加载到相应数码管的公共端。

现在，疑问随之产生，刚才对 74HC138 的内部工作原理进行深入分析的时候已经知道 74HC138 的 Y0～Y7 引脚，在时间上的某一时刻，只能有一个引脚输出低电平，而其他引脚输出高电平。也就是说，在时间段上的某一时刻，只有一个三极管能够导通，将电源加载到数码管上，而其他三极管处于截止状态，没有电源加载到相应的数码管。

如果这样的话，是不是就说，在时间段上的某一时刻只能有一位数码管能够点亮呢？答案是肯定的，那么怎么能够同时看到 8 位数码管同时显示数字呢？只需要应用本任务开始时所讲述的人眼的视觉暂留效应原理，用单片机控制 74HC138 的 A2、A1 和 A0 引脚，快速从 000 到 111 之间进行转换，以达到快速轮询 8 位数码管的目的。只要能够保证 1 位数码管显示后，到它再一次被点亮的时间间隔小于人眼的视觉暂留效应时间，人眼就不会感觉到 8 位数码管是一位一位的闪亮了，而是同时看到 8 位数码管显示信息了。说白了，应用这种电路看到 8 位数码管同时显示信息，实际上是人眼的一个错觉。

接下来，再来看一下数码管的段显电路。图 4-10 所示的电路中，数码管的段显是由一个 74HC595 芯片进行控制的，74HC595 的 DATA、CLK 和 CS 引脚与单片机相连，单片机串行发送 1 字节数据到 74HC595，74HC595 改为并行输出，经过限流电阻控制数码管的段显。由于 74HC595 的内部工作原理已经在项目 3 中进行了详细的描述，在此就不再赘述了。

最后，绘制出应用图 4-11 进行数码管显示的程序流程图如图 4-12 所示，通过分析可以看出，应用这种方式，必须让单片机快速轮询数码管，才能让人们同时稳定地看到各位数码管上显示不同的信息，如果这个轮询中断或者变慢，人们就会觉察到数码管的断续或者闪烁。所以，这种电路对单片机的轮询速度要求是比较高的，这就使得单片机运行效率的下降。不过这种电路带来的优点也是明显的，就是电路设计上的简洁，图 4-11 使用了 8 位数码管，但只用到了两个芯片，实际上如果不是为了节约单片机的 IO 引脚数目，可以一个芯片也不使用，直接用单片机的输出引脚进行控制即可。相对于数码管的静态显示电路来说，图 4-11 所示的电路，称为数码管的动态显示电路。

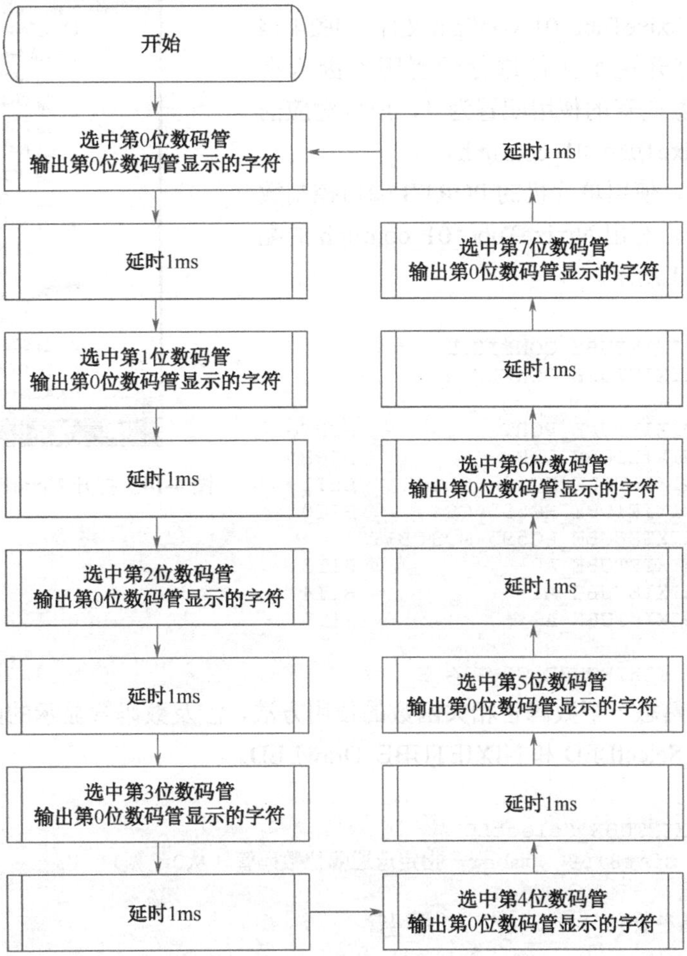

图 4-12　数码管的动态显示程序流程图

四、交替显示字符“01234567”和“89ABCDEF”

有了上述的知识准备后，我们举一个简单的例子，来看一下如何使用 AVRWARE++操纵数码管。

（1）复制空白模板，然后打开工程文件。

（2）打开工程文件中的 config.h，在 config.h 中找到“外部模块使用定义” 部分，仔细观察，可以看到有关数码管使用模式的定义，如图 4-13 所示，在这里选择 1，其后面有详细的注释，表示现在的这个电路是应用 1 个 74HC136 和 1 个 74HC595 驱动 2 个 LG36141BH 的电路，这和图 4-11 所示的电路是一样的。

```
#define EXTERNAL_MODULE_NIXIETUBE_MODE          1          //0:    没有使用数码管及其相关电路
                                                           //1:    适用于使用1个74HC138芯片和1个74HC595芯片驱动2个LG3641BH的电路
                                                           //2:    适用于使用14个74HC164驱动14个LGB012BH的电路
```

图 4-13　在 config.h 中选择数码管的显示电路

（3）在 Solution Explorer 中找到外部模块层（3_ExternalModuleLayer），然后找到数码管组(NixieTube)，打开 NixixeTube_01_config.h 文件，如图 4-14 所示，为什么要打开这个文件进行配置呢？因为在 config.h 文件中将数码管的使用配置为 1，所以对应的配置文件就为 NixixeTube_01_config.h。

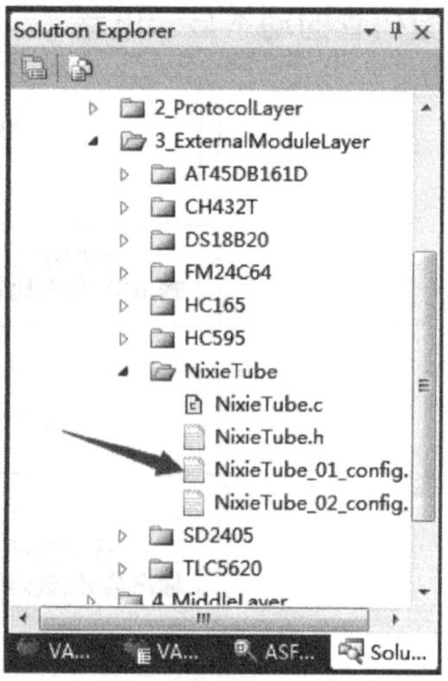

图 4-14　打开 NixieTube_01_config.h 文件

（4）在本例中，使用单片机的 PORTB 端口控制数码管，参看图 4-11，写出 NixixeTube_01_config.h 的配置程序，如程序 4-1 所示。

【程序4-1】

```
#ifndef NIXIETUBE_CONFIG_H_
#define NIXIETUBE_CONFIG_H_

#define NIXIETUBE_PORT              PORTB
#define NIXIETUBE_DDR               DDRB
#define NIXIETUBE_HC595_CLOCK       BIT1
#define NIXIETUBE_HC595_CS          BIT0
#define NIXIETUBE_HC595_MOSI BIT2
#define NIXIETUBE_A0                BIT3
#define NIXIETUBE_A1                BIT4
#define NIXIETUBE_A2                BIT5

#endif /* NIXIETUBE_CONFIG_H_ */
```

（5）接下来，熟悉一下数码管相关函数的使用方法，涉及数码管显示的函数只有 2 个，分别为 NIXIETUBE_SelectLED 和 NIXIETUBE_DrawLED。

具体解释如下：

```
函数名：NIXIETUBE_SelectLED
 传递参数：uint8 u8_Number，指定选通哪位数码管（从0起算）
 返回值：无
 功能：选通参数u8_Number指定的数码管

函数名：NIXIETUBE_DrawLED
 传递参数1：uint8 u8_Number，指定数码管显示的字符
 传递参数2：uint8 u8_Point，指定是否含有小数点，1表示有小数点，0表示没有小数点
```

```
返回值：无
功能：将u8_Number指定的字符传递给数码管
```

（6）理解了上述函数的功能后，写出逻辑层的主程序，如程序 4-2 所示。根据流程图 4-12，理解这段代码。

【程序 4-2】

```
//加入包含文件
#include "../include.h"

//定义系统常量

//定义全局变量

//主程序
int main(void)
{
  //定义局部变量
  uint8 i, j;
  //目标板初始化，该函数会自动初始化相应的外设文件
  TARGET_Init();

  //初始化全局变量

  //在上电时，执行的相应操作

  //后台主循环
  while(1)
  {
      /*
      ***********************************
      在这里完成自己的项目逻辑
      ***********************************
      */
      for (j = 0; j < 200; j++)
      {
          for (i = 0; i < 8; i++)
          {
              NIXIETUBE_SelectLED(i);
              NIXIETUBE_DrawLED(i, 0);
              TARGET_Delayms(1, 1);
          }
      }
      for (j = 0; j < 200; j++)
      {
          for (i = 0; i < 8; i++)
          {
              NIXIETUBE_SelectLED(i);
              NIXIETUBE_DrawLED(8 + i, 0);
              TARGET_Delayms(1, 1);
          }
      }
      /*
      ***********************************
      喂狗语句，大部分工程项目都不应去除
      ***********************************
      */
      #if INTERNAL_PERIPHERAL_WDT_MODE != 0
          TARGET_WatchDogReset();
```

```
        #endif
    }
    return 0;    //永不执行
}
```

（7）对工程进行编译，编译成功后将映像文件下载到单片机中，使用软排线将教学实验板上的 P4 端口与 P9 端口相连，即使用 PORTB 控制数码管，然后给教学实验板上电，如果一切顺利的话，应该可以看到教学实验板上的数码管稳定交替显示数字“01234567”和“89ABCDEF”，时间间隔为 500 毫秒左右。

【任务小结】

本任务首先带领大家认知了数码管的内部原理，然后分析了数码管的两种显示方式：静态显示和动态显示，接下来分析了教学实验板上数码管显示电路的工作原理，指明它属于动态显示电路，最后给出了一个实际例子，说明了在 AVRWARE++软件架构中，操纵数码管的方法。

本任务的学习重点在于理解数码管的静态显示和动态显示，这里需要说明的是，虽然书中使用的是动态显示方法，但是静态显示方法在很多场合都得到了广泛的应用。“梅须逊雪三分白，雪却输梅一段香”，应用静态显示电路，可以使得程序书写简单，单片机的利用率较高，但电路比较复杂；应用动态显示电路，可以使得电路非常简洁，但是程序上要多费一些周折，而且还需考虑程序的运行效率问题。

在下面的任务中，将要着重分析应用动态显示电路，提高程序运行效率的方法，使得大家掌握一种高效的单片机程序设计方法——“前/后台程序”。

笔记：______

______

______

任务三　中断与定时器

【任务要求】

（1）认知单片机中的“中断”。
（2）认知单片机中的“定时器”。
（3）应用定时器中断实现数码管的显示。

【任务引入】

在开始本任务之前，先列举一个例子如图，4-15 所示，一个人正在专心致志地看电影，此时突然听到电话铃响起，于是暂停电影的播放，然后接听电话，原来是快递送到了，于是下楼去取快递，回来后再继续接着从上次中断的地方看电影。因为这样的例子在日常生活中太常见了，所以我们不觉得有什么稀奇，但是这个例子传递出一种单片机的工作方式，那就是“中断”。

为了能够更好地理解中断，再来看另外一个例子。一个人正在电视机前看电影，同时这个人知道马上就要有一个快递要送来，而且这个快递非常重要，当快递到来时，这个人必须马上去取这个快递。但是，不巧的是，这个人的手机坏了不能发声，他必须通过眼睛观看手机的屏幕才能知道是否有快递员的电话打进来。为了不错过快递员打进来的电话，这个人必须一会儿看电视，一会儿看手机，两件事情交替着来做。交替的时间取决于快递员打电话进来的响铃时间，这个人必须在这个时间间隔内观察到手机屏幕上是否有电话呼入。为了不错过电影的每一个镜头，这个人在看手机之前都需将电视暂停，然后查看手机，如果手机没有电话呼入，再返回继续观看电视。

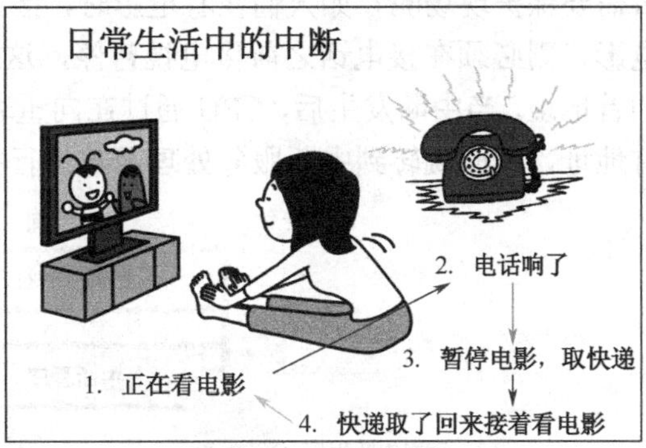

图4-15　日常生活中的中断

比较上述两个例子，可以明显感知到第1个例子的优越性，在第1个例子中，可以专心致志地看电影，只等电话响起的时候再进行相应的处理。而第2个例子，就比较麻烦了，一是不能专心致志地看电影，而且需要反复查看是否有电话呼入，造成了效率的低下。

现在，回头再看程序4-2，是否可以感觉到程序4-2的处理方式与第2个例子是一样的，为了保持数码管显示的稳定性，必须不断地去循环显示各位数码管，如果此时需要在程序里编写一些逻辑处理程序，就造成了极大的困难，这些逻辑处理程序写在哪里？怎么写才能保证不影响数码管的刷新呢？不是不能做到，但是难度很大，且效率不高。

【任务指导】

一、认知单片机中的“中断”

（1）中断的基本概念。

在计算机执行程序的过程中，当出现某种情况时，由服务对象向CPU发出请求当前程序中断的信号，要求CPU暂时停止当前程序的执行，而转去执行相应的处理程序，待处理程序执行完毕后，再返回继续执行原来被中断的程序，这样的过程称为中断过程。引起中断的原因或触发中断请求的来源称为中断源。为实现中断而设置的各种硬件和软件称为中断系统。

（2）采用中断技术的优点。

① 实行分时操作，提高了CPU的利用率。当服务对象向CPU发出中断请求时，才使CPU转向为该对象服务，否则不影响CPU的正常工作。这样，利用中断可以使CPU同时为多个对象服务，从而大大提高了整个单片机系统的工作效率。

② 实现实时处理，及时处理实时信息。在工业现场控制中，常常要求单片机系统对信号进行实时处理。利用中断技术，各服务对象可以根据需要随时向CPU发出中断请求，CPU及时检测并处理各对象的控制要求，实现实时控制。

③ 对难以预料的情况或故障进行及时处理。在单片机系统工作过程中，有时会出现一些难以预料的情况或故障，如电源掉电、运算溢出、传输错误等，此时可以利用中断进行相应的处理而不必停机。

（3）中断的处理流程。

如图4-16所示为中断的处理流程，图中所示的地址空间是指程序的存储空间，由程序代码、中断服务处理程序、堆栈、向量表等组成。其中，堆栈作用是保护现场和回复现场（为什么需要保护现场呢？如人们在看电影时，接到了电话，为了能够处理完相关事情后，继续观看电影，则必须在接电话之前将电视暂停，这就是保护现场）。向量表里存放的是中断服务程序的首地址，当中断发生后，CPU 通过在向量表里查找发生中断的中断源的中断服务处理函数的首地址，从而跳转到中断服务处理函数进行执行。

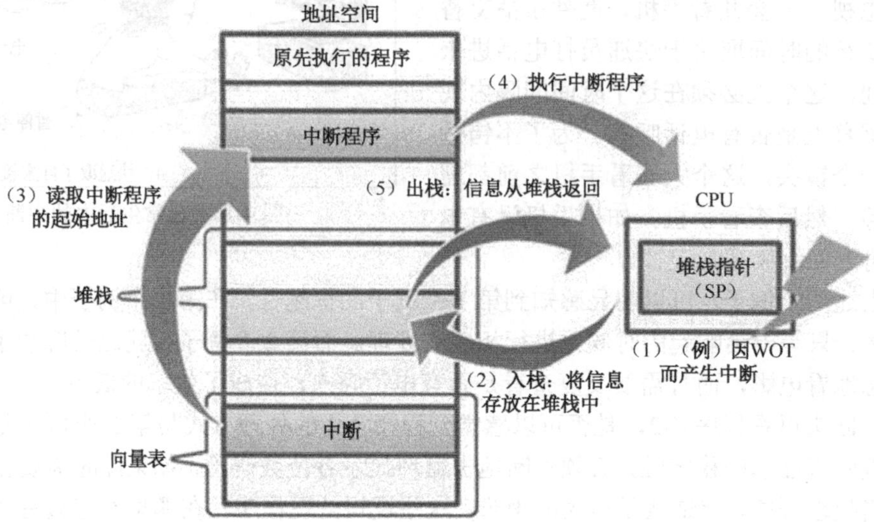

图 4-16　中断的处理流程

有了这些准备知识，再来看一下中断的处理流程，假定程序正常执行。

① 此时中断发生，并通知 CPU，CPU 对中断源进行辨别；

② CPU 将当前运行状态（实际上就是 CPU 周边寄存器的值）压入堆栈中；

③ CPU 在向量表中查找，发生中断的中断源的中断服务处理函数的首地址；

④ CPU 转向中断服务处理函数执行；

⑤ 当中断服务处理函数执行完毕后，CPU 从堆栈中恢复原先寄存器的值，继续中断发生前程序的执行。

（4）C 语言中的中断服务处理函数。

在应用 C 语言进行程序设计时，大部分底层功能都被开发系统屏蔽掉，用户的开发环境非常简洁，只需告知开发系统，相应中断源的中断服务处理函数即可。

【程序 4-3】

```
//外部中断0中断服务处理函数
#if INTERNAL_PERIPHERAL_INT0_MODE != 0
ISR(INT0_vect)
{
 //如果使用了CH432T，则调用相应的中断处理函数
 #if EXTERNAL_MODULE_CH432T_MODE != 0
     CH432T_INT();
 #endif
}
#endif
```

如程序 4-3 所示，中断服务处理函数以 ISR 开头，后面括号中的内容表明它是哪个中断源的中断服务处理函数，及向量表中的向量号。

中断服务处理函数中的程序由程序自己设计，但需要注意的是，中断的要求是实时响应，快速执行，所以中断服务处理函数中，不应有 while(1)、延时函数等程序存在。

二、定时器

定时器在单片机中也可以成为计数器，是单片机中一套电路实现的两种功能。

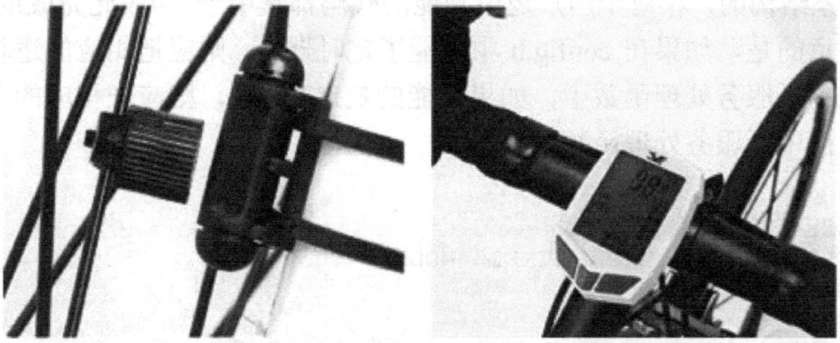

图 4-17　利用霍尔传感器实现自行车的测速

如图 4-17 所示为利用霍尔传感器实现自行车的测速，在自行车的车轮上安装一个磁铁，当车轮转过 1 圈时，磁铁接近霍尔传感器一次，于是就会输出一个脉冲。如果把这个脉冲输入单片机，单片机可以在每次脉冲到来时，计一个数，这就是计数功能。如果希望测量两个脉冲之间的时间间隔，这就是定时功能。下面就来说明一下定时器/计数器与中断之间的关系。

（1）定时器。

定时器启动后，开始定时，定时时间到，则置相应的中断标志位，然后向 CPU 申请中断。定时器的定时功能是以计数的方式来工作的，此时是对单片机内部的脉冲进行加 1 计数，此脉冲的周期是机器周期分频后得到的，其公式为

定时时间 =（溢出值 - 计数初值）× 内部脉冲

定时器可以用来实现很多功能，例如，可以产生时间；可以在检测系统中，对被检测点进行定时取样；可以在读按键状态时，产生一个消抖时间等。

（2）计数器。

计数器启动后，对外部输入脉冲进行加 1 计数，计数器加满溢出时，将中断标志位置位，然后向 CPU 申请中断，其公式为

计数脉冲个数 = 溢出值 - 计数初值

计时器在很多应用场合都发挥着作用，例如，在工业生产线上，对零件和产品进行计数；在大桥和高速公路上对车流量进行统计等。

有了上述概念后，再来看一下在 AVRWARE++软件架构中，使用定时器的方法。AVRWARE++使能了 2 种定时器，可以根据项目的需要在 config.h 文件中进行选择，由于定时器是 ATmega168PA 单片机的内部外设资源，所以需要在 config.h 文件中的“内部外设配置”部分进行查找，如程序 4-4 所示，其设置的具体数值，可以参看设置语句后面的注释信息。

【程序 4-4】

```
#define INTERNAL_PERIPHERAL_TIMER0_MODE          0
 //0:     不初始化TIMER0
 //1:     定时1ms
 //2:     将TIEMR0初始化为快速PWM模式，由引脚PD6进行输出

#define INTERNAL_PERIPHERAL_TIMER1_MODE          0
 //0:     不初始化TIMER0
 //1:     定时10ms
```

```
//2:    定时1ms
```

定时器设置完毕后，就可以编写相应的中断服务处理函数了。中断服务处理函数在 main.c 文件中，如程序 4-5 所示。这段程序看起来是比较复杂的，实际上大部分程序都是用来支持 AVRWARE++体系结构的，相对于用户逻辑功能的代码都集中于“//在此完成逻辑内容”部分。在这里，需要注意的是，如果在 config.h 中使能了定时器 0，则应把相应的逻辑处理代码写入定时器 0 的溢出中断服务处理函数中，如果使能的是定时器 1，则应把相应的逻辑处理代码写入定时器 1 的溢出中断服务处理函数中。

【程序 4-5】

```
//定时器0溢出中断服务处理函数
#if INTERNAL_PERIPHERAL_TIMER0_MODE != 0
ISR(TIMER0_OVF_vect)
{
#if INTERNAL_PERIPHERAL_TIMER0_MODE == 1
 #if PROTOCOL_MINIUART_UART0_MODE !=0
     miniUART_TimerInterrupt(&miniUART_UART0);
 #endif
 #if PROTOCOL_MINIUART_CH432T_UART0_MODE !=0
     miniUART_TimerInterrupt(&miniUART_CH432T_UART0);
 #endif
 #if PROTOCOL_MINIUART_CH432T_UART1_MODE !=0
     miniUART_TimerInterrupt(&miniUART_CH432T_UART1);
 #endif
 //在此完成逻辑内容

 //为了提高运行速度，将此语句写在中断服务处理函数里，用户在使用时，可不理会下列语句
 TCNT0 = TIMER0_TCNT0;
#elif INTERNAL_PERIPHERAL_TIMER0_MODE == 2

#endif
}
#endif

//定时器1溢出中断服务处理函数
#if INTERNAL_PERIPHERAL_TIMER1_MODE != 0
ISR(TIMER1_OVF_vect)
{
 //在此完成逻辑内容

 //为了提高运行速度，将此语句写在中断服务处理函数里，用户在使用时，可不理会下列语句
 TCNT1H = TIMER1_TCNT1H;
 TCNT1L = TIMER1_TCNT1L;
}
#endif
```

三、应用定时器中断实现数码管的显示

下面来看一下应用定时器中断实现数码管显示的程序，为了让大家有一个清晰的认识，还是从复制工程模板开始说起。

（1）复制工程模板，然后打开工程。

（2）打开 config.h 文件，在“外部模块使用”部分，找到数码管相关设置，将其定义为 1，如程序 4-6 所示。

【程序 4-6】

```
#define EXTERNAL_MODULE_NIXIETUBE_MODE          1
```

```
//0: 没有使用数码管及其相关电路
//1: 适用于使用1个74HC138芯片和1个74HC595芯片驱动2个LG3641BH
//2: 适用于使用14个74HC164驱动14个LGB012BH的电路
```

（3）在“内部外设配置”部分，找到定时器 0，将其定义为 1，即将定时器 0 的定时时间设置为 1ms，如程序 4-7 所示。

【程序 4-7】

```
#define INTERNAL_PERIPHERAL_TIMER0_MODE          1
 //0:     不初始化TIMER0
 //1:     定时1ms
 //2:     将TIEMR0初始化为快速PWM模式，由引脚PD6进行输出
```

（4）在 Solution Explorer 中找到外部模块层（3_ExternalModuleLayer），然后找到数码管组（NixieTube），打开 NixixeTube_01_config.h 文件。

（5）对 NixixeTube_01_config.h 文件进行配置，配置后的程序如程序 4-8 所示。

【程序 4-8】

```
#define NIXIETUBE_PORT                PORTB
#define NIXIETUBE_DDR                 DDRB
#define NIXIETUBE_HC595_CLOCK         BIT1
#define NIXIETUBE_HC595_CS            BIT0
#define NIXIETUBE_HC595_MOSI BIT2
#define NIXIETUBE_A0                  BIT3
#define NIXIETUBE_A1                  BIT4
#define NIXIETUBE_A2                  BIT5
```

（6）打开 main.c 文件，首先在“定义全局变量”部分，加入 2 个全局变量，如程序 4-9 所示。从这两个全局变量的命名就可以看出，一个负责显示的字符，另一个负责小数点的显示。为什么要加入全局变量呢？因为要在 main 函数和定时器中断函数中传递信息，使用全局变量进行信息传递，是最为简单的一种方式。这两个变量都是长度为 8 的一维数组，下标正好对应相应位的数码管。即 u8g_DisplayString[0]负责第 0 位数码管显示的字符，u8g_DisplayPoint[0]负责第 0 位数码管小数点的显示，以此类推，最后 u8g_DisplayString[7]负责第 7 位数码管显示的字符，u8g_DisplayPoint[7]负责第 7 位数码管小数点的显示。

【程序 4-9】

```
//定义全局变量
uint8 u8g_DisplayString[8];
uint8 u8g_DisplayPoint[8];
```

（7）加入定时器0中断服务处理函数，如程序4-10所示，其核心程序在“//在此完成逻辑内容”（书中以加粗斜体的方式予以显示），可以看到这段内容定义了1个静态型的变量u8_Number，静态型的变量只在程序第一次调用时进行赋值（未初始化，默认赋值为0），后续调用时，保持上一次的值。仔细分析上面程序，可以看出该中断服务处理函数每1ms调用1次，每次调用的是由u8_Number加1，当u8_Number大于7的时候，转回为0，也就是说u8_Number在0至7之间变化。再看后面两个函NIXIETUBE_SelectLED用于选中相应位的数码管，NIXIETUBE_DrawLED用于显示指定的字符。当u8_Number为0时，则选中第0位数码管，然后显示u8g_DisplayString[0]，并根据u8g_DisplayPoint[0]进行小数点的显示，当再次调用时，则u8_Number已经加1，所以显示第1位数码管的内容，以此类推，直到显示第7位数码管的内容，然后再返回第0位。由于已经将定时器的时间间隔设置为1ms，则每间隔1ms进行一次中断函数调用，所以每位数码管的切换时间为1ms，整个8位数码管的切换时间为8ms，不超过人眼的视觉暂留效应所反应的最小时间，所以人眼不会有任何闪烁和跳动感。

【程序 4-10】

```
#if INTERNAL_PERIPHERAL_TIMER0_MODE != 0
ISR(TIMER0_OVF_vect)
{
#if INTERNAL_PERIPHERAL_TIMER0_MODE == 1
  //在此完成逻辑内容
  static uint8 u8_Number;

  u8_Number++;
  if (u8_Number > 7)
  {
      u8_Number = 0;
  }
  NIXIETUBE_SelectLED(u8_Number);
  NIXIETUBE_DrawLED(
 u8g_DisplayString[u8_Number],
 u8g_DisplayPoint[u8_Number]);

  #if PROTOCOL_MINIUART_UART0_MODE !=0
      miniUART_TimerInterrupt(&miniUART_UART0);
  #endif
  #if PROTOCOL_MINIUART_CH432T_UART0_MODE !=0
      miniUART_TimerInterrupt(&miniUART_CH432T_UART0);
  #endif
  #if PROTOCOL_MINIUART_CH432T_UART1_MODE !=0
      miniUART_TimerInterrupt(&miniUART_CH432T_UART1);
  #endif
  //为了提高运行速度，将此语句写在中断服务处理函数里，用户在使用时，可不理会下列语句
  TCNT0 = TIMER0_TCNT0;
#elif INTERNAL_PERIPHERAL_TIMER0_MODE == 2

#endif
}
#endif
```

（8）接下来，完成 main 函数，如程序 4-11 所示，在进入 while(1)之前，先对 u8g_DisplayString 和 u8g_DisplayPoint 进行赋值，让其显示全 0 并不包含小数点。进入主循环后，现将显示字符设置为 0～7，延时 500ms 后，将显示字符设置为 8～F。通过这段程序可以看出，在 main 函数中只关注逻辑的处理，而将显示问题交由定时器来完成，这种 main 函数与中断进行协同处理的单片机程序设计方法，称为“前/后台程序”。

知识链接

“前/后台程序”：在单片机设计系统模型中，“前/后台程序”是最常用也是最基本的处理模型。系统使用一个无限循环处理一般的事务，称为“后台程序”，使用中断处理紧急和时间严格相关的事务，称为“前台程序”。这两种处理方式结合在一起的程序设计方法，就称为“前/后台程序”。

【程序 4-11】

```
//主程序
int main(void)
{
  //定义局部变量
  uint8 i;
  //目标板初始化，该函数会自动初始化相应的外设文件
```

```
    TARGET_Init();

    //初始化全局变量
    for (i = 0; i < 8; i++)
    {
        u8g_DisplayString[i] = 0x00;
        u8g_DisplayPoint[i] = 0x00;
    }

    //在上电时，执行的相应操作

    //后台主循环
    while(1)
    {
        /*
        ***********************************
        在这里完成自己的项目逻辑
        ***********************************
        */
        for (i = 0; i < 8; i++)
        {
            u8g_DisplayString[i] = i;
        }
        TARGET_Delayms(500, 1);
        for (i = 0; i < 8; i++)
        {
            u8g_DisplayString[i] = 8 + i;
        }
        TARGET_Delayms(500, 1);
        /*
        ***********************************
        喂狗语句，大部分工程项目都不应去除
        ***********************************
        */
        #if INTERNAL_PERIPHERAL_WDT_MODE != 0
            TARGET_WatchDogReset();
        #endif
    }
    return 0;    //永不执行
}
```

（9）对工程进行编译，编译成功后将映像文件下载到单片机中，使用软排线将教学实验板上的 P4 端口与 P9 端口相连，即使用 PORTB 控制数码管，然后给教学实验板上电，就可以看到与程序 4-2 基本相同的效果，教学实验板上的数码管稳定交替显示数字“01234567”和“89ABCDEF”，时间间隔为 500 毫秒。

（10）最后，为了方便大家学习，将 main.c 文件中的程序全部列出，以供大家参考，如程序 4-12 所示。

【程序 4-12】

```
//加入包含文件
#include "../include.h"

//定义系统常量

//定义全局变量
uint8 u8g_DisplayString[8];
uint8 u8g_DisplayPoint[8];

//主程序
```

```
int main(void)
{
 //定义局部变量
 uint8 i;
 //目标板初始化，该函数会自动初始化相应的外设文件
 TARGET_Init();

 //初始化全局变量
 for (i = 0; i < 8; i++)
 {
     u8g_DisplayString[i] = 0x00;
     u8g_DisplayPoint[i] = 0x00;
 }

 //在上电时，执行的相应操作

 //后台主循环
 while(1)
 {
     /*
     ***********************************
     在这里完成自己的项目逻辑
     ***********************************
     */
     for (i = 0; i < 8; i++)
     {
         u8g_DisplayString[i] = i;
     }
     TARGET_Delayms(500, 1);
     for (i = 0; i < 8; i++)
     {
         u8g_DisplayString[i] = 8 + i;
     }
     TARGET_Delayms(500, 1);
     /*
     ***********************************
     喂狗语句，大部分工程项目都不应去除
     ***********************************
     */
     #if INTERNAL_PERIPHERAL_WDT_MODE != 0
         TARGET_WatchDogReset();
     #endif
 }
 return 0;    //永不执行
}

//串口0接收中断服务处理函数，接收到的数据存储在 UDR0 寄存器中
#if INTERNAL_PERIPHERAL_UART0_MODE != 0
ISR(USART__RX_vect)
{
 uint8 u8_UartData;

 u8_UartData = UDR0;

#if PROTOCOL_MINIUART_UART0_MODE !=0
 miniUART_UartInterrupt(&miniUART_UART0, u8_UartData);
#endif
}
#endif
```

```
//定时器0溢出中断服务处理函数
#if INTERNAL_PERIPHERAL_TIMER0_MODE != 0
ISR(TIMER0_OVF_vect)
{
#if INTERNAL_PERIPHERAL_TIMER0_MODE == 1
 //在此完成逻辑内容
 static uint8 u8_Number;

 u8_Number++;
 if (u8_Number > 7)
 {
     u8_Number = 0;
 }
 NIXIETUBE_SelectLED(u8_Number);
 NIXIETUBE_DrawLED(u8g_DisplayString[u8_Number],
 u8g_DisplayPoint[u8_Number]);

 #if PROTOCOL_MINIUART_UART0_MODE !=0
     miniUART_TimerInterrupt(&miniUART_UART0);
 #endif
 #if PROTOCOL_MINIUART_CH432T_UART0_MODE !=0
     miniUART_TimerInterrupt(&miniUART_CH432T_UART0);
 #endif
 #if PROTOCOL_MINIUART_CH432T_UART1_MODE !=0
     miniUART_TimerInterrupt(&miniUART_CH432T_UART1);
 #endif
 //为了提高运行速度，将此语句写在中断服务处理函数里，用户在使用时，可不理会下列语句
 TCNT0 = TIMER0_TCNT0;
#elif INTERNAL_PERIPHERAL_TIMER0_MODE == 2

#endif
}
#endif

//定时器1溢出中断服务处理函数
#if INTERNAL_PERIPHERAL_TIMER1_MODE != 0
ISR(TIMER1_OVF_vect)
{
 //在此完成逻辑内容

 //为了提高运行速度，将此语句写在中断服务处理函数里，用户在使用时，可不理会下列语句
 TCNT1H = TIMER1_TCNT1H;
 TCNT1L = TIMER1_TCNT1L;
}
#endif

//外部中断0中断服务处理函数
#if INTERNAL_PERIPHERAL_INT0_MODE != 0
ISR(INT0_vect)
{
 //如果使用了CH432T，则调用相应的中断处理函数
 #if EXTERNAL_MODULE_CH432T_MODE != 0
     CH432T_INT();
 #endif
}
#endif

//外部中断1中断服务处理函数
```

```
#if INTERNAL_PERIPHERAL_INT1_MODE != 0
ISR(INT1_vect)
{
 //如果使用了CH432T，则调用相应的中断处理函数
 #if EXTERNAL_MODULE_CH432T_MODE != 0
     CH432T_INT();
 #endif
}
#endif

//CH432T扩展串口0，接收调用函数
#if EXTERNAL_MODULE_CH432T_MODE != 0
void CH432T_Uart0(uint8 u8_UartData)
{
 #if PROTOCOL_MINIUART_CH432T_UART0_MODE != 0
     miniUART_UartInterrupt(&miniUART_CH432T_UART0, u8_UartData);
 #endif
}
#endif

//CH432T扩展串口1，接收调用函数
#if EXTERNAL_MODULE_CH432T_MODE != 0
void CH432T_Uart1(uint8 u8_UartData)
{
 #if PROTOCOL_MINIUART_CH432T_UART1_MODE != 0
     miniUART_UartInterrupt(&miniUART_CH432T_UART1, u8_UartData);
 #endif
}
#endif
```

【任务小结】

本项目从数码管的显示原理开始说起，指明了数码管的多种分类及检测方法；接下来介绍了数码管的两种显示方法：静态显示和动态显示，说明了两种显示方法的优缺点，并指出教学实验板上所使用的数码管显示方法为动态显示；为了让大家进一步理解，给出了一个在 main 函数中既完成逻辑处理又完成显示的程序，大家通过这个程序会深刻地感觉到逻辑处理的困难，以此引出了本项目讲解的另一个重要概念“中断”，并给出了单片机程序设计上一种最为常用的程序设计模型“前/后台程序”。

应用“前/后台程序”进行单片机程序设计，可以将一些与时间特别相关的程序从逻辑处理中分离，这样一来可以增强系统对这些特殊事件的响应时间，二来可以将程序在逻辑上进行分离，有利于程序设计人员关注逻辑程序的处理。实际上，“前/后台程序”就是嵌入式操作系统发展的雏形，现代的嵌入式操作系统不仅进行前后台分离，而且将后台逻辑处理程序也分成了不同的任务（或者称为线程），使得程序设计人员可以将项目逻辑分解为不同的模块，单独进行设计，极大地简化了程序设计的复杂度，提高了程序的开发效率。

笔记：

【知识包】

请扫描二维码查阅知识包中的学习内容

评价与考核

课程名称：单片机程序设计与应用		授课地点：		
名称：中断与定时器——使用数码管表达我们的信息		授课教师：	授课学时：	
课程性质：理论+实践		综合评分：		
知识掌握情况评分（40 分）				
序号	知识考核点	教师评价	配分	得分
1	认知数码管		10	
2	认知 74HC138 内部工作原理		5	
3	认知静态显示与动态显示		10	
4	认知中断的基本概念		5	
5	认知定时器的基本概念		10	
工作任务完成情况评分（60 分）				
序号	能力操作考核点	教师评价	配分	得分
1	自己设计数码管显示电路		15	
2	根据项目要求，配置 config.h		15	
3	根据硬件原理图，配置数码管配置文件		15	
4	设计可读性强的逻辑层代码		15	
违纪扣分（20 分）				
序号	违纪考察点	教师评价	配分	得分
1	课上吃东西		5	
2	课上打游戏		5	
3	课上打电话		5	
4	其他扰乱课堂秩序的行为		5	

上课心得：____

____

____

____

____

思考与练习

（1）简述数码管的显示原理。

（2）简述 74HC138 内部工作原理。

（3）简述数码管静态显示与动态显示各自的优缺点。

（4）简述中断的基本概念。

（5）简述定时器的基本概念。

（6）简述“前/后台程序”的基本概念。

教学微视频

项目5 独立式按键——多功能秒表的设计与制作

【任务书】

（1）认知轻触机械式触点开关按键。

（2）独立式按键设计。

（3）设计具有倒计时功能的多功能秒表。

【项目描述】

图 5-1　多功能秒表

“世上再没有比时钟更加冷漠的东西了：在您出生的那一刻，在您尽情地摘取幻梦的时刻，它都是分秒不差地滴答着”，本项目以苏联著名文学家高尔基的一句警句开始本章的内容，“钟表可以回到起点，却已不是昨天”。

通过前面 4 个项目的学习，相信大家已经对基于层次化软件的单片机程序设计方法有了一定的理解和认识。从本项目开始，在继续讲解单片机程序设计方法的同时，将进行一些综合性的项目实践，以期加深大家对单片机程序设计的理解和认识。

本项目将给大家介绍有关按键的两种设计方法：独立式按键设计和矩阵式按键设计，并综合应用这两种按键设计方法结合项目 4 中介绍的数码管完成一个“多功能秒表”的项目实践。如图 5-1 所示为多功能秒表实物图。通过本项目的学习，不仅能掌握独立式按键和矩阵式按键的设计方法，还将加深对函数的理解和认识。

【知识目标】

（1）了解按键的分类。
（2）了解轻触机械式触点开关按键。
（3）掌握按键动作的时序分析方法。
（4）掌握按键的硬件消抖电路。
（5）掌握按键的软件消抖程序设计方法。

【能力目标】

（1）能够根据项目需求，搭建多功能秒表电路。
（2）能够正确编写映射层程序。
（3）能够正确编写定时器中断服务处理函数。
（4）能够编写“前/后台程序”。

【素质目标】

（1）具备编写“前/后台程序”的初步能力。
（2）具备运行、调试C语言应用程序的综合能力。
（3）具备小组分工合作与协调的综合能力。

笔记：

任务一 认知轻触机械式触点开关按键

【任务要求】

（1）什么是轻触机械式触点开关按键。
（2）轻触按键动作的时序分析。
（3）抖动的时间是短还是长。
（4）按键的硬件消抖。

【任务引入】

开关按键对于单片机系统中来说，就如同计算机的键盘一样普及。如图5-2所示，开关按键可以分为两大类，一类是机械式触点开关按键，另一个类是非机械式非触点开关按键。机械式触点开关按键又可以分为带锁机械式触点开关按键和轻触机械式触点开关按键。非机械式非触点开关按键又可以分为电阻式触摸屏和电容式触摸屏。

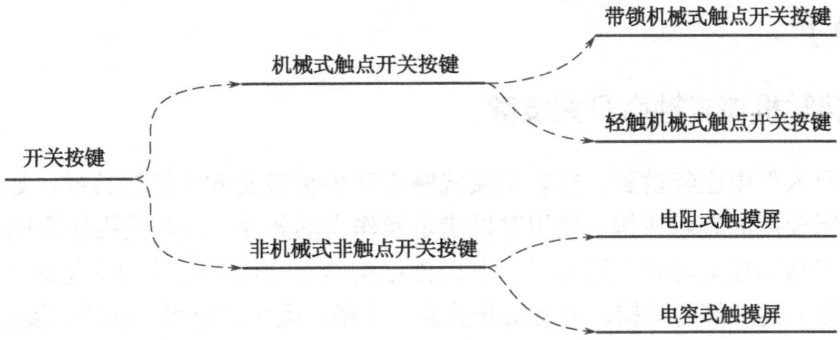

图 5-2　开关按键的分类

（1）非机械式非触点开关按键应用最为广泛的领域就是手机、计算机的触摸屏。触摸屏可以分为电阻式触摸屏和电容式触摸屏如图 5-3 所示为旧式带有触摸笔的手机，那时在触摸屏上输入信息的时候，需要给触摸屏一定的压力才能将信息输入进去，这就是电阻式触摸屏。而现在在使用手机的时候，就只需要轻触屏幕就可以（不需要压力），而且手机还能识别出各种不同的动作，如放大、缩小、滑屏等，这都是电容式触摸屏技术所带来的便利。对于非机械式非触点开关按键的讲解已经超出了本书的讲解范围，感兴趣的同学可以在学完本书后，再进一步深入学习。美国的 Atmel 公司是全球最大的电容式触摸屏解决方案提供商，如图 5-4 所示。

图 5-3　旧式带有触摸笔的手机

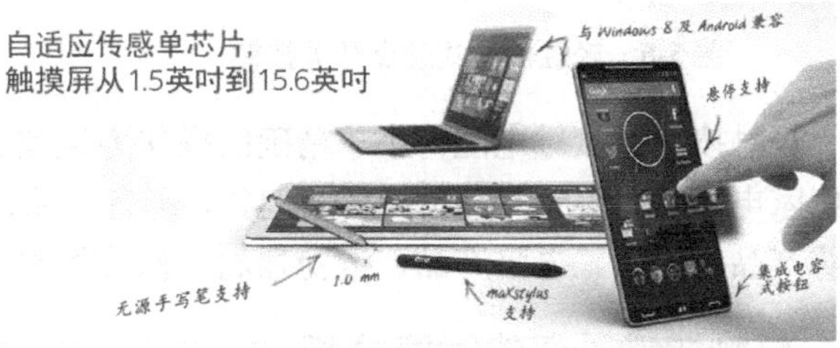

图 5-4　Atmel 公司是全球最大的电容式触摸屏解决方案提供商

机械式触点开关按键的应用就更加广泛了，它可以再分为带锁机械式触点开关按键和轻触机械式触点开关按键。带锁机械式触点开关按键就是当开关状态改变的时候能够自动维持改变后的状态，如图 5-5 所示，例如，家中用到的各种灯具的开关面板都是带锁机械式触点开关按键，当将开关拨到“ON”的状态时，线路接通，此状态可以一直保持，直到将开关重新拨到“OFF”状态。轻触机械式触点开关按键简称轻触按键，它是通过手指压力将其从“打开”状态转换到“闭合”状态，当压力消失的时候，会自动转回到“打开”状态，这种开关按键，也是教学实验板上所使用的按键，将在本任务中深入的进行学习。

图 5-5　带锁机械式触点开关按键

【任务指导】

一、什么是轻触机械式触点开关按键

在“任务引入”中已经讲到，轻触机械式触点开关按键又称为轻触按键，如图5-6所示的教学实验板上所使用的轻触按键。使用时以满足操作力的条件，向开关操作方向施压，开关功能闭合接通，当撤销压力时开关即断开，其内部结构是靠金属弹片受力变化来实现通断的。

图5-7阐释了其内部的结构，主要由开关盖、柱塞、反作用弹簧、底座、接点和端子组成。

图5-6　轻触机械式触点开关按键

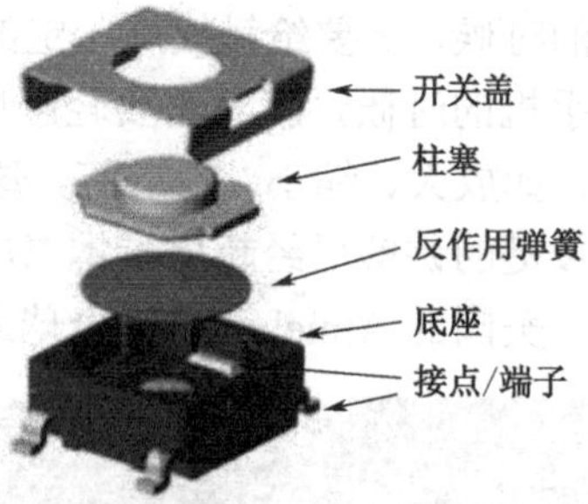

图5-7　轻触按键的内部结构

轻触按键有接触电阻荷小、精确的操作力误差、规格多样化等方面的优势，在电子设备及白色家电等方面得到广泛的应用，例如，影音产品、数码产品、遥控器、通信产品、家用电器、安防产品、玩具、电脑产品、健身器材、医疗器材等。

二、轻触按键动作的时序分析

轻触按键属于机械式结构，其按下与弹起是通过机械式触点的闭合与断开来实现的，因为机械触点的弹性作用，在闭合与断开的瞬间均有一个抖动过程，这个抖动过程的时间一般为5～20ms，因按键的操作者不同，其抖动时间也不尽相同。

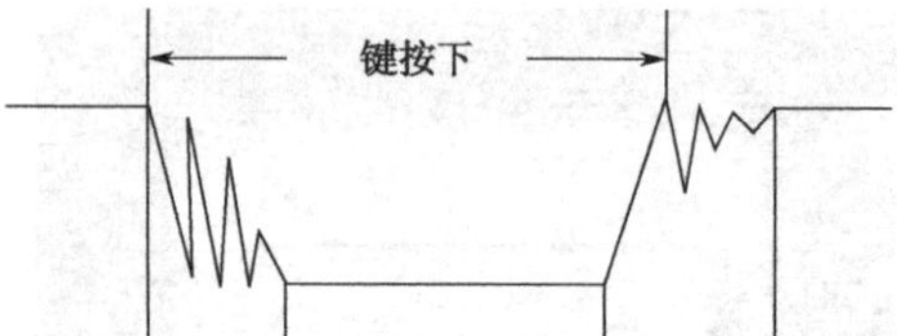

图5-8　轻触按键动作时的时序分析图

图5-8示出了按键动作时的时序分析图，可以看到按键从断开状态到闭合状态，从闭合状态到断开状态，均有一个抖动过程，分别称为前沿抖动和后沿抖动。如果不能很好地通过硬件或者软件的方法避免这种抖动的发生，将会使得单片机产生误动作。

三、按键抖动时间

那么，为什么按键不进行消抖处理，就会产生误动作呢？回答这个问题，需要对按键的抖动时间与单片机的运行速度进行比较。在日常生活中，5～20ms（1s=1000ms）对于人们的感觉来说应该是很短暂的时间了，但是对于单片机来说却不是这样的了。

在说明单片机的运行速度之前，先来介绍三个有关单片机运行速度的基本概念：时钟周期、

机器周期和指令周期。

时钟周期也称为振荡周期，定义为时钟脉冲的倒数（可以这样来理解，时钟周期就是单片机外接晶振的倒数，例如，教学实验板上外接 7.3728M 的晶振，它的时钟周期就是 1/7.3728 μs），是计算机中最基本的、最小的时间单位。在一个时钟周期内，CPU 仅完成一个最基本的动作。对于任何单片机都是一样，若采用了 1MHZ 的时钟频率，则时钟周期为 1μs；若采用 4MHZ 的时钟频率，则时钟周期为 250μs。由于时钟脉冲是计算机的基本工作脉冲，它控制着计算机的工作节奏（使计算机的每一步都统一到一个步调上来）。显然，对同一种机型的计算机，时钟频率越高，计算机的工作速度就越快。但是，由于不同的计算机硬件电路和器件的不完全相同，所以其所需要的时钟频率范围也不一定相同。教学实验板上所使用的 ATmega168PA 单片机，其外接晶振的频率为 1.2MHz～20MHz。

在计算机中，为了便于管理，常把一条指令的执行过程划分为若干个阶段，每一阶段完成一项工作。例如，取指令、存储器读、存储器写等，这每一项工作称为一个基本操作。完成一个基本操作所需要的时间称为机器周期。一般情况下，一个机器周期由若干个时钟周期组成。AVR 单片机采用哈佛结构（数据和程序分开存储）和精简指令集，一个机器周期等于一个时钟周期。

指令周期是执行一条指令所需要的时间，一般由若干个机器周期组成。指令不同，所需的机器周期数也不同。对于一些简单的单字节指令（例如加法指令），在取指令周期中，指令取出到指令寄存器后，立即译码执行，不再需要其他的机器周期。对于一些比较复杂的指令，例如转移指令、乘法指令，则需要两个或者两个以上的机器周期。通常含一个机器周期的指令称为单周期指令，包含两个机器周期的指令称为双周期指令。

有了上面的知识，我们再来看一下单片机的运行速度，以教学实验板为例，外接 7.37248M 晶振，则其时钟周期为：

$$\frac{1}{7.3728\times10^{6}}=0.136(\mu s)$$

由于使用的 AVR 单片机，一个机器周期即为一个时钟周期，所以其执行 1 个机器周期的时间也为 0.136μs。再来看一下指令周期，以单周期指令为例，单周期指令执行一次运算只需一个机器周期，所以单周期指令的执行时间也为 0.136μs。

现在，可以看一下按键抖动的 20ms 时间，执行了多少条单周期指令。其计算公式为：

$$\frac{20\times10^{-3}}{0.136\times10^{-6}}=147\times10^{3}$$

假设执行一次按键处理的程序需要 100 条指令，则在 20ms 的时间内总共执行了

$$\frac{147\times10^{3}}{100}=1470(\text{次})$$

按键处理程序的目的是点击一次按键仅执行一次按键处理程序。所以 20ms 对于人们的感知系统来说是比较短暂的，但是对于高速运行的单片机来说时间就已经很长了，所以必须对按键的抖动进行相应的处理，才能避免误动作的发生。

四、按键的硬件消抖

对于按键的消抖方法，可以使用硬件消抖和软件消抖两种方式，在本任务中，将介绍硬件消抖的常用电路及其原理，对于软件消抖将在下一个任务中进行详细的介绍。

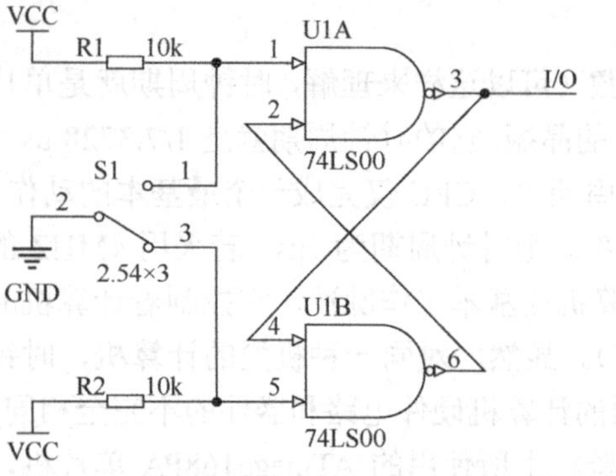

图 5-9 由 RS 触发器组成的按键硬件消抖电路

如图 5-9 所示为一种最常用的硬件消抖电路，它由一个 RS 触发器电路组成，对其工作原理进行简要的分析，当按键的引脚 2 和引脚 3 相连接时，74LS00 的引脚 1 为高电平，引脚 5 为低电平，与单片机相连的引脚 3 输出高电平；当按键的引脚 2 和引脚 1 相连接时，74LS00 的引脚 1 为低电平，引脚 5 为高电平，与单片机相连的引脚 3 输出高电平；当按键抖动时（即按键处于悬空状态，未与引脚 1 和引脚 3 相连接），此时 74LS00 的引脚 1 和引脚 5 均处于高电平状态，由于 74LS00 的与非门 A 的输出连接到与非门 B 的输入，与非门 B 的输出连接到与非门 A 的输入，所以其与单片机连接的引脚 3 将维持上次的状态。给出其真值表如表 5-1 所示。

表 5-1 RS 触发器真值表

引脚 1	引脚 5	引脚 3 Q^{n+1}
0	1	1
1	0	0
1	1	Q^n
0	0	不定

接下来，再来分析一下按键的动作时序。当按键由引脚 3 转向引脚 1 时，可以将其从时间上分为 3 个阶段：离开引脚 3 未与引脚 1 接触，与引脚 1 接触但处于机械抖动，抖动结束与引脚 1 可靠连接。先看“离开引脚 3 未与引脚 1 接触”状态，此时按键处于悬空状态，将维持上一次的状态，即 74LS00 与单片机相连的引脚 3 输出低电平；对于“与引脚 1 接触但处于机械抖动”状态，由于已经与按键的引脚 1 接触，74LS00 的输出电平反转，无论按键怎么抖动，只要不与按键的引脚 3 接触，74LS00 与单片机相连的引脚 3 都输出高电平；最后一种状态，就比较好理解了，74LS00 将输出高电平。

使用如图 5-9 所示的 RS 触发器按键硬件消抖电路，在软件编程上就不用考虑消抖的问题了，可以将外界的按键信号当作理想的上升沿或下降沿信号来处理。

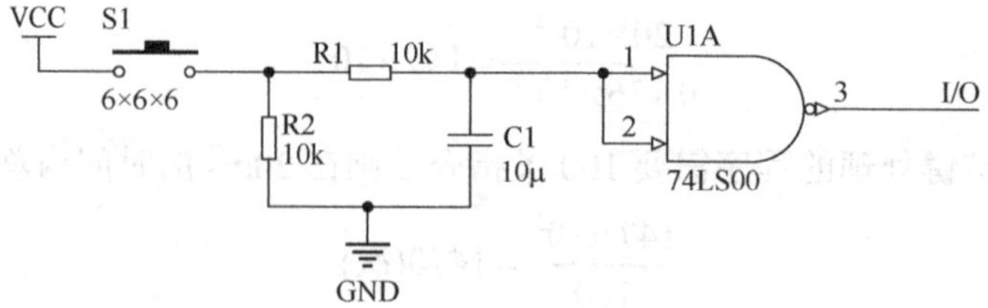

图 5-10 RC 滤波硬件消抖电路

如图 5-10 所示为另一种硬件消抖电路，称为 RC 滤波硬件消抖电路。图中当按键 S1 没有闭合时，电阻 R1 和电阻 R2 给电容 C1 放电，74LS00 的引脚 1 和引脚 2 为低电平，引脚 3 输出高电平。当按键 S1 闭合时，VCC 通过电阻 R1 对电容 C1 充电，由于电容充满需要一定的时间，所以 74LS00 的引脚 1 和引脚 2 不会立刻达到高电平电压的阈值，此时按键的抖动就是，对电容 C1 的断续充电过程，当电容 C1 的电压达到 74LS00 高电平电压的阈值时，正好越过了电容的抖动时间，此时 74LS00 的引脚 3 输出低电平，达到了硬件消抖的目的。相反，按键 S1 打开的原理也是相同的，读者可以自己进行分析。RC 滤波硬件消抖电路的时序图，如图 5-11 所示。

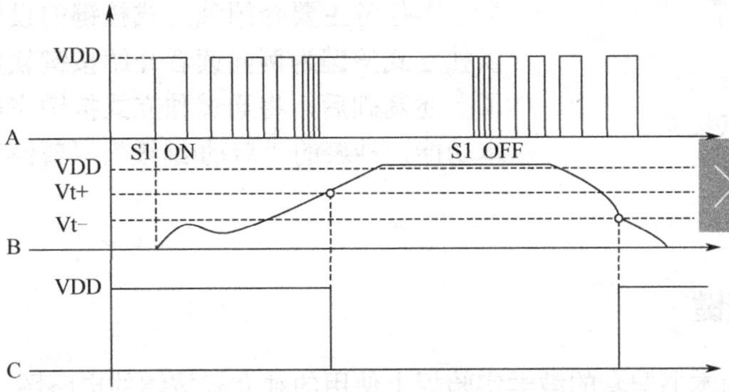

图 5-11　RC 滤波硬件消抖电路时序图

【任务小结】

本任务首先介绍了开关按键的分类，并对轻触机械式触点开关按键进行了详细的分析。接下来，任务指出在使用按键的时候需要考虑按键的抖动问题，按键的抖动分为前沿抖动和后沿抖动，其持续时间一般为 5～20ms。在进行项目设计时，需要对按键进行消抖处理，如果不能很好地避免抖动的发生，将会使得单片机产生误动作。为了消除按键的抖动，可以使用硬件消抖或者软件消抖两种方法，本任务介绍了“由 RS 触发器组成的按键硬件消抖电路”和“RC 滤波硬件消抖电路”，读者可以根据项目的具体需求进行选择。

下一个任务将介绍独立式按键的设计方法和按键的软件消抖方法，并应用独立式按键实现“多功能秒表”的基本功能，秒表的“启动/继续”、“暂停”与“复位”。

笔记：________________

____

____

任务二　独立式按键设计

【任务要求】

（1）认知独立式按键。
（2）按键的软件消抖。
（3）设计具有“启动/继续”、“暂停”与“复位”的秒表。

【任务引入】

对于按键的使用一般有两种方式，即独立式（见图 5-12）和矩阵式（也称为行列式）。具体选用哪种方式要根据系统需要按键的多少及单片机的资源情况确定。一般来说，独立式

图 5-12　独立式按键

按键设计简单，但占用单片机的硬件资源较多；矩阵式按键设计复杂，但却能从很大程度上节省单片机的硬件资源。

本任务主要介绍独立式按键的设计及使用方法，并以独立式按键为例向读者介绍按键软件消抖的方法。有了上述基础后，将通过独立式按键完成多功能秒表的基本功能，秒表的“启动/继续”、“暂停”与“复位”。

【任务指导】

一、认知独立式按键

如图 5-13 所示为本书配套的教学实验板上使用的独立式按键的电路图，从图中可以看出，独立式按键的特点是每个按键在电路设计上各自独立，硬件上一条信号线连接一个按键，应用时通过信号线直接判断相应按键是否被按下。基于这种电路结构特点使得每个按键输入线上的状态不会影响其他按键输入线上的状态。如图 5-13 所示，每个按键的电路都是独立的，当其中任意一个按键被按下时，它所对应的数据线的电平就变成低电平，此时单片机通过 I/O 端口读入这条数据线上的数据就是逻辑 0，表示有按键按下。若无按键按下，则单片机通过 I/O 端口读入所有数据线上的电平都为高电平（这是由于每个 I/O 端口都连接了上拉电阻），即逻辑 1。

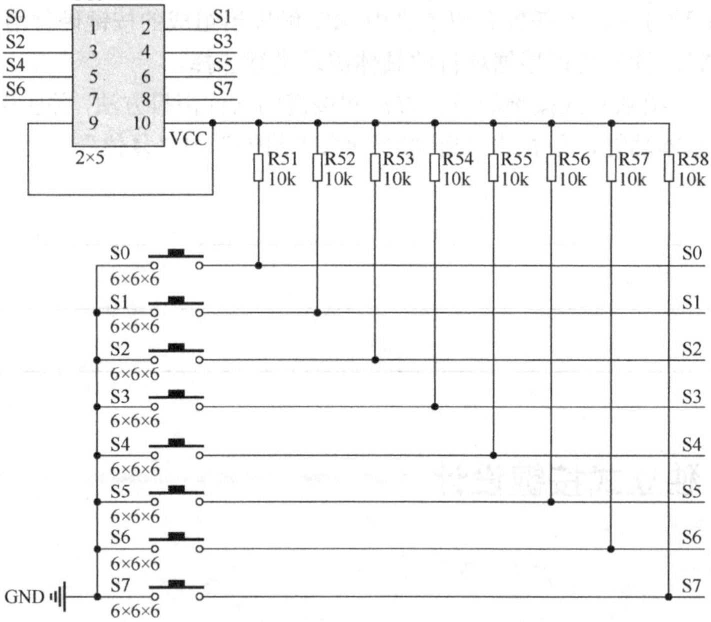

图 5-13　教学实验板上使用的独立式按键电路图

接下来，研究一下按键的上拉电阻，当单片机的引脚为输入状态时，其内部对外呈现高阻态，即输入单片机的电流很小。当按键按下时，直接将单片机的输入引脚与 GND 短接，单片机读入逻辑 0。当按键打开时会是什么效果呢？仔细观察图 5-13，单片机的输入引脚通过一个电阻与 VCC 相连，由于按键处于打开状态，电流的回路只能是经过上拉电阻流入单片机内部。刚才已经说过，单片机的引脚为输入状态时，其内部对外呈现高阻态，也就是说电阻上的压降会非常小（因为电流很小），此时加到单片机引脚上的电压基本上为电源电压 VCC（因为电阻上的压降非常小）。通过以上分析，就能明白上拉电阻的作用，上拉电阻的阻值一般可以选得大一些，如 10kΩ，这样可以使得流入单片机内部的电流很小，以节省功耗。

二、按键的软件消抖

上一个任务，介绍了按键的硬件消抖方法，为了节省线路板的面积和成本，还可以采用软件的方式消除按键的抖动，其原理很简单，就是让过按键的抖动时间，再对按键的逻辑进行处理。其处理流程图如图 5-14 所示。

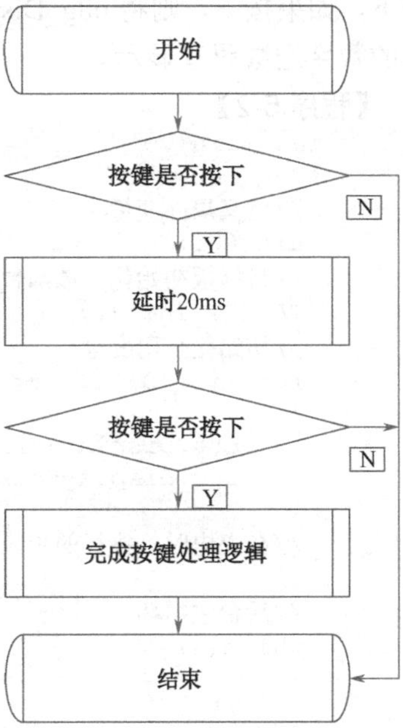

图 5-14　按键软件消抖处理流程图

针对上面的例子，来看一下程序的具体实现，先来实现一个简单的功能，就是点击按键 S0～S7，数码管显示相应的 0～7。这个例子在程序 4-11 的基础上完成，使用端口 B 控制数码管，使用端口 D 控制独立式按键，步骤如下。

（1）复制程序“例 4-11”，双击文件夹中的 Program.atsln 打开工程。

（2）打开映射层的 HAL.h 文件，完成独立式按键映射层的配置，如程序 5-1 所示。查看原理图可知，PORTD 与 S0～S7 按键相连接，则 PD0 对应 S0，PD1 对应 S1，…，PD7 对应 S7。将功能宏 IO_PD_DIR 设置为 0b00000000，表示 8 个引脚均为输入引脚。功能宏 IO_PD_OUT 在引脚为输出状态时，表示上电时引脚输出电平的高低。在本例中则不同，由于引脚是输入状态，IO_PD_OUT 表示芯片内部是否使能上拉电阻，0 表示不使能上拉电阻，1 表示使能上拉电阻，由于在单片机的外部电路中，已经设计了上拉电阻，所以这里将 IO_PD_OUT 设置为 0b00000000。后面的 S0～S7 的引脚定义，大家应该比较好理解。功能宏 S0_CHECK～S7_CHECK 使用了 CHKBIT 功能宏，CHKBIT 功能宏用于检测输入电平的高低，这点已经在项目 2 中介绍过，读者可以复习一下。在这里需要指出的是，测试引脚电平高低需要使用 PINx 寄存器，由于使用端口 D 与按键相连接，所以在 CHKBIT 功能宏中调用 PIND 寄存器。

【程序 5-1】

```
////////////////////////////////////////////////////////////////////
//PortD
#define IO_PD_DIR    0b00000000
#define IO_PD_OUT    0b00000000
////////////////////////////////////////////////////////////////////
#define S0 BIT0
#define S1 BIT1
#define S2 BIT2
#define S3 BIT3
#define S4 BIT4
#define S5 BIT5
#define S6 BIT6
#define S7 BIT7

#define S0_CHECK CHKBIT(PIND, S0)
#define S1_CHECK CHKBIT(PIND, S1)
#define S2_CHECK CHKBIT(PIND, S2)
```

```
#define S3_CHECK CHKBIT(PIND, S3)
#define S4_CHECK CHKBIT(PIND, S4)
#define S5_CHECK CHKBIT(PIND, S5)
#define S6_CHECK CHKBIT(PIND, S6)
#define S7_CHECK CHKBIT(PIND, S7)
```

（3）打开逻辑层的main.c文件，编写main函数，如程序5-2所示。程序首先使用TARGET_Init函数对目标板进行初始化，然后设置数码管上电起始时，显示的数字，程序 u8g_DisplayString[i] = 0xff 表示上电起始时数码管不显示任何数字。接着程序进入 while(1)无限循环，开始检测各个按键的状态，当有一个按键按下时，先延时 20ms 进行消抖处理，然后在判断当前按键是否按下，如果按下，则将 u8g_DisplayString[7]设置为相应显示的数字，定时器中断程序负责将显示的数字送数码管显示。

【程序 5-2】

```
int main(void)
{
 //定义局部变量
 uint8 i;
 //目标板初始化，该函数会自动初始化相应的外设文件
 TARGET_Init();
 //初始化全局变量
 for (i = 0; i < 8; i++)
 {
     u8g_DisplayString[i] = 0xff;
     u8g_DisplayPoint[i] = 0x00;
 }
 //在上电时，执行的相应操作

 //后台主循环
 while(1)
 {
     /*
     ***********************************
     在这里完成自己的项目逻辑
     ***********************************
     */
     if (!S0_CHECK)
     {
         TARGET_Delayms(20, 0);
         if (!S0_CHECK)
         {
             u8g_DisplayString[7] = 0;
         }
     }
     if (!S1_CHECK)
     {
         TARGET_Delayms(20, 0);
         if (!S1_CHECK)
         {
             u8g_DisplayString[7] = 1;
         }
     }
     if (!S2_CHECK)
     {
         TARGET_Delayms(20, 0);
         if (!S2_CHECK)
         {
             u8g_DisplayString[7] = 2;
         }
```

```
        }
        if (!S3_CHECK)
        {
            TARGET_Delayms(20, 0);
            if (!S3_CHECK)
            {
                u8g_DisplayString[7] = 3;
            }
        }
        if (!S4_CHECK)
        {
            TARGET_Delayms(20, 0);
            if (!S4_CHECK)
            {
                u8g_DisplayString[7] = 4;
            }
        }
        if (!S5_CHECK)
        {
            TARGET_Delayms(20, 0);
            if (!S5_CHECK)
            {
                u8g_DisplayString[7] = 5;
            }
        }
        if (!S6_CHECK)
        {
            TARGET_Delayms(20, 0);
            if (!S6_CHECK)
            {
                u8g_DisplayString[7] = 6;
            }
        }
        if (!S7_CHECK)
        {
            TARGET_Delayms(20, 0);
            if (!S7_CHECK)
            {
                u8g_DisplayString[7] = 7;
            }
        }
        /*
        **********************************
        喂狗语句，大部分工程项目都不应去除
        **********************************
        */
        #if INTERNAL_PERIPHERAL_WDT_MODE != 0
            TARGET_WatchDogReset();
        #endif
    }
    return 0;    //永不执行
}
```

（4）对工程进行编译，编译成功后将映像文件下载到单片机中，使用软排线将教学实验板上的 P4 端口与 P9 端口相连，P8 端口与 P11 端口相连，即使用 PORTB 控制数码管，PORTD 连接独立式按键。然后给教学实验板上电，如果一切顺利的话，当点击按键 S0～S7，数码管显示相应的 0～7。

三、设计具有“启动/继续”、“暂停”与“复位”的秒表

对于秒表的设计，首先需要得到一个精准的延时，可以通过软件延时 TARGET_Delayms 函数和定时器两种方法产生精准的延时。由于 main 函数中的程序语句也会占用 CPU 运行时间，所以导致使用 TARGET_Delayms 函数不能达到期望的精准延时。所以在单片机程序设计中，生成精准延时的可靠方法是使用定时器中断。

下面考虑一下，秒表的计时精度、计时的最大值和数码管的位与计时的对应关系。单片机产生 1ms 的精准延时是没有任何问题的，但是需要综合考虑对时间的感知精度，动态数码管的刷新，以及按键消抖的时间等综合因素，所以在本例中将秒表的计时精度设置为 0.01s 是比较合适的。秒表计数的最大值定义为 60min00s，当计时达到 60min00s 时，计时终止。数码管的位与计时对应关系，如表 5-2 所示。

表 5-2　数码管的位与计时的对应关系

第 0 位	第 1 位	第 2 位	第 3 位	第 4 位	第 5 位	第 6 位	第 7 位
空	空	显示分的十位	显示分的个位	显示秒的十位	显示秒的个位	显示 0.1 秒	显示 0.01 秒

有了上述准备后，开始进行项目设计，步骤如下。

（1）打开逻辑层的 config.h 文件，使能定时器 1，并将定时时间设置为 10ms，如程序 5-3 所示。

【程序 5-3】

```
#define INTERNAL_PERIPHERAL_TIMER1_MODE          1
                                              //0:     不初始化TIMER0
                                              //1:     定时10ms
                                              //2:     定时1ms
```

（2）打开逻辑层的 main.c 函数，先准备记录分、秒和毫秒的全局变量，如程序 5-4 所示，在定义变量的时候，要依据变量的取值范围，考虑变量的数据类型。通过项目分析，可以得出 u8g_Minute 的取值范围为 0～60，u8g_Second 的取值范围为 0～60，u8g_milliSecond 的取值范围为 0～100，所以将这 3 个全局变量定义为 uint8 是合适的，因为 uint8 的取值范围为 0～255。有了全局变量后，就可以在 main 函数和定时器 1 的中断服务处理函数中传递数据了。

【程序 5-4】

```
//定义全局变量
uint8 u8g_DisplayString[8];
uint8 u8g_DisplayPoint[8];
uint8 u8g_Minute, u8g_Second, u8g_milliSecond;
```

（3）在 main.c 文件中，找到定时器 1 中断服务处理函数，写入如程序 5-5 所示的程序。对于这段程序的理解，可以参看图 5-15 所示的流程图，在这里需要注意的是该程序每 10ms 调用 1 次。

【程序 5-5】

```
//定时器1溢出中断服务处理函数
#if INTERNAL_PERIPHERAL_TIMER1_MODE != 0
ISR(TIMER1_OVF_vect)
{
 //在此完成逻辑内容
 u8g_milliSecond++;
 if (u8g_milliSecond >= 100)
 {
```

```
        u8g_milliSecond = 0;
        u8g_Second++;
    }
    if (u8g_Second >= 60)
    {
        u8g_Second = 0;
        u8g_Minute++;
    }
    if (u8g_Minute >= 60)
    {
        u8g_Minute = 60;
    }
    //为了提高运行速度，将此语句写在中断服务处理函数里
    TCNT1H = TIMER1_TCNT1H;
    TCNT1L = TIMER1_TCNT1L;
}
#endif
```

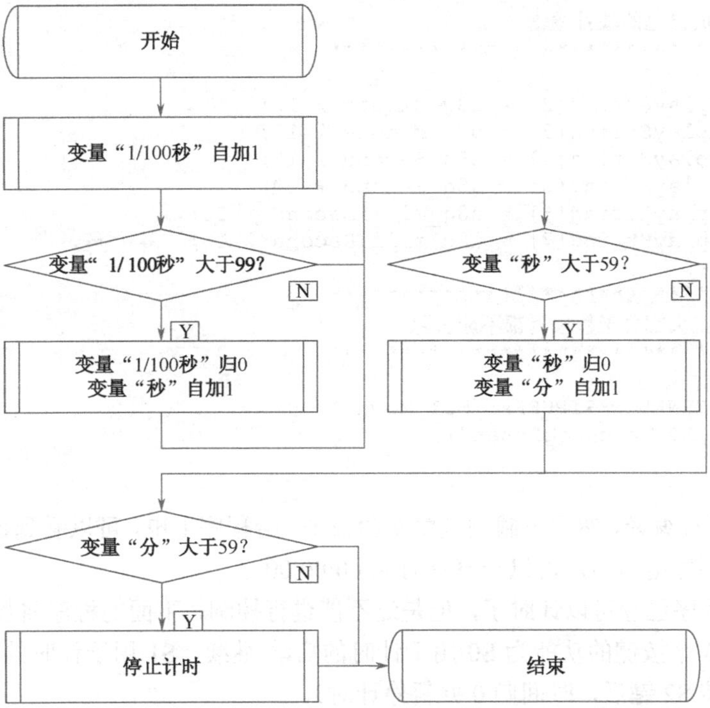

图 5-15 定时器 1 中断服务处理函数流程图

（4）接下来，是对变量 u8g_Minute、u8g_Second 和 u8g_milliSecond 进行解析，提取十位和个位，送数码管显示，在上一个项目中，已经知道只需将欲显示的数字传递给数组 u8g_DisplayString、u8g_DisplayPoint 即可，在使用数组 u8g_DisplayString、u8g_DisplayPoint 之前，需要对其进行初始化，如程序 5-6 所示。程序开始时，将数组 u8g_DisplayString 和 u8g_DisplayPoint 中的所有元素都赋值为初始值 0x00，然后将 u8g_DisplayString[0] 和 u8g_DisplayString[1]赋值为 0xff，表示数码管 0 位和 1 位不显示数字，然后将 u8g_DisplayPoint[3] 和 u8g_DisplayPoint[5]设置为 0x01，表示数码管的 3 位和 5 位显示小数点。

【程序 5-6】

```
//初始化全局变量
for (i = 0; i < 8; i++)
```

```
    {
     u8g_DisplayString[i] = 0x00;
     u8g_DisplayPoint[i] = 0x00;
    }
    u8g_DisplayString[0] = 0xff;
    u8g_DisplayString[1] = 0xff;
    u8g_DisplayPoint[3] = 0x01;
    u8g_DisplayPoint[5] = 0x01;
    u8g_milliSecond = 0;
    u8g_Second = 0;
    u8g_Minute = 0;
```

（5）程序 5-7 示出了，提取变量 u8g_Minute、u8g_Second 和 u8g_milliSecond 十位和个位的方法。

【程序 5-7】

```
    while(1)
    {
     /*
     ***********************************
     在这里完成自己的项目逻辑
     ***********************************
     */
     u8g_DisplayString[2] = u8g_Minute / 10;
     u8g_DisplayString[3] = u8g_Minute % 10;
     u8g_DisplayString[4] = u8g_Second / 10;
     u8g_DisplayString[5] = u8g_Second % 10;
     u8g_DisplayString[6] = u8g_milliSecond / 10;
     u8g_DisplayString[7] = u8g_milliSecond % 10;
     /*
     ***********************************
     喂狗语句，大部分工程项目都不应去除
     ***********************************
     */
     #if INTERNAL_PERIPHERAL_WDT_MODE != 0
         TARGET_WatchDogReset();
     #endif
    }
```

（6）对程序进行编译，然后下载到教学实验板中，给程序上电，可以看到数码管从 00:00:00 开始计时，如果不掉电的话，可以一直计时到 60:00:00。

（7）现在的程序已经可以计时了，但是还不能进行控制，下面的程序将加入 3 个按键，用于计时控制，这 3 个按键的功能为 S0 用于计时的启动/继续，S1 用于计时的暂停，S2 用于时间的复位（当点按 S2 键后，时间归 0 并暂停计时）。

（8）为了实现上述功能，还需再加入一个用于控制计时的变量 u8g_ControlCount，并在 main 函数中对其赋初值。变量定义程序如程序 5-8 所示，变量赋初值程序如程序 5-9 所示。

【程序 5-8】

```
    //定义全局变量
    uint8 u8g_DisplayString[8];
    uint8 u8g_DisplayPoint[8];
    uint8 u8g_Minute, u8g_Second, u8g_milliSecond;
    uint8 u8g_ControlCount;
```

【程序 5-9】

```
    //初始化全局变量
    for (i = 0; i < 8; i++)
    {
     u8g_DisplayString[i] = 0x00;
```

```
        u8g_DisplayPoint[i] = 0x00;
    }
    u8g_DisplayString[0] = 0xff;
    u8g_DisplayString[1] = 0xff;
    u8g_DisplayPoint[3] = 0x01;
    u8g_DisplayPoint[5] = 0x01;
    u8g_milliSecond = 0;
    u8g_Second = 0;
    u8g_Minute = 0;
    u8g_ControlCount = 0;
```

（9）接下来，在定时器 1 中断服务处理函数中，加入控制变量 u8g_ControlCount，如程序 5-10 所示。其功能是只有当 u8g_ControlCount 为 1 时，才进行计时，否则就停止计时。

【程序 5-10】

```
//定时器1溢出中断服务处理函数
#if INTERNAL_PERIPHERAL_TIMER1_MODE != 0
ISR(TIMER1_OVF_vect)
{
 //在此完成逻辑内容
 if (u8g_ControlCount == 1)
 {
     u8g_milliSecond++;
     if (u8g_milliSecond > 99)
     {
         u8g_milliSecond = 0;
         u8g_Second++;
     }
     if (u8g_Second > 59)
     {
         u8g_Second = 0;
         u8g_Minute++;
     }
     if (u8g_Minute > 59)
     {
         u8g_Minute = 60;
         u8g_Second = 0;
         u8g_milliSecond = 0;
     }
 }
 //为了提高运行速度，将此语句写在中断服务处理函数里
 TCNT1H = TIMER1_TCNT1H;
 TCNT1L = TIMER1_TCNT1L;
}
#endif
```

（10）使用按键对计时进行控制的程序，如程序 5-11 所示。其工作流程可参照图 5-16 所示。

【程序 5-11】

```
if (!S0_CHECK)
{
 TARGET_Delayms(20, 0);
 if (!S0_CHECK)
 {
     u8g_ControlCount = 1;
 }
}
if (!S1_CHECK)
{
 TARGET_Delayms(20, 0);
 if (!S1_CHECK)
 {
     u8g_ControlCount = 0;
```

```
        }
    }
    if (!S2_CHECK)
    {
     TARGET_Delayms(20, 0);
     if (!S2_CHECK)
     {
         u8g_Minute = 0;
         u8g_Second = 0;
         u8g_milliSecond = 0;
         u8g_ControlCount = 0;
     }
    }
```

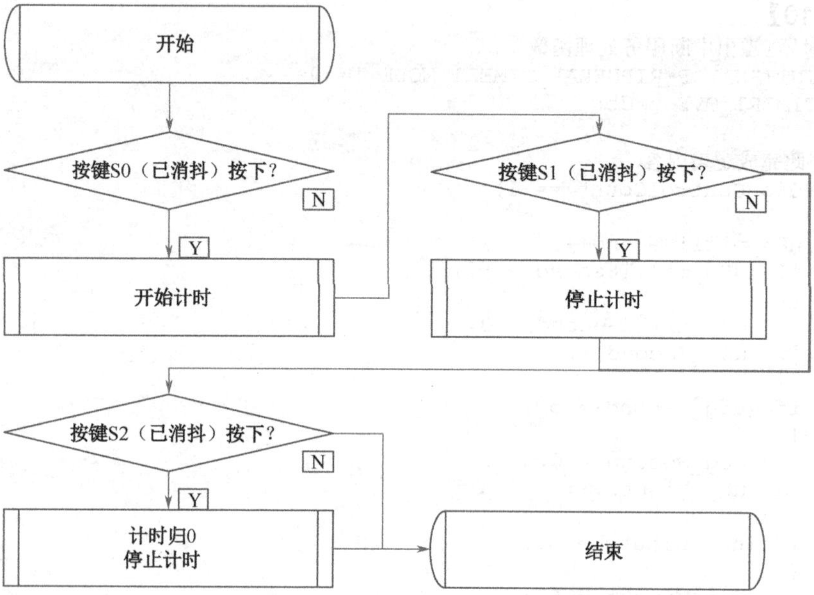

图 5-16　控制定时器启动/继续、暂停和复位的程序流程图

（11）对程序进行编译，并下载到教学实验板中，如果一切顺利的话，就可以用按键来控制秒表的计时了。教学实验板上电时，数码管显示 00:00:00，点按 S0 键，可以观察倒计时开始，点按 S1 键可以观察倒计时暂停，点按 S2 键可以观察倒计时复位并暂停。

（12）最后，将 main.c 文件中的程序全部列出，以供大家参考，如程序 5-12 所示。

【程序 5-12】

```
//加入包含文件
#include "../include.h"

//定义系统常量

//定义全局变量
uint8 u8g_DisplayString[8];
uint8 u8g_DisplayPoint[8];
uint8 u8g_Minute, u8g_Second, u8g_milliSecond;
uint8 u8g_ControlCount;

//主程序
int main(void)
{
 //定义局部变量
 uint8 i;
```

```
    //目标板初始化，该函数会自动初始化相应的外设文件
    TARGET_Init();

    //初始化全局变量
    for (i = 0; i < 8; i++)
    {
        u8g_DisplayString[i] = 0x00;
        u8g_DisplayPoint[i] = 0x00;
    }
    u8g_DisplayString[0] = 0xff;
    u8g_DisplayString[1] = 0xff;
    u8g_DisplayPoint[3] = 0x01;
    u8g_DisplayPoint[5] = 0x01;
    u8g_milliSecond = 0;
    u8g_Second = 0;
    u8g_Minute = 0;
    u8g_ControlCount = 0;
    //在上电时，执行的相应操作

    //后台主循环
    while(1)
    {
        /*
        ***********************************
        在这里完成自己的项目逻辑
        ***********************************
        */
        u8g_DisplayString[2] = u8g_Minute / 10;
        u8g_DisplayString[3] = u8g_Minute % 10;
        u8g_DisplayString[4] = u8g_Second / 10;
        u8g_DisplayString[5] = u8g_Second % 10;
        u8g_DisplayString[6] = u8g_milliSecond / 10;
        u8g_DisplayString[7] = u8g_milliSecond % 10;
        if (!S0_CHECK)
        {
            TARGET_Delayms(20, 0);
            if (!S0_CHECK)
            {
                u8g_ControlCount = 1;
            }
        }
        if (!S1_CHECK)
        {
            TARGET_Delayms(20, 0);
            if (!S1_CHECK)
            {
                u8g_ControlCount = 0;
            }
        }
        if (!S2_CHECK)
        {
            TARGET_Delayms(20, 0);
            if (!S2_CHECK)
            {
                u8g_Minute = 0;
                u8g_Second = 0;
                u8g_milliSecond = 0;
                u8g_ControlCount = 0;
            }
        }
        /*
```

```
        ***********************************
        喂狗语句，大部分工程项目都不应去除
        ***********************************
        */
        #if INTERNAL_PERIPHERAL_WDT_MODE != 0
            TARGET_WatchDogReset();
        #endif
    }
    return 0;   //永不执行
}

//串口0接收中断服务处理函数，接收到的数据存储在 UDR0 寄存器中
#if INTERNAL_PERIPHERAL_UART0_MODE != 0
ISR(USART__RX_vect)
{
 uint8 u8_UartData;

 u8_UartData = UDR0;

#if PROTOCOL_MINIUART_UART0_MODE !=0
 miniUART_UartInterrupt(&miniUART_UART0, u8_UartData);
#endif
}
#endif

//定时器0溢出中断服务处理函数
#if INTERNAL_PERIPHERAL_TIMER0_MODE != 0
ISR(TIMER0_OVF_vect)
{
#if INTERNAL_PERIPHERAL_TIMER0_MODE == 1
 //在此完成逻辑内容
 static uint8 u8_Number;

 u8_Number++;
 if (u8_Number > 7)
 {
     u8_Number = 0;
 }
 NIXIETUBE_SelectLED(u8_Number);
 NIXIETUBE_DrawLED(u8g_DisplayString[u8_Number],
u8g_DisplayPoint[u8_Number]);

 #if PROTOCOL_MINIUART_UART0_MODE !=0
     miniUART_TimerInterrupt(&miniUART_UART0);
 #endif
 #if PROTOCOL_MINIUART_CH432T_UART0_MODE !=0
     miniUART_TimerInterrupt(&miniUART_CH432T_UART0);
 #endif
 #if PROTOCOL_MINIUART_CH432T_UART1_MODE !=0
     miniUART_TimerInterrupt(&miniUART_CH432T_UART1);
 #endif
 //为了提高运行速度，将此语句写在中断服务处理函数里，用户在使用时，可不理会下列语句
 TCNT0 = TIMER0_TCNT0;
#elif INTERNAL_PERIPHERAL_TIMER0_MODE == 2

#endif
}
#endif

//定时器1溢出中断服务处理函数
#if INTERNAL_PERIPHERAL_TIMER1_MODE != 0
```

```
ISR(TIMER1_OVF_vect)
{
 //在此完成逻辑内容
 if (u8g_ControlCount == 1)
 {
      u8g_milliSecond++;
      if (u8g_milliSecond > 99)
      {
           u8g_milliSecond = 0;
           u8g_Second++;
      }
      if (u8g_Second > 59)
      {
           u8g_Second = 0;
           u8g_Minute++;
      }
      if (u8g_Minute > 59)
      {
           u8g_Minute = 60;
           u8g_Second = 0;
           u8g_milliSecond = 0;
      }
 }
 //为了提高运行速度，将此语句写在中断服务处理函数里，用户在使用时，可不理会下列语句
 TCNT1H = TIMER1_TCNT1H;
 TCNT1L = TIMER1_TCNT1L;
}
#endif

//外部中断0中断服务处理函数
#if INTERNAL_PERIPHERAL_INT0_MODE != 0
ISR(INT0_vect)
{
 //如果使用了CH432T，则调用相应的中断处理函数
 #if EXTERNAL_MODULE_CH432T_MODE != 0
     CH432T_INT();
 #endif
}
#endif

//外部中断1中断服务处理函数
#if INTERNAL_PERIPHERAL_INT1_MODE != 0
ISR(INT1_vect)
{
 //如果使用了CH432T，则调用相应的中断处理函数
 #if EXTERNAL_MODULE_CH432T_MODE != 0
     CH432T_INT();
 #endif
}
#endif

//CH432T扩展串口0，接收调用函数
#if EXTERNAL_MODULE_CH432T_MODE != 0
void CH432T_Uart0(uint8 u8_UartData)
{
 #if PROTOCOL_MINIUART_CH432T_UART0_MODE != 0
     miniUART_UartInterrupt(&miniUART_CH432T_UART0, u8_UartData);
 #endif
}
#endif
```

```
//CH432T扩展串口1，接收调用函数
#if EXTERNAL_MODULE_CH432T_MODE != 0
void CH432T_Uart1(uint8 u8_UartData)
{
 #if PROTOCOL_MINIUART_CH432T_UART1_MODE != 0
     miniUART_UartInterrupt(&miniUART_CH432T_UART1, u8_UartData);
 #endif
}
#endif
```

【任务小结】

本任务首先介绍了独立式按键的工作原理，并具体讲解了按键的软件消抖方法。然后，设计了多功能秒表的基本功能：启动/继续、暂停和复位。本任务所举的例子相对于前几个项目相对复杂，但都是基于“前/后台程序”的设计思想，在 main 函数中完成项目逻辑，由定时器 0 处理数码管的显示，定时器 1 处理秒表的计时。这样的程序设计方法，使得程序简洁、易理解，并且提高了程序的运行效率。

在下面的任务中，将继续丰富秒表的功能，首先给电路中加入蜂鸣器，然后通过 S3～S7 按键加入倒计时功能，由于需要对倒计时的时间进行设置，后面的程序将会复杂一些。不过，没有关系，由于有正确的程序设计方法，一切都不会太困难的。

笔记：

任务三 设计具有倒计时功能的多功能秒表

【任务要求】

（1）认知蜂鸣器。

（2）倒计时时间的调整。

（3）实现秒表倒计时。

【任务引入】

本任务将继续完善秒表的功能，在硬件电路中，加入蜂鸣器组件，然后利用剩余的独立式按键给秒表加入倒计时功能，使得倒计时的时间可以自行设定，当点按“启动”按键后，倒计时开始，当时间为 00:00:00 时，蜂鸣器鸣叫。为了兼容上一个任务的功能，需要重新规划一下按键的功能，如表 5-3 所示。

表 5-3 多功能秒表按键功能

S0	S1	S2	S3	S4	S5	S6	S7
启动/继续	暂停	计时复位	倒计时功能选择/复位	左调	右调	上调	下调

按键 S0、S1 和 S2 和上一个任务的功能相同，按键 S3 用于“倒计时功能选择和复位”，点按 S3 进入倒计时设置状态，使用按键 S4～S7 进行倒计时时间的调整，按键 S4 为左调按键用于向左选择需要调整的数码管位，按键 S5 为右调按键用于向右选择需要调整的数码管位。选中数码管的位后，通过按键 S6 向上或按键 S7 向下调整当前数码管位的数字。当倒计时时间调整完毕后，再次点按 S3 可以存储并复位当前的倒计时时间，点按 S0 即可启动倒计时，点按 S1 可以暂停倒计时。

【任务指导】

一、认知蜂鸣器

蜂鸣器如图 5-17 所示，是一种一体化结构的电子讯响器，采用直流电压供电，广泛应用于计算机、打印机、复印机、报警器、电子玩具、汽车电子设备、电话机、定时器等电子产品中的发声器件。蜂鸣器按照制造工艺主要分为压电式蜂鸣器和电磁式蜂鸣器两种类型。

图 5-17　蜂鸣器

压电式蜂鸣器又可以分为有源蜂鸣器和无源蜂鸣器，有源蜂鸣器主要由多谐振荡器、压电蜂鸣片、阻抗匹配器以及鸣箱、外壳等组成。有的压电式蜂鸣器上还装有发光二极管。多谐振荡器由晶体管和集成电路构成，当接通电源后（1.5V～15V 直流工作电压），多谐振荡器起振，输出 1.5～2.5kHz 的音频信号，阻抗匹配器推动压电蜂鸣器发声。如果蜂鸣器电路中不含多谐振荡器和阻抗匹配器，就称之为无源蜂鸣器。有源蜂鸣器提供直流电压即可以发声，而无源蜂鸣器必须提供周期振荡信号才可以发声，无源蜂鸣器相对于有源蜂鸣器控制复杂，但体积较小，并可以直接输出音阶信号。教学实验板上使用的蜂鸣器为有源蜂鸣器。

电磁式蜂鸣器由振荡器、电磁线圈、磁铁、振动膜片及外壳等组成。接通电源后，振荡器产生的音频信号电流通过电磁线圈，使电磁线圈产生磁场。振动膜片在电磁线圈和磁铁的相互作用下，周期性地振动发声。

有源蜂鸣器的驱动电路如图 5-18 所示，由于蜂鸣器是感性原件，一般通过电流较大，不宜用单片机的 I/O 引脚直接控制。在图 5-18 的电路中使用 PNP 三极管 8550 控制蜂鸣器的通断，三极管的基极通过 2kΩ 电阻接单片机的 I/O 引脚，当单片机的引脚输出低电平时，三极管 8550 导通，蜂鸣器鸣叫；当单片机的引脚输出高电平时，三极管 8550 截止，蜂鸣器停止鸣叫。

再仔细观察图 5-18，控制蜂鸣器的网络标号 BEEP 与 P3 端口的引脚 5 相连接，如果使用端口 C 控制与 P3 端口相连接，那么应该是 PC4 控制蜂鸣器的鸣叫，不知道大家对这点是否还明白，如果印象有些模糊了，大家回过头复习一下项目 2 即可。

有了这些知识准备后，再来完成一个蜂鸣器鸣叫的例子，让蜂鸣器以 1 秒为间隔鸣叫，步骤如下。

（1）复制程序模板，双击 Program.atsln 打开工程。

（2）映射层的 HAL.h 文件，输入程序 5-13，将功能宏 IO_PC_DIR 设置为 0b00010000，表示将 PC4 引脚设置为输出引脚，将功能宏 IO_PC_OUT 设置为 0b00010000，表示上电时，蜂鸣器输出高电平，蜂鸣器不鸣叫。接下来，定义功能宏 BEEP、BEEP_OPEN 和 BEEP_SHUT，功能宏 BEEP 表示蜂鸣器的网络标识，BEEP_OPEN 表示打开蜂鸣器使之鸣叫，BEEP_SHUT

表示关闭蜂鸣器使之停止鸣叫。

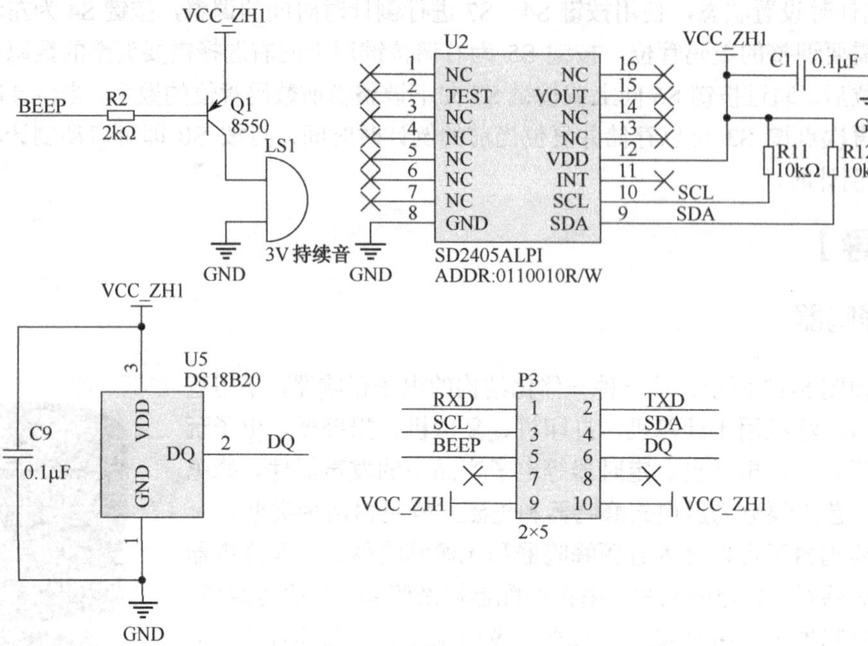

图 5-18　有源蜂鸣器驱动电路

【程序 5-13】

```
////////////////////////////////////////////////////////////////////////
//PortC
#define IO_PC_DIR    0b00010000
#define IO_PC_OUT    0b00010000
////////////////////////////////////////////////////////////////////////
#define BEEP BIT4
#define BEEP_OPEN CLRBIT(PORTC, BEEP)
#define BEEP_SHUT SETBIT(PORTC, BEEP)
```

（3）有了 BEEP_OPEN 和 BEEP_SHUT 功能宏后，打开逻辑层的 main.c 文件，输入程序 5-14。

【程序 5-14】

```
//主程序
int main(void)
{
  //定义局部变量

  //目标板初始化，该函数会自动初始化相应的外设文件
  TARGET_Init();

  //初始化全局变量

  //在上电时，执行的相应操作

  //后台主循环
  while(1)
  {
       /*
       ***********************************
       在这里完成自己的项目逻辑
```

```
        ***********************************
        */
        BEEP_OPEN;
        TARGET_Delayms(1000, 1);
        BEEP_SHUT;
        TARGET_Delayms(1000, 1);
        /*
        ***********************************
        喂狗语句，大部分工程项目都不应去除
        ***********************************
        */
        #if INTERNAL_PERIPHERAL_WDT_MODE != 0
            TARGET_WatchDogReset();
        #endif
    }
    return 0;    //永不执行
}
```

（4）将程序正确编译，然后下载到教学实验板中，使用软排线将教学实验板上的 P3 端口与 P7 端口相连，意即使用 PORTC 控制蜂鸣器。如果一切顺利的话，就应该能听到蜂鸣器以 1 秒为间隔鸣叫。

二、倒计时时间的调整

程序的总体设计思路为：将程序分为两种工作模式：正计时模式和倒计时模式，点击按键 S2 进入正计时模式并将时间置为 00:00:00，此时点击按键 S0 开始正计时，点击按键 S1 暂停计时；点击按键 S3 进入倒计时模式，此时数码管上显示 00:00:00，可以通过左调 S4 键、右调 S5 键、上调 S6 键和下调 S7 键，进行时间调整，时间调整完毕后，点击按键 S0 开始倒计时，点击 S1 暂停倒计时。当倒计时的时间变为 00:00:00 后，蜂鸣器鸣叫，直到点击 S1 按键停止鸣叫，将工作模式转为正计时。

在这部分，首先来完成倒计时时间调整的设计工作，其基本要求为：

（1）点击 S3 键进入倒计时模式，数码管上显示 00:00:00；

（2）此时数码管显示分钟的 2 和 3 位闪烁，可以通过左调 S4 键和右调 S5 键调整数码管的分钟位、秒位和毫秒位闪烁；

（3）通过上调 S6 键和下调 S7 键，可以调整闪烁数码管位显示的时间。

整理好上述思路后，就可以开始程序设计了，步骤如下。

（1）复制程序“例 5.12”，双击文件夹中的 Program.atsln 打开工程。

（2）打开 main.c 文件，先加入一些全局变量，如程序 5-15 所示。变量 u8g_TimingMode 用于指示是正计时模式还是倒计时模式，该变量为 0 表示正计时工作模式，该变量为 1 表示倒计时工作模式。变量 u8g_milliSecondCount 用于处理闪烁，该变量在定时器 1 中断服务处理函数和 main 函数中传递信息。变量 u8g_BlinkPoint 用于指示分钟位、秒位、毫秒位，这 3 位中哪一位产生闪烁，该变量为 0 表示所有位都不闪烁，该变量为 1 表示分钟位产生闪烁，该变量为 2 表示秒位产生闪烁，该变量为 3 表示毫秒位产生闪烁。

【程序 5-15】

```
//定义全局变量
uint8 u8g_DisplayString[8];
uint8 u8g_DisplayPoint[8];
uint8 u8g_Minute, u8g_Second, u8g_milliSecond;
uint8 u8g_ControlCount;
uint8 u8g_TimingMode;          //计时模式，0为正计时，1为倒计时
```

```
uint8 u8g_milliSecondCount;  //毫秒计数，用于处理闪烁
uint8 u8g_BlinkPoint;        //闪烁指示
                             //0表示不闪烁
                             //1表示分钟位闪烁
                             //2表示秒位闪烁
                             //3表示毫秒位闪烁
```

（3）接下来，再处理定时器 1 中断服务处理函数，如程序 5-16 所示。在原先中断服务处理函数的基础上，仅添加了对于变量 u8g_milliSecondCount 的处理程序，该变量用于控制数码管的闪烁。定时器 1 中断服务处理函数，每 10ms 调用一次，每次调用变量 u8g_milliSecondCount 加 1，当变量的值为 20，也就是 200ms 时，该变量归 0。

【程序 5-16】

```
//定时器1溢出中断服务处理函数
#if INTERNAL_PERIPHERAL_TIMER1_MODE != 0
ISR(TIMER1_OVF_vect)
{
 //在此完成逻辑内容
 u8g_milliSecondCount++;
 if (u8g_milliSecondCount >= 20)
 {
     u8g_milliSecondCount = 0;
 }
 if (u8g_ControlCount == 1)
 {
     u8g_milliSecond++;
     if (u8g_milliSecond > 99)
     {
         u8g_milliSecond = 0;
         u8g_Second++;
     }
     if (u8g_Second > 59)
     {
         u8g_Second = 0;
         u8g_Minute++;
     }
     if (u8g_Minute > 59)
     {
         u8g_Minute = 60;
         u8g_Second = 0;
         u8g_milliSecond = 0;
     }
 }
 //为了提高运行速度，将此语句写在中断服务处理函数里，用户在使用时，可不理会下列语句
 TCNT1H = TIMER1_TCNT1H;
 TCNT1L = TIMER1_TCNT1L;
}
#endif
```

（4）对“启动/继续”键处理程序进行调整，如程序 5-17 所示。加入语句 u8g_BlinkPoint = 0，表示计时一旦启动，闪烁消失。

【程序 5-17】

```
if (!S0_CHECK)
{
 TARGET_Delayms(20, 0);
 if (!S0_CHECK)
 {
     u8g_ControlCount = 1;
     u8g_BlinkPoint = 0;      //一旦启动计时，闪烁消失
```

```
    }
}
```

（5）对“暂停”键处理程序进行调整，如程序 5-18 所示。加入语句 u8g_BlinkPoint = 0，表示计时一旦启动，闪烁消失。

【程序 5-18】

```
if (!S1_CHECK)
{
 TARGET_Delayms(20, 0);
 if (!S1_CHECK)
 {
     u8g_ControlCount = 0;
     u8g_BlinkPoint = 0;     //一旦启动计时，闪烁消失
 }
}
```

（6）对“正计时模式复位”键处理程序进行调整，如程序 5-19 所示。加入语句 u8g_TimingMode = 0 表示将工作模式设置为正计时模式，加入语句 u8g_BlinkPoint = 0 表示所有位都不闪烁，这是因为正计时模式从 00:00:00 开始，不需要进行设置。

【程序 5-19】

```
if (!S2_CHECK)
{
 TARGET_Delayms(20, 0);
 if (!S2_CHECK)
 {
     u8g_Minute = 0;
     u8g_Second = 0;
     u8g_milliSecond = 0;
     u8g_ControlCount = 0;   //停止计时
     u8g_TimingMode = 0;     //设置为正计时模式
     u8g_BlinkPoint = 0;     //正计时，不闪烁
 }
}
```

（7）在程序中加入“倒计时功能”按键程序，如程序 5-20 所示，该段程序先进行按键消抖处理，然后将分、秒和毫秒复位为 0，设置变量 u8g_ControlCount 为 0 停止计时，设置变量 u8g_TimingMode 为 1 设为倒计时模式，设置变量 u8g_BlinkPoint 为 1 先使能分钟位闪烁。

【程序 5-20】

```
if (!S3_CHECK)
{
 TARGET_Delayms(20, 0);
 if (!S3_CHECK)
 {
     u8g_Minute = 0;
     u8g_Second = 0;
     u8g_milliSecond = 0;
     u8g_ControlCount = 0;   //停止计时
     u8g_TimingMode = 1;     //设置为倒计时模式
     u8g_BlinkPoint = 1;     //数码管分钟位闪烁
 }
}
```

（8）在程序中加入“左调”按键程序，如程序 5-21 所示，程序先进行按键消抖处理，然后对变量 u8g_BlinkPoint 进行判断，将闪烁位向左移动，当闪烁位到达最左端时，循环移动到最右端。在程序的最后面，有一个 500ms 的延时语句，用于防止由于按键按下时间过长，造成连按现象，大家可以通过屏蔽该语句的方式，试验一下，加入或不加入该语句的效果。

【程序 5-21】

```
    if (!S4_CHECK)
    {
     TARGET_Delayms(20, 0);
     if (!S4_CHECK)
     {
         if (u8g_BlinkPoint == 1)
         {
             u8g_BlinkPoint = 3;
         }
         else if (u8g_BlinkPoint != 0)
         {
             u8g_BlinkPoint--;
         }
         TARGET_Delayms(500, 1);
     }
    }
```

（9）在程序中加入“右调”按键程序，如程序 5-22 所示，程序先进行按键消抖处理，然后对变量 u8g_BlinkPoint 进行判断，将闪烁位向右移动，当闪烁位到达最右端时，循环移动到最左端。同样，在程序的最后面，有一个 500ms 的延时语句，用于防止按键连按。

【程序 5-22】

```
    if (!S5_CHECK)
    {
     TARGET_Delayms(20, 0);
     if (!S5_CHECK)
     {
         if (u8g_BlinkPoint == 3)
         {
             u8g_BlinkPoint = 1;
         }
         else if (u8g_BlinkPoint != 0)
         {
             u8g_BlinkPoint++;
         }
         TARGET_Delayms(500, 1);
     }
    }
```

（10）在程序中加入“上调”按键程序，如程序 5-23 所示，程序在按键消抖处理后，通过变量 u8g_BlinkPoint 判断当前的闪烁位，然后根据不同的闪烁位，进行时间上调的处理，对于分钟和秒位 59 为上限，对于毫秒位 99 位上限。当相应的变量值达到上限时，变量归 0。在这段程序的后面也有防止连按的延时语句，但是延时时间为 100ms，调短延时时间，可以给用户提供连续调整时间的功能，当按下按键不抬起时，可以看到时间连续调整。

【程序 5-23】

```
    if (!S6_CHECK)
    {
     TARGET_Delayms(20, 0);
     if (!S6_CHECK)
     {
         if (u8g_BlinkPoint == 1)
         {
             if (u8g_Minute >= 59)
             {
                 u8g_Minute = 0;
             }
             else
             {
```

```
                u8g_Minute++;
            }
        }
        else if (u8g_BlinkPoint == 2)
        {
            if (u8g_Second >= 59)
            {
                u8g_Second = 0;
            }
            else
            {
                u8g_Second++;
            }
        }
        else if (u8g_BlinkPoint == 3)
        {
            if (u8g_milliSecond >= 99)
            {
                u8g_milliSecond = 0;
            }
            else
            {
                u8g_milliSecond++;
            }
        }
        TARGET_Delayms(100, 1);
    }
}
```

（11）在程序中加入“下调”按键程序，如程序 5-24 所示，程序在按键消抖处理后，通过变量 u8g_BlinkPoint 判断当前的闪烁位，然后根据不同的闪烁位，进行时间下调的处理。当相应的变量值达到下限时，变量归为其上限值。这段程序的最后，也有防止程序连按的延时语句，延时时间定义为 100ms。

【程序 5-24】

```
if (!S7_CHECK)
{
 TARGET_Delayms(20, 0);
 if (!S7_CHECK)
 {
     if (u8g_BlinkPoint == 1)
     {
         if (u8g_Minute == 0)
         {
             u8g_Minute = 59;
         }
         else
         {
             u8g_Minute--;
         }
     }
     else if (u8g_BlinkPoint == 2)
     {
         if (u8g_Second == 0)
         {
             u8g_Second = 59;
         }
         else
         {
             u8g_Second--;
         }
```

```
        }
        else if (u8g_BlinkPoint == 3)
        {
            if (u8g_milliSecond == 0)
            {
                u8g_milliSecond = 99;
            }
            else
            {
                u8g_milliSecond--;
            }
        }
        TARGET_Delayms(100, 1);
    }
}
```

（12）在程序中加入闪烁实现程序，如程序 5-25 所示，其程序设计思路可参看图 5-19。

【程序 5-25】

```
if (u8g_BlinkPoint != 0)
{
 //闪烁处理
 if (u8g_milliSecondCount <= 10)
 {
     u8g_DisplayString[2] = u8g_Minute / 10;
     u8g_DisplayString[3] = u8g_Minute % 10;
     u8g_DisplayString[4] = u8g_Second / 10;
     u8g_DisplayString[5] = u8g_Second % 10;
     u8g_DisplayString[6] = u8g_milliSecond / 10;
     u8g_DisplayString[7] = u8g_milliSecond % 10;
     u8g_DisplayPoint[3] = 0x01;
     u8g_DisplayPoint[5] = 0x01;
 }
 else
 {
     if (u8g_BlinkPoint == 1)
     {
         //数码管分钟位闪烁
         u8g_DisplayString[2] = 0xff;
         u8g_DisplayString[3] = 0xff;
         u8g_DisplayPoint[3] = 0x00;
     }
     else if (u8g_BlinkPoint == 2)
     {
         //数码管秒位闪烁
         u8g_DisplayString[4] = 0xff;
         u8g_DisplayString[5] = 0xff;
         u8g_DisplayPoint[5] = 0x00;
     }
     else
     {
         //数码管毫秒位闪烁
         u8g_DisplayString[6] = 0xff;
         u8g_DisplayString[7] = 0xff;
     }
 }
}
else
{
 //正常显示
 u8g_DisplayString[2] = u8g_Minute / 10;
 u8g_DisplayString[3] = u8g_Minute % 10;
```

```
    u8g_DisplayString[4] = u8g_Second / 10;
    u8g_DisplayString[5] = u8g_Second % 10;
    u8g_DisplayString[6] = u8g_milliSecond / 10;
    u8g_DisplayString[7] = u8g_milliSecond % 10;
    u8g_DisplayPoint[3] = 0x01;
    u8g_DisplayPoint[5] = 0x01;
}
```

（13）完成程序的设计后，对程序进行编译，当编译成功后，将程序下载到教学实验板中，使用软排线，将 P4 端口与 P9 端口相连，将 P7 端口与 P3 端口相连，将 P8 端口与 P11 端口相连，即使用 PORTB 控制数码管，使用 PORTC 控制蜂鸣器，使用 PORTD 连接独立式按键。然后给教学实验板上电，上一个任务的秒表基本功能仍然保留，可以点击 S3 按键进入倒计时时间调整模式，此时可以观察到分钟位闪烁，可以使用 S4 和 S5 按键对闪烁位进行调整，调整到合适的闪烁位后，可以使用 S6 和 S7 按键调整时间值。

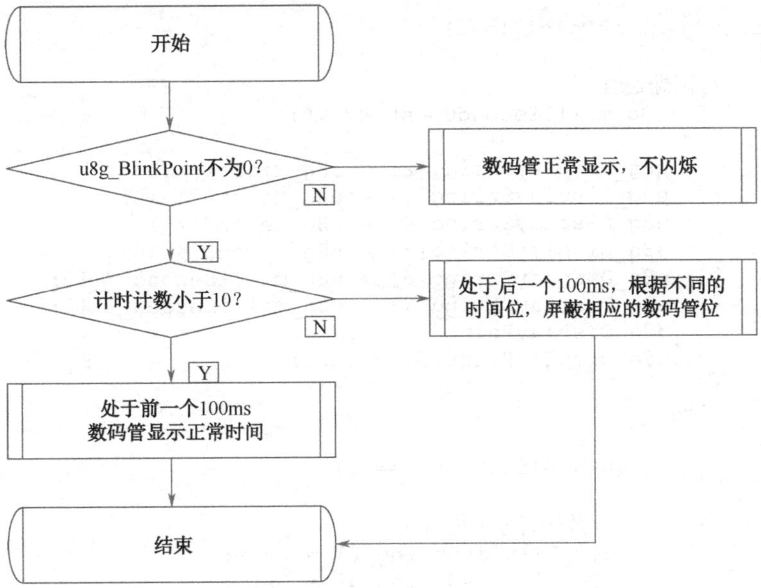

图 5-19　数码管闪烁逻辑流程图

（14）最后，们将 main 函数中的程序列出，如程序 5-26 所示，以供大家参考使用。

【程序 5-26】

```
//主程序
int main(void)
{
 //定义局部变量
 uint8 i;
 //目标板初始化，该函数会自动初始化相应的外设文件
 TARGET_Init();
 //初始化全局变量
 for (i = 0; i < 8; i++)
 {
     u8g_DisplayString[i] = 0x00;
     u8g_DisplayPoint[i] = 0x00;
 }
 u8g_DisplayString[0] = 0xff;
 u8g_DisplayString[1] = 0xff;
 u8g_DisplayPoint[3] = 0x01;
 u8g_DisplayPoint[5] = 0x01;
```

```
    u8g_milliSecond = 0;
    u8g_Second = 0;
    u8g_Minute = 0;
    u8g_ControlCount = 0;
    u8g_TimingMode = 0;
    u8g_milliSecondCount = 0;
    u8g_BlinkPoint = 0;
    //在上电时，执行的相应操作

    //后台主循环
    while(1)
    {
        /*
        ***********************************
        在这里完成自己的项目逻辑
        ***********************************
        */
        if (u8g_BlinkPoint != 0)
        {
            //闪烁处理
            if (u8g_milliSecondCount <= 10)
            {
                u8g_DisplayString[2] = u8g_Minute / 10;
                u8g_DisplayString[3] = u8g_Minute % 10;
                u8g_DisplayString[4] = u8g_Second / 10;
                u8g_DisplayString[5] = u8g_Second % 10;
                u8g_DisplayString[6] = u8g_milliSecond / 10;
                u8g_DisplayString[7] = u8g_milliSecond % 10;
                u8g_DisplayPoint[3] = 0x01;
                u8g_DisplayPoint[5] = 0x01;
            }
            else
            {
                if (u8g_BlinkPoint == 1)
                {
                    //数码管分钟位闪烁
                    u8g_DisplayString[2] = 0xff;
                    u8g_DisplayString[3] = 0xff;
                    u8g_DisplayPoint[3] = 0x00;
                }
                else if (u8g_BlinkPoint == 2)
                {
                    //数码管秒位闪烁
                    u8g_DisplayString[4] = 0xff;
                    u8g_DisplayString[5] = 0xff;
                    u8g_DisplayPoint[5] = 0x00;
                }
                else
                {
                    //数码管毫秒位闪烁
                    u8g_DisplayString[6] = 0xff;
                    u8g_DisplayString[7] = 0xff;
                }
            }
        }
        else
        {
            //正常显示
            u8g_DisplayString[2] = u8g_Minute / 10;
            u8g_DisplayString[3] = u8g_Minute % 10;
            u8g_DisplayString[4] = u8g_Second / 10;
```

```
        u8g_DisplayString[5] = u8g_Second % 10;
        u8g_DisplayString[6] = u8g_milliSecond / 10;
        u8g_DisplayString[7] = u8g_milliSecond % 10;
        u8g_DisplayPoint[3] = 0x01;
        u8g_DisplayPoint[5] = 0x01;
    }
    if (!S0_CHECK)
    {
        TARGET_Delayms(20, 0);
        if (!S0_CHECK)
        {
            u8g_ControlCount = 1;
            u8g_BlinkPoint = 0;      //一旦启动计时，闪烁消失
        }
    }
    if (!S1_CHECK)
    {
        TARGET_Delayms(20, 0);
        if (!S1_CHECK)
        {
            u8g_ControlCount = 0;
            u8g_BlinkPoint = 0;      //一旦启动计时，闪烁消失
        }
    }
    if (!S2_CHECK)
    {
        TARGET_Delayms(20, 0);
        if (!S2_CHECK)
        {
            u8g_Minute = 0;
            u8g_Second = 0;
            u8g_milliSecond = 0;
            u8g_ControlCount = 0;   //停止计时
            u8g_TimingMode = 0;      //设置为正计时模式
            u8g_BlinkPoint = 0;      //正计时，不闪烁
        }
    }
    if (!S3_CHECK)
    {
        TARGET_Delayms(20, 0);
        if (!S3_CHECK)
        {
            u8g_Minute = 0;
            u8g_Second = 0;
            u8g_milliSecond = 0;
            u8g_ControlCount = 0;   //停止计时
            u8g_TimingMode = 1;      //设置为倒计时模式
            u8g_BlinkPoint = 1;      //数码管分钟位闪烁
        }
    }
    if (!S4_CHECK)
    {
        TARGET_Delayms(20, 0);
        if (!S4_CHECK)
        {
            if (u8g_BlinkPoint == 1)
            {
                u8g_BlinkPoint = 3;
            }
            else if (u8g_BlinkPoint != 0)
            {
```

```
                u8g_BlinkPoint--;
            }
            TARGET_Delayms(500, 1);
        }
    }
    if (!S5_CHECK)
    {
        TARGET_Delayms(20, 0);
        if (!S5_CHECK)
        {
            if (u8g_BlinkPoint == 3)
            {
                u8g_BlinkPoint = 1;
            }
            else if (u8g_BlinkPoint != 0)
            {
                u8g_BlinkPoint++;
            }
            TARGET_Delayms(500, 1);
        }
    }
    if (!S6_CHECK)
    {
        TARGET_Delayms(20, 0);
        if (!S6_CHECK)
        {
            if (u8g_BlinkPoint == 1)
            {
                if (u8g_Minute >= 59)
                {
                    u8g_Minute = 0;
                }
                else
                {
                    u8g_Minute++;
                }
            }
            else if (u8g_BlinkPoint == 2)
            {
                if (u8g_Second >= 59)
                {
                    u8g_Second = 0;
                }
                else
                {
                    u8g_Second++;
                }
            }
            else if (u8g_BlinkPoint == 3)
            {
                if (u8g_milliSecond >= 99)
                {
                    u8g_milliSecond = 0;
                }
                else
                {
                    u8g_milliSecond++;
                }
            }
            TARGET_Delayms(100, 1);
        }
    }
```

```
        if (!S7_CHECK)
        {
            TARGET_Delayms(20, 0);
            if (!S7_CHECK)
            {
                if (u8g_BlinkPoint == 1)
                {
                    if (u8g_Minute == 0)
                    {
                        u8g_Minute = 59;
                    }
                    else
                    {
                        u8g_Minute--;
                    }
                }
                else if (u8g_BlinkPoint == 2)
                {
                    if (u8g_Second == 0)
                    {
                        u8g_Second = 59;
                    }
                    else
                    {
                        u8g_Second--;
                    }
                }
                else if (u8g_BlinkPoint == 3)
                {
                    if (u8g_milliSecond == 0)
                    {
                        u8g_milliSecond = 99;
                    }
                    else
                    {
                        u8g_milliSecond--;
                    }
                }
                TARGET_Delayms(100, 1);
            }
        }
        /*
        **********************************
        喂狗语句，大部分工程项目都不应去除
        **********************************
        */
        #if INTERNAL_PERIPHERAL_WDT_MODE != 0
            TARGET_WatchDogReset();
        #endif
    }
    return 0;    //永不执行
}
```

三、实现秒表倒计时

当倒计时时间调整功能设计完成后，再只需设计倒计时功能程序，就可以完成整个项目的设计了。在开始编写程序之前，还是先对程序的需求进行分析。

（1）倒计时时间调整完毕后，点按 S0 键可以启动倒计时。

（2）当倒计时时间到达 00:00:00 后，蜂鸣器鸣叫，直到导点击 S1 按键，停止计时。

（3）点击 S1 键，可以暂停倒计时。

（4）点击 S2 键，可以进入正计时模式。

（5）点击 S3 键，可以再次进入倒计时时间设置模式，可以通过 S4、S5、S6 和 S7 键调整倒计时时间。

确定了功能需求后，再来完成程序设计，步骤如下。

（1）复制例程“例 5.26”，双击 Program.atsln 打开工程文件。

（2）打开映射层的 HAL.h 文件，加入蜂鸣器的驱动功能宏更改好的整个 HAL.h 文件，如程序 5-27 所示。对于蜂鸣器驱动功能宏的具体解释，可以参看本任务的第 1 部分内容。

【程序 5-27】

```
#ifndef HAL_H_
#define HAL_H_

//引脚定义
////////////////////////////////////////////////////////////////////////
//PortB
#define IO_PB_DIR    0b00000000
#define IO_PB_OUT    0b00000000
////////////////////////////////////////////////////////////////////////

////////////////////////////////////////////////////////////////////////
//PortC
#define IO_PC_DIR    0b00010000
#define IO_PC_OUT    0b00010000
////////////////////////////////////////////////////////////////////////
#define BEEP BIT4
#define BEEP_OPEN CLRBIT(PORTC, BEEP)
#define BEEP_SHUT SETBIT(PORTC, BEEP)

////////////////////////////////////////////////////////////////////////
//PortD
#define IO_PD_DIR    0b00000000
#define IO_PD_OUT    0b00000000
////////////////////////////////////////////////////////////////////////
#define S0 BIT0
#define S1 BIT1
#define S2 BIT2
#define S3 BIT3
#define S4 BIT4
#define S5 BIT5
#define S6 BIT6
#define S7 BIT7

#define S0_CHECK CHKBIT(PIND, S0)
#define S1_CHECK CHKBIT(PIND, S1)
#define S2_CHECK CHKBIT(PIND, S2)
#define S3_CHECK CHKBIT(PIND, S3)
#define S4_CHECK CHKBIT(PIND, S4)
#define S5_CHECK CHKBIT(PIND, S5)
#define S6_CHECK CHKBIT(PIND, S6)
#define S7_CHECK CHKBIT(PIND, S7)

//函数原型声明

#endif /* HAL_H_ */
```

（3）更改定时器 1 中断服务处理函数，在其中加入倒计时程序，如程序 5-28 所示。由于倒计时程序为时间递减程序，所以涉及减法的借位问题，采用正计时程序的书写方法，程序较不易理解。在这里，我们更换了一种思维方式，首先将分钟、秒和毫秒都转换为毫秒，然后减1，再将计算后的数据转换为分钟、秒和毫秒，这样程序书写起来比较简单，而且易于理解。

【程序 5-28】

```
//定时器1溢出中断服务处理函数
#if INTERNAL_PERIPHERAL_TIMER1_MODE != 0
ISR(TIMER1_OVF_vect)
{
 //在此完成逻辑内容
 u8g_milliSecondCount++;
 if (u8g_milliSecondCount >= 20)
 {
     u8g_milliSecondCount = 0;
 }
 if (u8g_ControlCount == 1)
 {
     if (u8g_TimingMode == 0)
     {
         //正计时工作模式
         u8g_milliSecond++;
         if (u8g_milliSecond > 99)
         {
             u8g_milliSecond = 0;
             u8g_Second++;
         }
         if (u8g_Second > 59)
         {
             u8g_Second = 0;
             u8g_Minute++;
         }
         if (u8g_Minute > 59)
         {
             u8g_Minute = 60;
             u8g_Second = 0;
             u8g_milliSecond = 0;
         }
     }
     else
     {
         //倒计时工作模式
         uint32 u32_temp;
         u32_temp = u8g_Minute * 60 * 100 + u8g_Second * 100 + u8g_milliSecond;
         if (u32_temp > 0)
         {
             u32_temp--;
         }
         u8g_milliSecond = u32_temp % 100;
         u32_temp = u32_temp / 100;
         u8g_Second = u32_temp % 60;
         u8g_Minute = u32_temp / 60;
     }
 }
 //为了提高运行速度，将此语句写在中断服务处理函数里，用户在使用时，可不理会下列语句
 TCNT1H = TIMER1_TCNT1H;
 TCNT1L = TIMER1_TCNT1L;
}
#endif
```

（4）在主循环中加入蜂鸣器鸣叫程序，如程序 5-29 所示，其设计思路与数码管闪烁的程序基本一致，当处于倒计时模式和计时状态，当时间到达 00:00:00 时，蜂鸣器以 100ms 为间隔

鸣叫。

【程序 5-29】

```
if (u8g_TimingMode == 1 && u8g_ControlCount == 1)
{
 //倒计时模式，并且处于计时状态
 if (u8g_Minute == 0 && u8g_Second == 0 && u8g_milliSecond == 0)
 {
     //时间为00:00;00，蜂鸣器鸣叫
     if (u8g_milliSecondCount <= 10)
     {
         BEEP_OPEN;
     }
     else
     {
         BEEP_SHUT;
     }
 }
}
```

（5）完成程序的设计后，对程序进行编译，当编译成功后，将程序下载到教学实验板中，使用软排线，将 P4 端口与 P9 端口相连，将 P7 端口与 P3 端口相连，将 P8 端口与 P11 端口相连，即使用 PORTB 控制数码管，使用 PORTC 控制蜂鸣器，使用 PORTD 连接独立式按键。然后给教学实验板上电，点击按键 S3 进入倒计时设置模式，使用 S4～S7 调整倒计时时间，调整完毕后，可以点击 S0 按键启动倒计时，点击 S1 按键暂停倒计时，当倒计时时间达到 00:00:00 时，蜂鸣器以 100ms 为间隔鸣叫。

（6）最后，将 main.c 中的程序全部列出，如程序 5-20 所示，供大家学习参考。

【程序 5-20】

```
//加入包含文件
#include "../include.h"

//定义系统常量

//定义全局变量
uint8 u8g_DisplayString[8];
uint8 u8g_DisplayPoint[8];
uint8 u8g_Minute, u8g_Second, u8g_milliSecond;
uint8 u8g_ControlCount;
uint8 u8g_TimingMode;         //计时模式，0为正计时，1为倒计时
uint8 u8g_milliSecondCount;   //毫秒计数，用于处理闪烁
uint8 u8g_BlinkPoint;         //闪烁指示
                              //0表示不闪烁
                              //1表示分钟位闪烁
                              //2表示秒位闪烁
                              //3表示毫秒位闪烁


//主程序
int main(void)
{
 //定义局部变量
 uint8 i;
 //目标板初始化，该函数会自动初始化相应的外设文件
 TARGET_Init();
 //初始化全局变量
 for (i = 0; i < 8; i++)
 {
```

```
        u8g_DisplayString[i] = 0x00;
        u8g_DisplayPoint[i] = 0x00;
    }
    u8g_DisplayString[0] = 0xff;
    u8g_DisplayString[1] = 0xff;
    u8g_DisplayPoint[3] = 0x01;
    u8g_DisplayPoint[5] = 0x01;
    u8g_milliSecond = 0;
    u8g_Second = 0;
    u8g_Minute = 0;
    u8g_ControlCount = 0;
    u8g_TimingMode = 0;
    u8g_milliSecondCount = 0;
    u8g_BlinkPoint = 0;
    //在上电时，执行的相应操作

    //后台主循环
    while(1)
    {
        /*
        ***********************************
        在这里完成自己的项目逻辑
        ***********************************
        */
        if (u8g_BlinkPoint != 0)
        {
            //闪烁处理
            if (u8g_milliSecondCount <= 10)
            {
                u8g_DisplayString[2] = u8g_Minute / 10;
                u8g_DisplayString[3] = u8g_Minute % 10;
                u8g_DisplayString[4] = u8g_Second / 10;
                u8g_DisplayString[5] = u8g_Second % 10;
                u8g_DisplayString[6] = u8g_milliSecond / 10;
                u8g_DisplayString[7] = u8g_milliSecond % 10;
                u8g_DisplayPoint[3] = 0x01;
                u8g_DisplayPoint[5] = 0x01;
            }
            else
            {
                if (u8g_BlinkPoint == 1)
                {
                    //数码管分钟位闪烁
                    u8g_DisplayString[2] = 0xff;
                    u8g_DisplayString[3] = 0xff;
                    u8g_DisplayPoint[3] = 0x00;
                }
                else if (u8g_BlinkPoint == 2)
                {
                    //数码管秒位闪烁
                    u8g_DisplayString[4] = 0xff;
                    u8g_DisplayString[5] = 0xff;
                    u8g_DisplayPoint[5] = 0x00;
                }
                else
                {
                    //数码管毫秒位闪烁
                    u8g_DisplayString[6] = 0xff;
                    u8g_DisplayString[7] = 0xff;
                }
            }
```

```
    }
    else
    {
        //正常显示
        u8g_DisplayString[2] = u8g_Minute / 10;
        u8g_DisplayString[3] = u8g_Minute % 10;
        u8g_DisplayString[4] = u8g_Second / 10;
        u8g_DisplayString[5] = u8g_Second % 10;
        u8g_DisplayString[6] = u8g_milliSecond / 10;
        u8g_DisplayString[7] = u8g_milliSecond % 10;
        u8g_DisplayPoint[3] = 0x01;
        u8g_DisplayPoint[5] = 0x01;
    }
    if (u8g_TimingMode == 1 && u8g_ControlCount == 1)
    {
        //倒计时模式，并且处于计时状态
        if (u8g_Minute == 0 && u8g_Second == 0 && u8g_milliSecond == 0)
        {
            //时间为00:00;00，蜂鸣器鸣叫
            if (u8g_milliSecondCount <= 10)
            {
                BEEP_OPEN;
            }
            else
            {
                BEEP_SHUT;
            }
        }
    }
    if (!S0_CHECK)
    {
        TARGET_Delayms(20, 0);
        if (!S0_CHECK)
        {
            u8g_ControlCount = 1;
            u8g_BlinkPoint = 0;      //一旦启动计时，闪烁消失
        }
    }
    if (!S1_CHECK)
    {
        TARGET_Delayms(20, 0);
        if (!S1_CHECK)
        {
            u8g_ControlCount = 0;
            u8g_BlinkPoint = 0;      //一旦启动计时，闪烁消失
        }
    }
    if (!S2_CHECK)
    {
        TARGET_Delayms(20, 0);
        if (!S2_CHECK)
        {
            u8g_Minute = 0;
            u8g_Second = 0;
            u8g_milliSecond = 0;
            u8g_ControlCount = 0;   //停止计时
            u8g_TimingMode = 0;     //设置为正计时模式
            u8g_BlinkPoint = 0;     //正计时，不闪烁
        }
    }
    if (!S3_CHECK)
```

```
        {
            TARGET_Delayms(20, 0);
            if (!S3_CHECK)
            {
                u8g_Minute = 0;
                u8g_Second = 0;
                u8g_milliSecond = 0;
                u8g_ControlCount = 0;   //停止计时
                u8g_TimingMode = 1;     //设置为倒计时模式
                u8g_BlinkPoint = 1;     //数码管分钟位闪烁
            }
        }
        if (!S4_CHECK)
        {
            TARGET_Delayms(20, 0);
            if (!S4_CHECK)
            {
                if (u8g_BlinkPoint == 1)
                {
                    u8g_BlinkPoint = 3;
                }
                else if (u8g_BlinkPoint != 0)
                {
                    u8g_BlinkPoint--;
                }
                TARGET_Delayms(500, 1);
            }
        }
        if (!S5_CHECK)
        {
            TARGET_Delayms(20, 0);
            if (!S5_CHECK)
            {
                if (u8g_BlinkPoint == 3)
                {
                    u8g_BlinkPoint = 1;
                }
                else if (u8g_BlinkPoint != 0)
                {
                    u8g_BlinkPoint++;
                }
                TARGET_Delayms(500, 1);
            }
        }
        if (!S6_CHECK)
        {
            TARGET_Delayms(20, 0);
            if (!S6_CHECK)
            {
                if (u8g_BlinkPoint == 1)
                {
                    if (u8g_Minute >= 59)
                    {
                        u8g_Minute = 0;
                    }
                    else
                    {
                        u8g_Minute++;
                    }
                }
                else if (u8g_BlinkPoint == 2)
                {
```

```
                if (u8g_Second >= 59)
                {
                    u8g_Second = 0;
                }
                else
                {
                    u8g_Second++;
                }
            }
            else if (u8g_BlinkPoint == 3)
            {
                if (u8g_milliSecond >= 99)
                {
                    u8g_milliSecond = 0;
                }
                else
                {
                    u8g_milliSecond++;
                }
            }
            TARGET_Delayms(100, 1);
        }
    }
    if (!S7_CHECK)
    {
        TARGET_Delayms(20, 0);
        if (!S7_CHECK)
        {
            if (u8g_BlinkPoint == 1)
            {
                if (u8g_Minute == 0)
                {
                    u8g_Minute = 59;
                }
                else
                {
                    u8g_Minute--;
                }
            }
            else if (u8g_BlinkPoint == 2)
            {
                if (u8g_Second == 0)
                {
                    u8g_Second = 59;
                }
                else
                {
                    u8g_Second--;
                }
            }
            else if (u8g_BlinkPoint == 3)
            {
                if (u8g_milliSecond == 0)
                {
                    u8g_milliSecond = 99;
                }
                else
                {
                    u8g_milliSecond--;
                }
            }
            TARGET_Delayms(100, 1);
```

```
        }
    }
    /*
    ***********************************
    喂狗语句，大部分工程项目都不应去除
    ***********************************
    */
    #if INTERNAL_PERIPHERAL_WDT_MODE != 0
        TARGET_WatchDogReset();
    #endif
 }
 return 0;   //永不执行
}

//串口0接收中断服务处理函数，接收到的数据存储在 UDR0 寄存器中
#if INTERNAL_PERIPHERAL_UART0_MODE != 0
ISR(USART__RX_vect)
{
 uint8 u8_UartData;

 u8_UartData = UDR0;

#if PROTOCOL_MINIUART_UART0_MODE !=0
 miniUART_UartInterrupt(&miniUART_UART0, u8_UartData);
#endif
}
#endif

//定时器0溢出中断服务处理函数
#if INTERNAL_PERIPHERAL_TIMER0_MODE != 0
ISR(TIMER0_OVF_vect)
{
#if INTERNAL_PERIPHERAL_TIMER0_MODE == 1
 //在此完成逻辑内容
 static uint8 u8_Number;

 u8_Number++;
 if (u8_Number > 7)
 {
     u8_Number = 0;
 }
 NIXIETUBE_SelectLED(u8_Number);
 NIXIETUBE_DrawLED(u8g_DisplayString[u8_Number],
 u8g_DisplayPoint[u8_Number]);

 #if PROTOCOL_MINIUART_UART0_MODE !=0
     miniUART_TimerInterrupt(&miniUART_UART0);
 #endif
 #if PROTOCOL_MINIUART_CH432T_UART0_MODE !=0
     miniUART_TimerInterrupt(&miniUART_CH432T_UART0);
 #endif
 #if PROTOCOL_MINIUART_CH432T_UART1_MODE !=0
     miniUART_TimerInterrupt(&miniUART_CH432T_UART1);
 #endif
 //为了提高运行速度，将此语句写在中断服务处理函数里，用户在使用时，可不理会下列语句
 TCNT0 = TIMER0_TCNT0;
#elif INTERNAL_PERIPHERAL_TIMER0_MODE == 2

#endif
}
#endif
```

```
//定时器1溢出中断服务处理函数
#if INTERNAL_PERIPHERAL_TIMER1_MODE != 0
ISR(TIMER1_OVF_vect)
{
 //在此完成逻辑内容
 u8g_milliSecondCount++;
 if (u8g_milliSecondCount >= 20)
 {
     u8g_milliSecondCount = 0;
 }
 if (u8g_ControlCount == 1)
 {
     if (u8g_TimingMode == 0)
     {
         //正计时工作模式
         u8g_milliSecond++;
         if (u8g_milliSecond > 99)
         {
             u8g_milliSecond = 0;
             u8g_Second++;
         }
         if (u8g_Second > 59)
         {
             u8g_Second = 0;
             u8g_Minute++;
         }
         if (u8g_Minute > 59)
         {
             u8g_Minute = 60;
             u8g_Second = 0;
             u8g_milliSecond = 0;
         }
     }
     else
     {
         //倒计时工作模式
         uint32 u32_temp;
         u32_temp = u8g_Minute * 60 * 100 + u8g_Second * 100 + u8g_milliSecond;
         if (u32_temp > 0)
         {
             u32_temp--;
         }
         u8g_milliSecond = u32_temp % 100;
         u32_temp = u32_temp / 100;
         u8g_Second = u32_temp % 60;
         u8g_Minute = u32_temp / 60;
     }
 }
 //为了提高运行速度，将此语句写在中断服务处理函数里，用户在使用时，可不理会下列语句
 TCNT1H = TIMER1_TCNT1H;
 TCNT1L = TIMER1_TCNT1L;
}
#endif

//外部中断0中断服务处理函数
#if INTERNAL_PERIPHERAL_INT0_MODE != 0
ISR(INT0_vect)
{
 //如果使用了CH432T，则调用相应的中断处理函数
 #if EXTERNAL_MODULE_CH432T_MODE != 0
```

```
        CH432T_INT();
    #endif
  }
  #endif

  //外部中断1中断服务处理函数
  #if INTERNAL_PERIPHERAL_INT1_MODE != 0
  ISR(INT1_vect)
  {
    //如果使用了CH432T，则调用相应的中断处理函数
    #if EXTERNAL_MODULE_CH432T_MODE != 0
        CH432T_INT();
    #endif
  }
  #endif

  //CH432T扩展串口0，接收调用函数
  #if EXTERNAL_MODULE_CH432T_MODE != 0
  void CH432T_Uart0(uint8 u8_UartData)
  {
    #if PROTOCOL_MINIUART_CH432T_UART0_MODE != 0
        miniUART_UartInterrupt(&miniUART_CH432T_UART0, u8_UartData);
    #endif
  }
  #endif

  //CH432T扩展串口1，接收调用函数
  #if EXTERNAL_MODULE_CH432T_MODE != 0
  void CH432T_Uart1(uint8 u8_UartData)
  {
    #if PROTOCOL_MINIUART_CH432T_UART1_MODE != 0
        miniUART_UartInterrupt(&miniUART_CH432T_UART1, u8_UartData);
    #endif
  }
  #endif
```

【任务小结】

本任务首先分析了多功能秒表的项目需求，然后根据项目需求展开程序设计。为了在程序中增加倒计时时间报警功能，在电路的硬件上引入了蜂鸣器组件，并介绍了蜂鸣器的分类及工作原理。

接下来，进入程序的逻辑设计工作，其中难点在于倒计时时间的调整，在这里讲述了利用按键和数码管构建人机交互接口的基本方法，并着重阐述了后台主循环与中断服务处理函数的协同程序设计方法。

最后，给出了一种计算倒计时时间的巧妙算法，将倒计时时间的分、秒和毫秒先转换成毫秒，然后进行递减操作，操作完毕后，再转换为分、秒和毫秒，使用这种方法，就可以避开复杂的减法借位操作了。

本项目的逻辑相对于前几个项目有些复杂，这就需要大家沉下心来，反复钻研，才能得到提高。在这里，需要和大家指出的是，提高程序设计方法的一个重要途径，就在于自己动手编写程序，只有这样才能使自己的程序设计能力得到切实地提高，在初学阶段，千万不要以复制的方式为主，书写程序。

笔记：

【知识包】

请扫描二维码查阅知识包中的学习内容

评价与考核

课程名称：单片机程序设计与应用		授课地点：		
名称：独立式按键——多功能秒表的设计与制作		授课教师：	授课学时：	
课程性质：理论+实践		综合评分：		
知识掌握情况评分（40分）				
序号	知识考核点	教师评价	配分	得分
1	按键的分类		10	
2	轻触机械式触点开关按键		5	
3	按键动作的时序分析		5	
4	按键的硬件消抖电路		10	
5	软件消抖程序设计		10	
工作任务完成情况评分（60分）				
序号	能力操作考核点	教师评价	配分	得分
1	多功能秒表的电路设计		15	
2	正确编写映射层程序		15	
3	编写定时器中断服务处理函数		15	
4	定时器中断熟练应用		15	
违纪扣分（20分）				
序号	违纪考察点	教师评价	配分	得分
1	课上吃东西		5	
2	课上打游戏		5	
3	课上打电话		5	
4	其他扰乱课堂秩序的行为		5	

上课心得：____

____

____

____

____

思考与练习

（1）简述按键的分类。
（2）简述轻触机械式触点开关按键的特点。
（3）简述按键动作的时序分析方法。
（4）画出按键的硬件消抖电路。
（5）编写按键的软件消抖程序，时间定为10ms。
（6）简述独立式按键的工作原理。

教学微视频

项目 6 IIC 总线——万年历的设计与制作

【任务书】

（1）认知智能设备中的实时时钟。
（2）认知 IIC 总线。
（3）使用 C 语言模拟 IIC 总线。
（4）设计显示当前时间的万年历。

【项目描述】

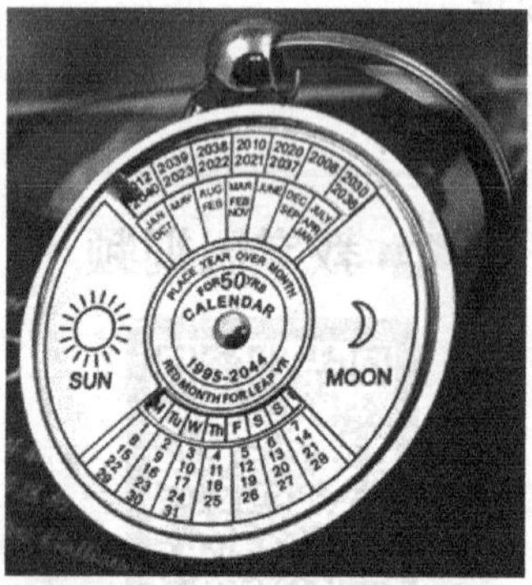

图 6-1　电子万年历实物图

在开始本项目之前，先讲一个故事。相传，在很久以前，有个名叫万年的青年，看到当时节令很乱，就想把节令定准。一天，他上山砍柴，坐在树阴下休息，树影的移动启发了他，他设计了一个测日影计天时的晷仪。可是，天阴雨雾，影响测量。后来，山崖上的滴泉引起了他的兴趣，他又动手做了一个五层漏壶。天长日久，他发现每隔三百六十多天，天时的长短就会重复一遍。

当时的国君叫祖乙，天气风云的不测，使他很苦恼。万年知道后，忍不住就带着日晷和漏壶去见国君，对祖乙讲清了日月运行的道理。祖乙听后龙颜大悦，感到有道理。于是把万年留下，在天坛前修建日月阁，筑起日晷台和漏壶亭。并派了十二个童子服侍万年。祖乙对万年说："希望你能测准日月规律，推算出准确的晨夕时间，创建历法，为天下的黎民百姓造福。"

冬去春来，年复一年。万年经过长期观察，精心推算，制定出了准确的太阳历。当他把太阳历呈奉给继任的国君时，已是满面银须。国君深为感动，为纪念万年的功绩，便将太阳历命名为"万年历"，封万年为日月寿星。以后，人们在过年时挂上寿星图，据说就是为了纪念德高望重的万年。

在本项目中，将制作一款万年历（见图 6-1），它不仅能够显示当前时间，还能够显示年月日，以及星期，可以自动分辨闰年、闰月，时间跨度可达到 100 年。

在本项目中，还将接触到单片机中有关总线的概念，并学习一种具体的总线形式：IIC 总线。通过总线，与一种称为实时时钟的芯片打交道，然后在数码管上完成万年历的设计。

【知识目标】

（1）了解实时时钟模块的内部组成。

（2）了解 SD2405 实时时钟模块的硬件电路设计。

（3）掌握 IIC 总线和特点。

（4）掌握 IIC 总线结构和工作原理。

（5）了解 SD2405 驱动程序。

【能力目标】

（1）能够根据项目需求，完成万年历的电路搭建。

（2）能够正确编写映射层程序。

（3）能够正确进行 SD2405 实时时钟模块的硬件电路设计。

（4）能够编写“前/后台程序”。

【素质目标】

（1）具备编写“前/后台程序”的初步能力。

（2）具备运行、调试 C 语言应用程序的综合能力。

（3）具备小组分工合作与协调的综合能力。

笔记：____

____

____

任务一　认知智能设备中的实时时钟

【任务要求】

（1）认知实时时钟。

（2）实时时钟模块的内部组成。

（3）认知 SD2405 实时时钟模块。

（4）SD2405 实时时钟模块的硬件电路设计。

【任务引入】

在开始本任务之前，先来探讨一下获得精准时间的方法。在这里，首先想到的应该是项目4和项目5中介绍的方法，使用单片机的定时器产生精准时间。单片机的定时器定时精度可以达到微秒级，有了这个定时脉冲，就可以通过单片机的程序设计产生毫秒、秒、分钟、小时、天等。这种方法已经在项目5中进行了成功应用，完成了倒计时秒表的项目。不过，从项目5的设计中，也能体会到在设计复杂系统上的困难，在项目5中仅产生秒级时间，相信大家现在的程序设计能力，产生分钟（60秒进1）、小时（60分钟进1）、天（24小时进1）应该都不困难。那么如何产生月呢？首先需要知道每月具体的天数，而且历法中还有闰年和闰月，所示需仔细进行判断，才能完成这项复杂的逻辑设计。困难不仅如此，还需在硬件设计上给实时时钟准备后备电源（一般使用电池），否则系统一旦断电，记录的当前时间就会丢失。最后，还要说的是计时的误差，这是由单片机外接晶振的振荡精度所决定的，其振荡精度除了和晶振本身有关外，还与晶振的谐振电容等相关，在没有专业校准仪器的条件下，是很难得到较高振荡精度的时钟的，这点将导致实时时钟，在运行一段时间后，时间就会快于或慢于当前准确时间。

使用单片机的定时器来产生精准时间，其在程序设计上具有一定的难度，但是只要能够克服这些难度，其程序将具有通用性。正是基于这一特点，全球很多芯片设计公司都致力于设计实时时钟芯片（将精准时间的产生程序嵌入到一个芯片中），例如，美国的 Dallas 公司在实时时钟芯片设计上就非常出色，其实时时钟芯片已形成产品系列，体积小、功耗低、价格便宜，不仅具有实时时钟的功能，还具有数据存储、看门狗等很多附加功能。应用单一的实时时钟芯片进行项目开发仅能降低单片机程序设计上的复杂度，仍然不能解决掉电丢失和计时误差两个问题，这就需要在硬件设计上加入后备电池和经过校准的晶振电路。为了进一步降低实时时钟设计上的复杂度，有些公司推出了“实时时钟芯片+电池+校准的晶振电路”的解决方案，称为实时时钟模块，例如，SD2405ALPI 模块就应用的非常广泛，如图 6-2 所示。

除了上述 2 种方法，还可以应用很多现成的技术来获得精准时间，例如，GPS 技术。GPS 是全球定位系统（Global Positioning System）的简称，是一个中距离圆形轨道卫星导航系统，它可以为地球表面绝大部分地区（98%）提供准确的定位、测速和高精度的时间标准。只需一个 GPS 模块，就可以获得高精度的时间，如图 6-3 所示。类似的技术还有中国的北斗系统、CDMA 技术等。

图 6-2　SD2405ALPI 模块

图 6-3　应用 GPS 技术产生精准时间

【任务指导】

一、认知实时时钟

实时时钟的英文全称为 Real Time Clock，缩写为 RTC。通过对其字面意思的理解，就能知道实时时钟是用来提供当前准确时间的一种模块或芯片。早在上个世纪 40 年代，人们已经认知到了实时时钟的重要性，例如，航空、航海、电子通信或者战争指挥等，人们都需要一种标准而且准确的时间。但限于当时电子技术的发展水平，那时记录时间的方法一般以机械式钟表为主。

上世纪 50 年代，人们观察到对某些晶体，按一定的方向将其切成薄片，并对薄片施加压力，则在薄片上会出现电荷，如果按相反方向拉伸薄片，则薄片上也会出现电荷，不过符号相反。挤压或拉伸的压力越大，晶体上的电荷也越多。如果在薄片的两端镀上电极，并用于交流电电路中，那么薄片将会做周期性地伸长和缩短，即开始振动。而且这种振动又会产生交变电场。在一般情况下，晶体薄片机械振动的振幅和交变电场的振幅非常微小，但当外加交变电压的频率为某一特定值时，振幅明显加大，这种现象称为晶体的压电效应如图 6-6 所示。

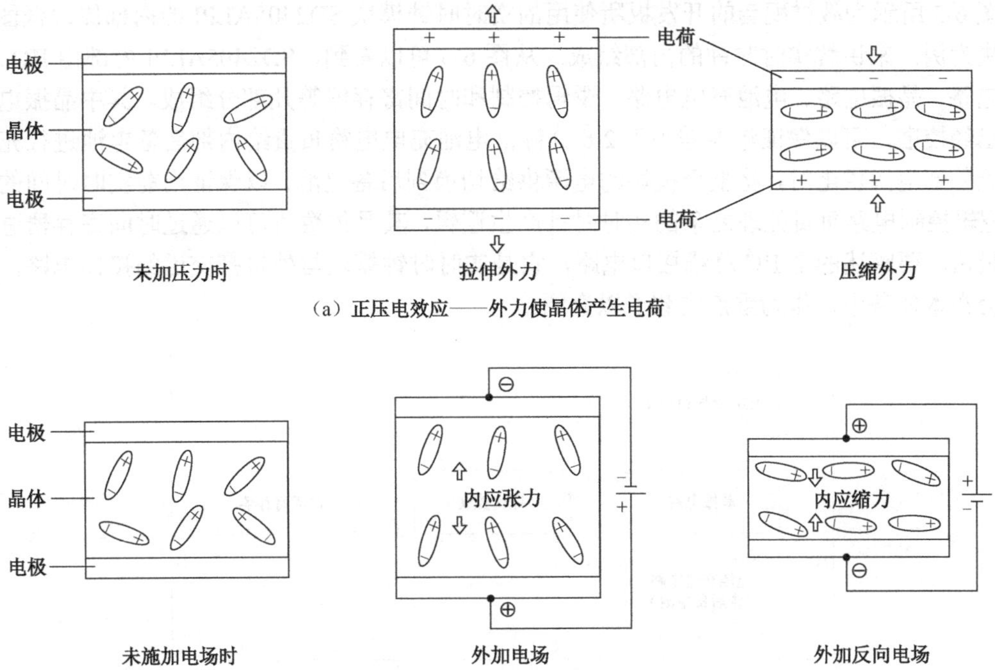

(a) 正压电效应——外力使晶体产生电荷

(b) 逆压电效应——外加电场使晶体产生形变

图 6-4　晶体的压电效应

压电效应使得人们可以通过电子技术得到一种准确的振荡频率，用于产生精准的时间，这使得实时时钟技术得到迅猛发展。实时时钟技术在发展上大致可以分为 3 个阶段。

1. 早期的 RTC

早期的 RTC 产品实质是一个带有计算机（单片机）通信口的分频器。它通过对晶振所产生的振荡频率分频和累加，得到年、月、日、时、分、秒等时间信息并通过计算机通信口送入处理器处理。这一时期 RTC 的特征为：在控制口线上为并行口；功耗较大；采用普通 CMOS

工艺；封装为双列直插式；芯片普遍没有现代 RTC 所具有的万年历及闰年月自动切换功能，也无法处理 2000 年问题。现在已经被淘汰。

2. 中期的 RTC

在 20 世纪 90 年代中期出现了新一代 RTC，它采用特殊 CMOS 工艺；功耗大为降低，典型值约 0.5μA 以下；供电电压仅为 1.4V 以下；和计算机（单片机）通信口也变为串行方式，出现了诸如 3 线 SIO 和 4 线 SPI，以及部分产品采用的 2 线 IIC 总线；包封上采用 SOP/SSOP 封装，体积大为缩小；从功能上来说，片内智能化程度大幅提高、具有万年历功能，输出控制也变得灵活多样。其中美国 DALLS 公司推出的 RTC 甚至已经出现时基软件调校功能及振荡器停振自动检测功能，而且芯片的价格极为低廉。目前，这些芯片已被客户大量使用。

3. 现代的 RTC

最新一代 RTC 产品中，除了包含第二代产品所具有的全部功能，更加入了复合功能，如低电压检测，主备用电池切换功能，EEPROM、看门狗和抗印制电路板漏电功能等。

二、实时时钟模块的内部组成

图 6-5 所示为教材配套的开发板所使用的实时时钟模块 SD2405ALPI 的内部原理框图，以此模块为例，来讲解实时时钟的内部组成。从图 6-5 可以看到，SD2405ALPI 内部由 IIC 总线接口电路、晶振电路、电池充电电路、逻辑控制和时间寄存器等几部分组成。其中晶振电路出厂时已经校准，可以保证年误差小于 2.6 分钟；电池充电电路负责给内部后备电池进行充电，并在无外部电源供电时，将整个模块的电源供给切换到后备电池，以保证当前实时时间的准确性；逻辑控制电路负责处理复杂的实时时钟产生逻辑，其具体数值可以通过时间寄存器进行读取；最后，要阐述的是 IIC 总线接口电路，它是实时时钟模块与外接打交道的接口电路，该电路将会在本任务中，作为重点内容予以介绍。

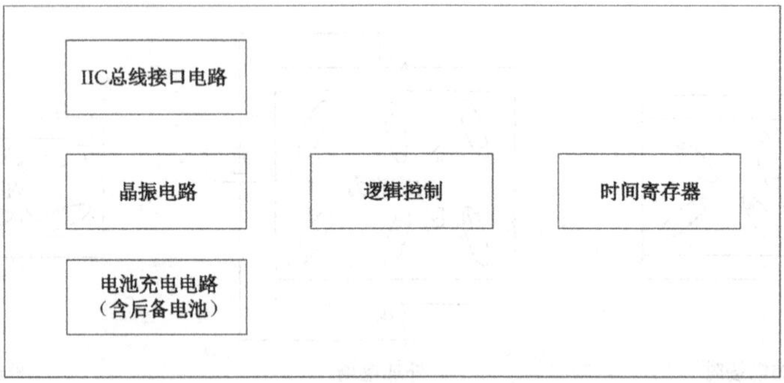

图 6-5　SD2405ALPI 模块内部原理框图

三、认知 SD2405 实时时钟模块

SD2405 时钟模块的主要特点有以下内容。

（1）低功耗：1.0μA 典型值（内部电池供电，*Ta*=25℃）。

（2）工作电压：3.3V～5.5V，工作温度：−30℃～+80℃。

（3）标准 IIC 总线接口方式，最高速度 400kHz（4.5V～5.5V）。

（4）年、月、日、星期、时、分、秒的 BCD 码输入/输出，并可通过独立的地址访问各时间寄存器。

（5）闰年自动调整功能（从 2000 年～2099 年）。

（6）可选择 12/24 小时制式，内置年、月、日、星期、时、分、秒共 7 字节的报警数据寄存器及 1 字节的报警允许寄存器。

（7）内置 12 字节通用 SRAM 寄存器可用于存储用户的一般数据。

（8）三种中断均可选择从 INT 脚输出，并具有两个中断标志位。

（9）可设定并自动重置的单路报警中断功能（时间范围最长设至 100 年），年、月、日、星期、时、分、秒报警，共有 96 种组合方式，并有单事件报警和周期性报警两种中断输出模式。

（10）周期性频率中断输出：从 32768Hz～1/16Hz…1 s，共 15 种方波脉冲。

（11）自动重置的 8 位倒计时定时器，可选的 4 种时钟源（4096Hz、64Hz、1Hz、1/60Hz）。

（12）内置时钟精度数字调整功能，可通过程序来调整走时的快慢。用户采用外置的温度传感器，设定适应温度。

（13）变化的调整值，可实现在宽温范围内高精度的计时功能。

（14）具备内部电源自动切换功能：芯片依据不同的电压自动从 VDD 切换到 VBAT 或从 VBAT 切换到 VDD。

（15）在 VBAT 模式下，芯片具有中断输出允许或禁止的功能，可满足在备用电池供电时输出中断的需要。

（16）内置 IIC 总线 0.5s 自动复位功能（从 Start 命令开始计时），保证时钟数据的有效性及可靠性，避免 IIC 总线挂死问题。

（17）内置三个时钟数据写保护位，避免对数据的误写操作，可更好地保护时钟数据。

（18）内置 VBAT 模式 IIC 总线通信禁止功能，从而避免在电池供电时 CPU 对时钟操作所消耗的电池电量，也可避免在主电源上、下电的过程中因 CPU 的 I/O 端口所输出的不受控的杂波信号对时钟芯片的误写操作，进一步提高时钟芯片的可靠性。

（19）内置上电复位电路及指示位。

（20）内置电源稳压，内部计时电压可低至 1.5V。

（21）芯片管脚抗静电（ESD）>4kV。

（22）内置晶振，出厂前已对时钟进行校准，时钟精度为±5ppm（在 25℃±1℃下），即年误差小于 2.6 分钟。

（23）内置充电电池及充电电路，常温下累计电池电量近 550mAh、电池使用寿命为 5～8 年时间。

（24）封装形式：16 脚的 DIP 封装，SD2405ALPI 为工业级型号。

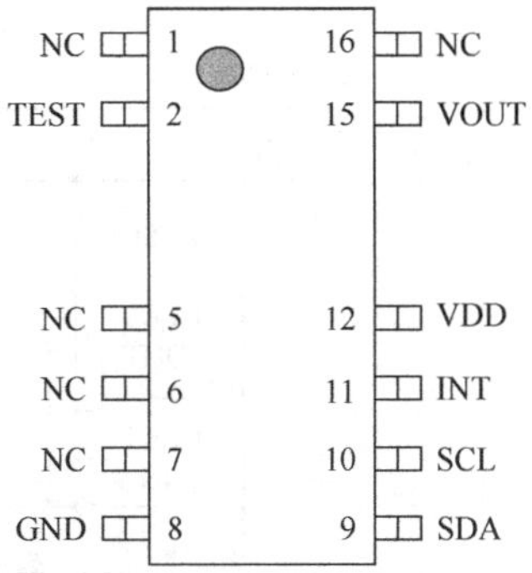

图 6-6 SD2405 的封装图

四、SD2405 实时时钟模块的硬件电路设计

图 6-6 是 SD2405 的封装图，它共有 16 个引脚（部分引脚没有引出），采用 DIP16 封装。其引脚定义如表 6-1 所示。

表 6-1 SD2405 引脚定义

引脚号	名称	功能	特征
1、5、6、7、16	NC	没有与芯片内部连接	悬空或接地
2	TEST	内部电池电压测试脚，其电池通过 510kΩ 电阻输出至该脚	悬空（不与其他脚相连，仅用于测试）

续表

引脚号	名称	功能	特征
8	GND	地	
9	SDA	IIC 数据引脚，此引脚需上拉至 VCC，并于其他漏极开路或集电极开路输出的器件通过线与方式连接	
10	SCL	IIC 时钟输入脚	
11	INT	报警中断输出脚	
12	VCC	电源	3.3V～5.5V
15	VOUT	3.0V 稳压输出脚	可提供 30mA，3.0V 直流电源

如图 6-7 所示 SD2405 的硬件设计原理图。1、5、6、7 和 16 引脚为 NC，TSET 为测试引脚，在电路中悬空处理，12 脚为电源引脚接 VCC，给 SD2405 模块提供 3.3V 电源，C1 为去耦合电容（如果大家忘记了，一定要查看前面的项目!），由于在项目设计中未使用 VOUT 和 INT 引脚，所以将这个 2 个引脚悬空处理，这样就只剩下 SCL 和 SDA 没有讲解了。

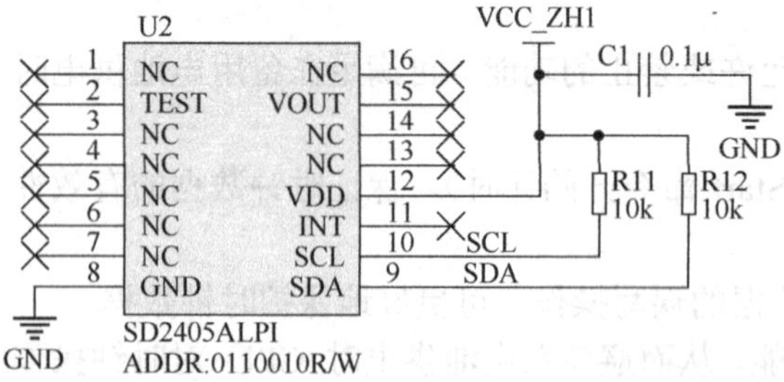

图 6-7　SD2405ALPI 硬件设计原理图

SCL 和 SDA 涉及一种总线，称为 IIC，如图 6-8 所示为 IIC 总线的硬件结构图，一个 IIC 总线下可以跨接多个器件（一主多从），这些器件仅用 2 条线相连接，SCL 用于传递时钟，SDA 用于传递数据。由于这些器件都公共的接到同一总线上，所以在硬件的选取上必须采取漏极开路或集电极开路的方式，由于漏极开路或集电极开路只能产生“低”和“高阻”两态，所以为了产生“高”态，在电路设计上，需将总线上拉至 VCC。

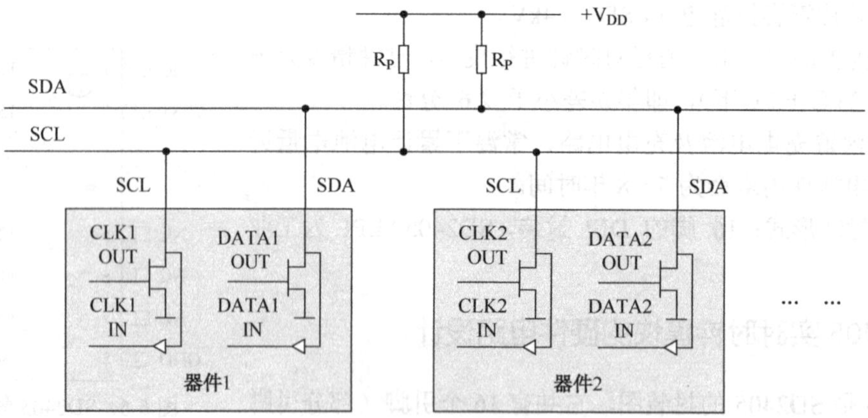

图 6-8　IIC 总线硬件结构

那么为什么要采用漏极开路或集电极开路的形式呢？答案其实很简单，不知道大家是否仔细思考过。在先前的课程中已经学习过，数字电路有 3 种基本状态：高、低和高阻态，其中高表示数字电路中的 1，低表示数字电路中的 0。是否可以将 2 个器件的输出引脚直接连接到一起呢（如图 6-8）？答案是。如果引脚输出的是“低”和“高阻”态是可以的，如果输出的是“高”和“低”态是绝对不可以的，这是因为“高”态即为电源电压，“低”态即为地。如果一个引脚输出“高”，而另一个引脚输出“低”，这就直接导致将电源和地直接短路，会产生破坏性的损害。这也是 IIC 总线的器件采用漏极开路或集电极开路的原因，高阻态只需加 1 个上拉电阻，即可变为“高”态，使用起来还是很方便的。

【任务小结】

本任务首先探讨了精准时间的获取方法：通过单片机定时器获取、通过实时时钟芯片（模块）获取和通过现有技术获取（如 GPS、北斗、CDMA），并分析了这三种方式各自的优缺点，比较分析得出使用实时时钟芯片（模块）的方式，是一种性价比较高的方式。接下来，在任务中介绍了一种实时时钟模块 SD2405，分析了其内部结构图和硬件设计原理，并指出其与外界打交道的方式是采用 IIC 总线。在任务的最后，分析了 IIC 总线的硬件结构，指出 IIC 器件内部采用漏极开路或集电极开路的硬件方式，在硬件设计上必须使用上拉电阻上拉至 VCC。关于 IIC 总系的其他详细内容，将在下一个任务中详细介绍。

笔记：

任务二　认知 IIC 总线

【任务要求】

（1）认知总线的概念。
（2）总线的分类。
（3）认知 IIC 总线。
（4）IIC 总线的特点。

【任务引入】

在开始本任务之前，先来介绍一款安卓手机上非常有意思的游戏，名字叫“疯狂办公室总线驱动器”，其运行画面如图 6-9 所示。这款游戏实际上是一款公共汽车的驾驶游戏，要求玩家驾驶公共汽车，在城市中穿越各种障碍，将乘客送到目的地。但其翻译的中文游戏名称却非常有意思，它将英文的“BUS”直接翻译成了总线驱动器，这就是本任务我们要首先探讨的概念——总线。

图 6-9　疯狂办公室总线驱动器游戏画面

【任务指导】

一、认知总线

如果说主板（Mother Board）是一座城市，那么总线就像是城市里的公共汽车（Bus），能按照固定行车路线，传输来回不停运作的比特（bit）。这些线路在同一时间内都仅能负责传输一个比特。因此，必须同时采用多条线路才能传送更多数据，而总线可同时传输的数据数就称为宽度（width），以比特为单位，总线宽度越大，传输性能就越佳。总线的带宽（即单位时间内可以传输的总数据数）为：总线带宽 = 频率×宽度（Bytes/sec）。当总线空闲（其他器件都以高阻态形式连接在总线上）且一个器件要与目的器件通信时，发起通信的器件驱动总线，发出地址和数据。其他以高阻态形式连接在总线上的器件如果收到（或能够收到）与自己相符的地址信息后，即接收总线上的数据。发送器件完成通信，将总线让出（输出变为高阻态）。

二、总线的分类

总线是构成计算机系统的互联结构，是多个系统功能部件之间进行数据传送的公共通路，通过总线将 CPU、主存储器与输入输出设备连接起来。总线的分类方法有以下几种。

（1）按照系统类型进行分类。

按照系统类型分类，可以将总线分为内部总线、系统总线和 I/O 总线。内部总线是指 CPU 内部连接各寄存器及运算部件之间的总线，又称芯片级总线，查看先前章节学的 AVR 单片机内部结构图，就可以比较好理解这种总线。系统总线是指 CPU 同其他高速功能部件之间的总线，如数据存储器、程序存储器等。I/O 总线是指 CPU 同低速 I/O 设备之间互相连接的总线，CPU 通过这些总线与外设打交道，进行数据交换，这些总线都有各自的标准，在使用中必须遵循。

（2）按数据线的宽度进行分类。

总线单位时间传递数据量（位）的个数，可以分为 8 位、16 位、32 位、64 位和 128 位。

（3）按传输方式进行分类。

按照传输方式可以将总线分为并行总线和串行总线。

并行总线是指单位时间按照数据线的宽度传递数据，例如，数据线的宽度为 8 位，则单位时间内传递 8 位数据，其在物理实现上需要 8 条传输线路予以实现，也就是说发送方与接收方之间至少应存在 8 条物理线，才能完成数据的传递。如图 6-10 所示为早期硬盘的接口形式（ATA 接口），它就是一种并行总线，其特点是传输线非常多，单位时间内传输的效率是较高的。

串行总线是指单位时间内在同一方向上仅传输 1 位数据，这样就可以用 1 条物理线将发送方与接收方相连接，如果需要传递 1 个字节的数据，就需要 8 个时钟周期（单位时间），而 8 位的并行总线仅需要一个时钟周期。串行总线带来的好处是传输线的数目大幅度地减少，但是其传输效率低于并行总线。不过由于电子技术的飞速发展，器件的运行速度愈来愈快，现在电子技术在传输线数据与传输效率之间进行取舍时，往往选择了后者。图 6-11 所示的硬盘的 SATA（Serial ATA）接口就是一个很好的例子，这种串行的总线方式已经全面替代了早先的 ATA 总线。

（3）按传输控制方式进行分类

发送方与接收方之间的数据传输是需要加以控制的，完成这个目标的最基础的是要保证发送方与接收方之间具有相同的时间基准。那么这个基础问题如何加以保证呢？其在技术实现上有 2 种方式：同步控制方式和异步控制方式。

图 6-10　主板上硬盘 ATA 接口

图 6-11　主板上硬盘 SATA 接口

同步控制方式是指发送方将自己的时间基准通过物理线传递给接收方，这条物理线称为时间线。例如，在本项目中学习的 IIC 总线，其中 1 条物理线的命名就是 SCL（Serial Clock），它就是时钟线。

异步控制方式是指发送方和接收方在硬件（或软件）设计之前，已事先约定共同的时间基准，发送方按照这个时间基准发送数据，接收方按照这个时间基准接收数据。采用异步方式就不需要有时钟线的存在了，直接传递数据就可以了。异步控制方式，将在下一个项目中详细介绍。

三、认知 IIC 总线

IIC 总线的英文全程是 Inter Integrated Circuit（内部集成电路），是上世纪 80 年代 Philips 公司研发的一款同步串行总线。在 1987 年，该公司提出了 1.0 版本的总线规范并取得了专利权，但由于当时的技术所限，1.0 版本的传输速度较慢，且功耗较大。90 年代后期，Philips 公司提出了 2.0 版本的 IIC 总线规范，新的规范并没有改变原来的协议，而是在原有协议的基础上，提升了性能。21 世纪初期，2.1 版本的 IIC 总线规范在功能上进行了更深层次的改进及扩展，相比较早期的 100Kb/s 的传输速率，2.1 版的 IIC 总线在传输速率上已经可以达到 400Kb/s。近几年，IIC 总线技术还在不断地发展与改进，其最新版本在实验室中已经可以实现 3.4Mb/s 的传输速率。

IIC 总线已经成为了一种国际标准，并且在全世界有不少于 50 家半导体公司的产品上带有 IIC 接口。全球有名的半导体公司涉及：XICOR、ST、Microchip、Intel、Maxim、Atmel 等都使用了 IIC 总线。随着科技的进步 IIC 规范版本也在不断地完善，带有 IIC 接口的芯片越来越多，全球已有 20000 多种芯片带有 IIC 接口，其涉及的领域可以说是无处不在。

四、IIC 总线的特点

（1）IIC 总线由 2 条物理线组成，这样的设计即节省了芯片的 I/O 引脚，又节省了 PCB 的面积及线材成本。

（2）IIC 总线协议规范比较简单，各部件的逻辑很容易在芯片内部以硬件的方式予以实现。对于具有一定设计经验的工程师而言，即使内部没有硬件 IIC 总线接口，通过软件模拟的方式实现 IIC 总线也是比较简单的。

（3）IIC 总线支持种类繁多的器件，极大程度地方便了工程师在设计产品时的芯片选型。

（4）应用 IIC 总线，多数器件可以同时直接挂在总线上，不需附加额外的 I/O 线或者地址译码线。

（5）IIC 总线拥有良好的伸缩性，可以在原始总线的基础上随时删除或新增各种器件。工程师可以使用程序设计的方法实现 IIC 总线的自检，用以发现总线上器件的变化。

（6）IIC 总线拥有良好的电气兼容性，由于其采用开漏的 I/O 相互连接，这样在不需额外转换的情况下，兼容 3V/5V 的逻辑电平。在具体应用时，只需选择适当的上拉电阻即可。

（7）IIC 总线支持多种通信方式，除了一主多从这种常见的通信方式外，还支持多主机通信、双主机通信，以及广播方式等。

（8）IIC 总线同时兼顾低速通信和高速通信，即可以使用低于 10Kb/s 的速率与低速器件进行传输，也可以使用 400Kb/s 的速率与高速器件进行通信。

【任务小结】

本任务首先介绍了总线的基本概念，指出总线是构成计算机系统的互联结构，是多个系统功能部件之间进行数据传送的公共通路，通过总线将 CPU、主存储器与输入输出设备连接起来。接下来，介绍了总线的分类方法，在分类方法中详细地阐述了并行总线、串行总线、同步控制方式和异步控制方式的概念。现代电子技术发展的大趋势是向串行总线的方向迈进。在发送方与接收方的数据传输中，如果有时钟线存在，称之为同步总线，否则就是异步总线。

接下来，介绍了 IIC 总线的基本概念、发展历史及其特点，说明 IIC 总线是一种应用非常广泛的同步串行总线，IIC 总线既可以采用硬件的方式予以实现，也可以在不支持 IIC 总线的单片机上采用软件模拟的方式予以实现。

在本项目的下一个任务中，将介绍 IIC 总线的规范，为了加深大家对规范的理解，任务将详细讲解 IIC 总线的软件实现方法。通过下一个任务的学习，大家不仅能够加深对 IIC 总线的理解和认识，还能接触到层次化软件设计的第 4 层——中间层。中间层介于内部外设层和外部模块层之间，是一个与硬件无关的层。我们将在这一层上实现 IIC 总线的软件模拟，这层的程序代码，由于和硬件无关，可以在任何单片机上直接使用，当然应用的前提是支持层次化软件设计。

笔记：____

____

____

任务三　使用 C 语言模拟 IIC 总线

【任务要求】

（1）IIC 总线结构和工作原理。

（2）IIC 总线典型信号的 C 语言实现。

（3）单字节数据的发送与接收。

（4）实际器件的读写操作。

（5）理解完整的 IIC 驱动程序。

【任务引入】

IIC 总线是一种应用非常广泛的同步串行总线。IIC 总线仅靠数据线（SDA）和时钟线（SCL）实现完善的数据通信，即单片机与各个外围器件仅依靠 2 条物理线实现信息交换，如图 6-12 所示。IIC 总线系统与传统的并行总线系统相比具有结构简单、扩展性强等优点，能够极方便地构成多机系统或者外围器件扩展系统。

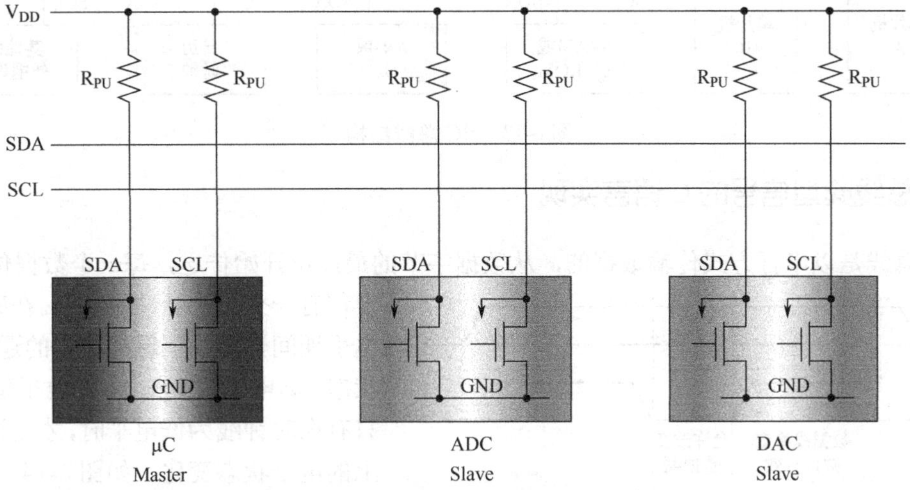

图 6-12　IIC 总线规范

在本任务中，将对 IIC 总线规范进行深入的讲解，并以此为基础，通过 C 语言模拟 IIC 总线，实现主从器件间的通信。本任务相对于先前所学的内容，在知识内容的理解上有一定的难度，这就需要大家反复阅读本任务所学的内容，读者如能深刻理解本任务所讲述的知识内容，将可在以下方面得到大幅度提高：

（1）加深对 IIC 总线规范的理解；
（2）加深对同步串行总线的理解；
（3）加深对数字电路时序图的理解；
（4）显著提高 C 语言设计水平；
（5）加深对层次化软件设计方法的理解；
（6）能够应用 C 语言模拟一般总线系统。

【任务指导】

一、IIC 总线的结构和工作原理

IIC 总线是多主机总线，可以有 1 个或多个能够控制总线的器件与总线连接，如图 6-13 所示为通用的 IIC 总线系统。物理结构上，IIC 总线系统由一条串行数据线 SDA 和一条串行时钟线 SCL 组成。主机按一定的通信协议向从机寻址和进行信息传输。在数据传输时，由主机初始化一次数据传输，主机使数据在 SDA 线上传输的同时还通过 SCL 线传输时钟。信息传输的对象和方向以及信息传输的开始和终止均由主机决定。

IIC 总线的寻址采用纯软件的寻址方法，无需片选线的连接。主机在发送完启动信号后，立即发送寻址字节寻址被控器件，并规定数据的传送方向。寻址字节由 7 位从机地址（D7~D1）和 1 位方向位（D0）组成，当主机发送寻址字节时，总线上各器件将该寻址字节中的高 7 位地

址与自己的地址进行比较，若相同，则该器件认为被主机寻址，并根据读、写位确定是自身被主机定义为从发送器或从接收器。

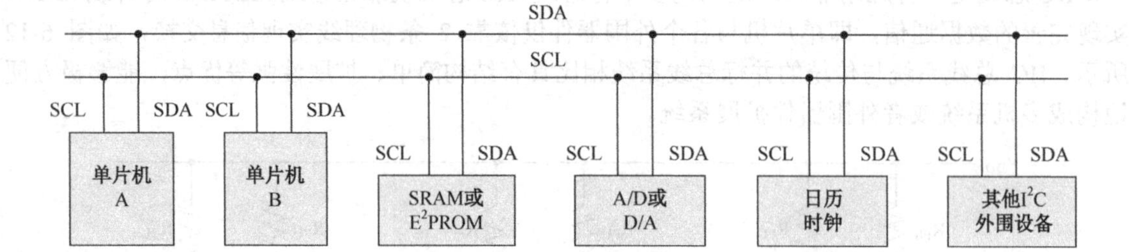

图 6-13 IIC 总线结构

二、IIC 总线典型信号的 C 语言实现

IIC 总线是以串行方式传输数据的，从数据字节的最高位开始传送，每一个数据位在 SCL 上都有一个时钟脉冲相对应。在时钟线高电平期间数据线上保持稳定的逻辑电平状态，高电平位数据 1，低电平位数据 0。只有在时钟线为低电平时，才允许数据线上的电平状态变化，如图 6-14 所示。

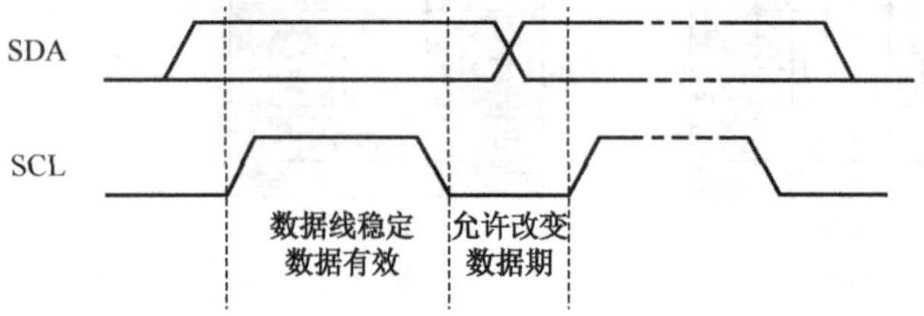

图 6-14 IIC 数据的有效性

IIC 总线在传送数据过程中有 4 种典型信号，它们分别为：起始信号、终止信号、应答信号、非应答信号，如图 6-15 所示。

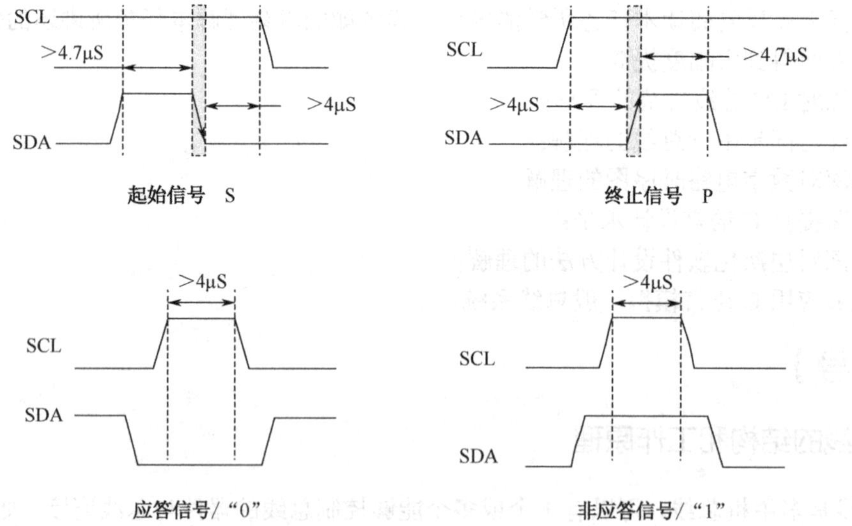

图 6-15 IIC 总线的典型信号

起始信号（START）：当 SCL 为高电平时，SDA 由高电平向低电平跳变，产生开始信号。当总线空闲的时候，例如，没有主机设备在使用总线（SDA 和 SCL 都处于高电平），主机通过发送起始信号建立通信。

终止信号（STOP）：当 SCL 为高电平时，SDA 由低电平向高电平跳变，产生终止信号。主机通过发送终止信号，结束数据通信。

应答信号（A）和非应答信号（$\overline{A}$）：接收数据的器件在接收到 8 位数据后，向发送数据的器件发出的特定低电平脉冲。每一个数据字节后面都要跟 1 位应答信号，表示已收到数据。应答信号在第 9 个时钟周期出现，这是发送器必须在这一时钟位上释放数据线，由接收设备拉低 SDA 电平来产生应答信号（A），由接收设备保持 SDA 的高电平来产生非应答信号（$\overline{A}$）。

好了，在看完 IIC 典型信号的总线规范后，使用 C 语言进行模拟，以加深理解。首先分析函数 IIC_Init，如程序 6-1 所示，它的功能是完成 IIC 总线的初始化。这个函数仅有 4 条语句，前 2 条语句将 SCL 和 SDA 设置为输出引脚，后 2 条语句将 SCL 和 SDA 设置为高电平。在前面的任务中已经学习过，单片机的引脚当设置为普通 I/O 功能时，具有输入和输出 2 种方向，可以通过设置相应的 DDR 寄存器予以实现。通过上面的 IIC 总线规范，可以了解到 SCL 总线始终由单片机（主器件）发出，所以在初始化设置为输出方向后，就不需要再改变，而 SDA 总线则是双向数据传输的，它会根据不同情况设置为相应的方向。IIC 总线规范定义，在没有设备使用 IIC 总线时，SCL 和 SDA 都为高电平，这就是在 IIC 初始化时，将 SDA 和 SCL 都置为高电平的原因。

【程序 6-1】

```
void IIC_Init(void)
{
 SETBIT(IIC_DDR, IIC_SCL);        // 将SCL设置为输出
 SETBIT(IIC_DDR, IIC_SDA);        // 将SDA设置为输出
 SETBIT(IIC_PORT, IIC_SCL);       // 将SCL设置为高电平
 SETBIT(IIC_PORT, IIC_SDA);       // 将SDA设置为高电平
}
```

接下来，来看一下 IIC_Start 函数，如程序 6-2 所示。根据图 6-15 的起始信号时序图，应该能够较为容易的看懂以下程序。程序首先保证在 SCL 为高电平的情况下，将 SDA 置为高电平，并维持 SDA 在高电平 4μs 的时间，然后将 SDA 置为低电平，延时 4μs 后，将 SCL 置为低电平。

【程序 6-2】

```
void IIC_Start( void )
{
 SETBIT(IIC_PORT, IIC_SCL);      // 将SCL设置为高电平
 SETBIT(IIC_PORT, IIC_SDA);      // 将SDA设置为高电平
 TARGET_Delayus(4, 0);           // 延时4μs
 CLRBIT(IIC_PORT, IIC_SDA);      // 将SDA设置为低电平
 TARGET_Delayus(4, 0);           // 延时4μs
 CLRBIT(IIC_PORT, IIC_SCL);      // 将SCL设置为低电平
}
```

接下来，介绍 IIC_Stop 函数，如程序 6-3 所示。根据图 6-15 的终止信号时序图来进行程序分析，程序首先将 SDA 和 SCL 都置位低电平，延时 4μs 后，将 SCL 置为高电平，以产生 1 个时钟信号从低到高的跳变，延时 4μs 后将 SDA 置为高电平，并让其维持 5μs 的时间，将 SDA 置为低电平。

【程序 6-3】

```
void IIC_Stop( void )
{
 CLRBIT(IIC_PORT, IIC_SDA);      // 将SDA设置为低电平
 CLRBIT(IIC_PORT, IIC_SCL);      // 将SCL设置为低电平
 TARGET_Delayus(4, 0);           // 延时4μs
 SETBIT(IIC_PORT, IIC_SCL);      // 将SCL设置为高电平
 TARGET_Delayus(4, 0);           // 延时4μs
```

```
    SETBIT(IIC_PORT, IIC_SDA);          // 将SDA设置为高电平
  TARGET_Delayus(5, 0);                 // 延时5μs
    CLRBIT(IIC_PORT, IIC_SDA);          // 将SDA设置为低电平
  }
```

最后，仅剩下应答信号（A）和非应答信号（$\overline{A}$）了，将这两个信号写在 1 个函数中来完成，如程序 6-4 所示。通过仔细观察图 6-15 的应答信号和非应答信号，能够发现 2 者的区别在于，在有效时钟时维持高电平，非应答信号在有效时钟时维持低电平。使用变量 Ackn 标识当前器件的应答状态，0 表示非应答，1 表示应答。程序在定义 Ackn 变量标识后，将 SCL 和 SDA 置为低电平，延时 4μs 后，SCL 产生由低至高的时钟跳变。延时 2μs 后，读取应答状态，存入变量 Ackn，再延时 2μs，将 SCL 置低，完成有效时钟，最后将变量 Ackn 当作函数返回值进行回复。

【程序 6-4】

```
  uint8 IIC_Ackn( void )
  {
    uint8 Ackn = 0;                     // 设置应答标志变量
    CLRBIT(IIC_PORT, IIC_SCL);          // 将SCL设置为低电平
    CLRBIT(IIC_PORT, IIC_SDA);          // 将SDA设置为低电平
  TARGET_Delayus(4, 0);                 // 延时4μs
    SETBIT(IIC_PORT, IIC_SCL);          // 将SCL设置为高电平
  TARGET_Delayus(2, 0);                 // 延时2μs
    if (CHKBIT(IIC_PIN, IIC_SDA)) Ackn = 1;     // 读取应答状态
  TARGET_Delayus(2, 0);                 // 延时2μs
    CLRBIT(IIC_PORT, IIC_SCL);          // 将SCL设置为低电平
    return Ackn;                        // 返回应答标识
  }
```

三、单字节数据的发送与接收

在完成了 IIC 总线典型信号的 C 语言实现后，我们来看看如何应用 C 语言完成 IIC 总线的单字节的数据发送与接收。图 6-16 示出了 IIC 总线的数据传输格式，当单片机作为 IIC 总线的主器件时，既需发送数据到从器件，又需接收来自从器件的数据。

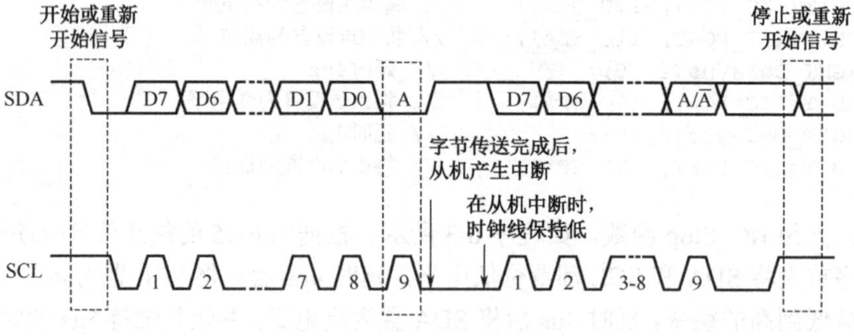

图 6-16　IIC 总线数据传输格式

当发送 1 个字节时，8 位数据是逐位传送的。将要传送的字节逐次左移，通过位逻辑运算后区移位后的最高位赋值给 SDA，并将 SCL 拉为高电平，开始发送数据。时钟信号为高电平期间，数据线上的数据必须保持稳定。接收器收到一个完整的数据字节后，有可能需要完成一些其他工作，可能无法立刻接收下一个字节，这时接收器件可以将 SCL 拉成低电平，从而使主机处于等待状态。直到接收器件准备好接收下一个字节时，再释放 SCL 使之成为高电平，从而使数据传送可以继续进行。

接收一个字节时，也是按位逐次接收，首先将 SDA 置高电平，为输入方式，接着将 SCL 置高电平，使 SDA 上的数据有效，读入 SDA 引脚状态。通过位逻辑运算，将读入的位置保存于字节变量中，最后返回读入的字节。

有了上述理论知识的准备后，我们来看一下 IIC 总线单字节数据收发的 C 语言实现，先看发送函数，如程序 6-5 所示。函数名是 IIC_WriteByte 表示向 IIC 总线写入 1 个字节的数据，数据通过形式参数 u8_Data 传入函数。函数首先定义循环变量 i，然后将 SDA 置为输出方向，拉低 SCL，准备发送数据。程序将 1 个字节分 8 位逐位传递，进入 for 循环后，首先判断发送数据的最高位的数值，如果是 1，则将 SDA 置为高电平，如果是 0，则将 SDA 置为低电平。然后抬高 SCL，产生由低电平到高电平的跳变，紧接着数据左移 1 位，将最高位移出，次高位成为最高位，为下一次数据发送做准备，循环的最后将 SCL 置低，完成该数据位的发送，之所以将数据移位语句写入时钟沿的上跳变和下跳变之间，是为了应用执行移位语句产生延时时间，已提高系统运行效率。for 循环结束后，对从器件的回应进行判断。

【程序 6-5】

```
void IIC_WriteByte( uint8 u8_Data )
{
 uint8 i;
 SETBIT(IIC_DDR, IIC_SDA);        // 将SDA设置为输出
 CLRBIT(IIC_PORT, IIC_SCL);       // 将SCL设置为低电平
for(i = 0; i < 8; i++)
 {
     if((u8_Data & 0x80) == 0x80) SETBIT(IIC_PORT, IIC_SDA);
     else CLRBIT(IIC_PORT, IIC_SDA);
SETBIT(IIC_PORT, IIC_SCL);               // 将SCL设置为高电平
     u8_Data = u8_Data << 1;             // 数据左移1位
     CLRBIT(IIC_PORT, IIC_SCL);          // 将SCL设置为低电平
 }
 IIC_Ackn();                             // 判断从器件的回复
}
```

程序 6-6 是 IIC 总线的读字节函数，函数名为 IIC_ReadByte 表示从 IIC 总线上读入 1 个字节的数据。函数首先定义循环变量 i 和用于接收数据的缓冲 buff，接着进入 for 循环。for 循环每次起始，都现将 buff 左移 1 位，以用最低位接收数据，然后将 SDA 置为输入方向。接下来将 SCL 置高，以产生正跳变，开始接收数据。紧接着，对 SDA 线上的电平进行判断，如果是高电平，就将 buff 的最低位置为 1，因为 buff 在初始化是默认为 0，所以当 SDA 为低电平时，buff 的最低位为 0。在 for 循环的最后，将 SCL 置低，完成数据传输。for 循环结束后将 buff 中的数据当作函数的返回值，进行数据传递。

【程序 6-6】

```
uint8 IIC_ReadByte(void)
{
 uint8 i,buff = 0;
 for (i = 0; i < 8; i++)
 {
     buff = buff << 1;
     CLRBIT(IIC_DDR, IIC_SDA);           // 将SDA设置为输入
     SETBIT(IIC_PORT, IIC_SCL);          // 将SCL设置为高电平
     if (CHKBIT(IIC_PIN, IIC_SDA)) buff = buff | 0x01;
CLRBIT(IIC_PORT, IIC_SCL);               // 将SCL设置为低电平
 }
 return buff;
}
```

四、实际器件的读写操作

我们在前面的讲述中，已经知道 IIC 总线在一条总线上可以挂接多个器件，由主器件控制从器件的读写操作。IIC 为每 1 个从器件规定一个从机地址，主器件通过首先发送一个从机地址和读/写标志位，告知总线上相应的从器件进行相应的读写操作，与主器件标识的从地址相同的从器件根据读/写标志位，完成后续的与主器件的通讯传输。

除了从机地址和读/写标志位外，还要和大家再介绍一个器件内部地址的概念，仍然以本项目中的实时时钟模块为例子，我们的实时时钟内部存有时间寄存器，例如我们希望得到当前的“年”时间，就直接读取“年”寄存器即可，如果希望得到当前的“月”时间，就直接读取“月”寄存器即可。在实时时钟的内部，将各个时间寄存器按地址排布，我们通过相应的地址端口值访问相应的寄存器，这就是器件的内部地址。

我们先来看一下如何将数据写入相应器件的相应地址，IIC 规范流程如图 6-19 所示。首先主机发送 START 信号，告知 IIC 总线上的所有从机，主机现在开始发送数据，此时所有从机转入接收状态。主机接着发送欲操作的从机地址和读/写标志位，从机接收到此数据后和自身的从机地址进行比较，如果和自身的从机地址相同，则进入接收后续数据的状态，如果不是自身的从机地址，则挂起总线，不再进行后续的操作。接下来主机写入与写入数据的内部地址和相应的数据，从机接到后，将数据写入相应的内部地址，最后主机发送 STOP 信号，完成操作。

大家可以根据图 6-17 的流程图，来自己分析程序 6-7，相信应该不会有太大的困难。函数名为 IIC_WriteOneByteAddressDevice，意思是 IIC 总线对内部地址长度为 1 字节（地址范围为 0-255）的从器件进行写操作，函数带有 3 个参数，第 1 个参数是从机地址，第 2 个参数是内部地址，第 3 个参数是往对应内部地址写入的数据。

【程序 6-7】

```
    void IIC_WriteOneByteAddressDevice(uint8 u8_HardwareAddress, uint8
u8_MemoryAddress, uint8 u8_Data)
    {
     uint16 c;
     IIC_Start();
  IIC_WriteControl(u8_HardwareAddress, 0);
  IIC_WriteByte(u8_MemoryAddress);
  IIC_WriteByte(u8_Data);                                    IIC_Stop();

    for(c = 0; c < 1000; c++);
    }
```

IIC 总线读从机数据的流程如图 6-18 所示，相对于 6-17 要复杂一些，这是因为读从机数据的流程要完成一个读——写转换的操作，因为内部地址是主机发给从机的，从主机的角度说，就是写操作；而从机从内部地址读出的数据返回给主机，则是从机发送给主机的，从主机的角度来说，就是读操作。

和总线写从机数据一样，先发送 START 信号，然后发送从机地址和写标志位，紧接着发送从机的内部地址。总线上的从器件接收从机地址与自身的地址相比较，一样的从机继续接收内部地址，并缓存内部地址，然后对主机进行回应。主机再次发送 START 信号，然后发送从机地址和读标志位后，转入接收状态。总线上与主机发送的从机地址相同的从机，将读出的数据返回给主机，完成操作。最后，主机发送 STOP 信号，停止 IIC 总线上的所有操作。

IIC 总线读从机数据，对应的函数如程序 6-8 所示，函数名为 IIC_ReadOneByteAddressDevice，表示从内部地址长度为 1 字节（0-255）的从器件读取 1 个字节的数据。函数带有 2 个参数，第 1 个参数表示从器件的从机地址，第 2 个参数表示从器件的内部地址，读出的数据作为函数的返回值进行传递。

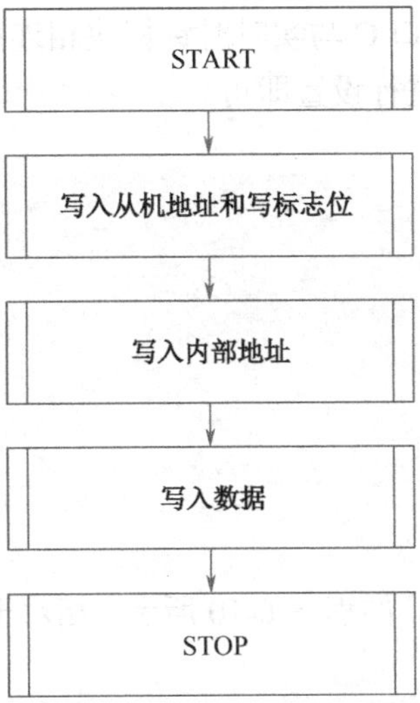

图 6-17　IIC 总线写从机数据

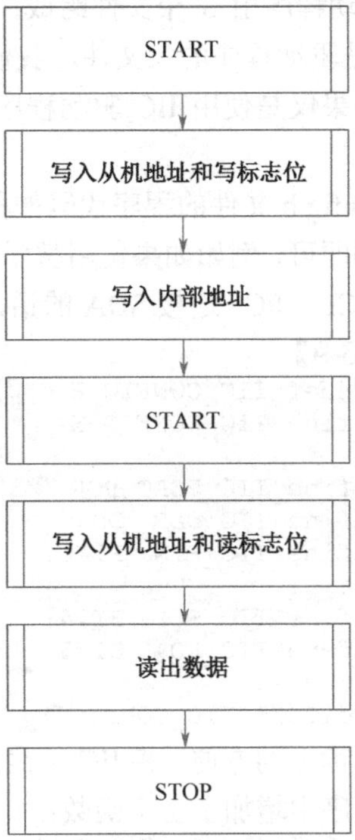

图 6-18　IIC 总线读从机数据

【程序 6-8】

```
    uint8 IIC_ReadOneByteAddressDevice(uint8 u8_HardwareAddress, uint8 
u8_MemoryAddress)
      {
       uint8 Temp;
       IIC_Start();
   IIC_WriteControl(u8_HardwareAddress, 0);
   IIC_WriteByte(u8_MemoryAddress);
              IIC_Start();

   IIC_WriteControl(u8_HardwareAddress, 1);
   Temp = IIC_ReadByte();
                          IIC_Stop();

       return Temp;

      }
```

五、理解完整的 IIC 驱动程序

我们已经将 IIC 驱动程序中的大部分内容，都和大家介绍了。大家可以在软件体系结构的中间层查看完整的版本，如图 6-19 所示。IIC 驱动程序位于体系结构的第 4 层，我们称为中间层。中间层在内部外设层的上方，外部模块层的下方。此层的程序负责完成单片机与 PCB 板上外围芯片的连接驱动，但与单片机本身不相关。例如我们的 IIC 驱动，仅使用单片机的 2 个引脚，其余均与单片机无关，

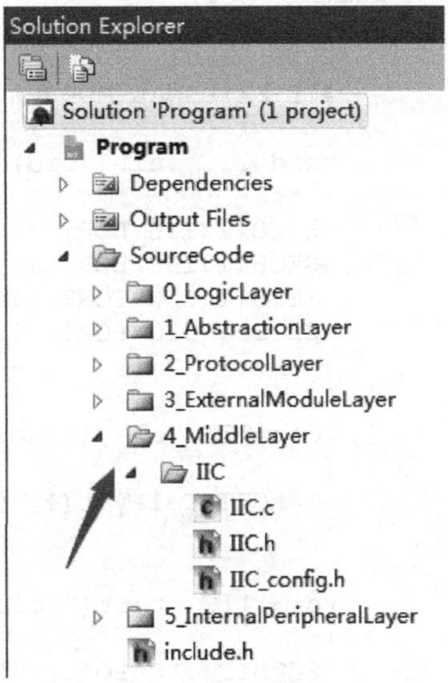

图 6-19　IIC 总线驱动程序在层次化体系结构中的位置

这样的驱动程序可以在任何 1 款单片机上运行。

IIC 驱动程序由 3 个文件组成：IIC.c、IIC.h、IIC_config.h，其中驱动程序代码存于 IIC.c 中，IIC.h 是驱动程序的头文件，我们已经在前面的项目中，给大家介绍过，IIC_config.h 是配置文件，如果仅是使用 IIC 驱动程序，则只对该文件进行设置就可以了，不需对 IIC.c 进行深入的理解。

IIC_config.h 文件的程序代码如程序 6-9 所示，我们仅需指明 IIC 总线使用的单片机端口和相应的引脚即可，例如如果使用教学实验板将单片机的端口 C 与实时时钟模块相连接，并使用 PC4 连接 SCL，PC5 连接 SDA 的话，只需按照程序 6-9 进行设置即可。

【程序 6-9】

```
#ifndef IIC_CONFIG_H_
#define IIC_CONFIG_H_

#define IIC_PORT PORTC
#define IIC_DDR  DDRC
#define IIC_PIN  PINC

#define IIC_SCL  BIT4
#define IIC_SDA  BIT5

#endif /* IIC_CONFIG_H_ */
```

为了阅读上的方便，将 IIC 总线的完成驱动程序列出，如程序 6-10 所示，相对于先前讲述的内容，程序中增加了 2 个函数：

```
IIC_WriteTwoOneByteAddressDevice
IIC_ReadTwoOneByteAddressDevice
```

用于对内部地址 2 字节的 IIC 器件进行操作，先前已经说过内部地址为 1 字节，则其最大寻址空间为 0-255，也就是说该器件最大能够存储 256 个字节的数据，如果器件存储的字节数高于 256，就需采用更大的存储空间。内部地址为 2 字节的器件，其寻址空间为 0-65535，可以存储 65536 字节的数据，功能更强。如果大家能够顺利读到这里的话，一定要再进一步拿下这 2 个函数，以提高自身能力。

【程序 6-10】

```
#include "../../include.h"

#if EXTERNAL_MODULE_SD2405_MODE != 0 || EXTERNAL_MODULE_FM24C64_MODE != 0

void IIC_Init(void)
{
 SETBIT(IIC_DDR, IIC_SCL);
 SETBIT(IIC_DDR, IIC_SDA);
 SETBIT(IIC_PORT, IIC_SCL);
 SETBIT(IIC_PORT, IIC_SDA);
}

void IIC_Delay(void)
{
 TARGET_Delayus(1, 0);
}

void IIC_Start( void )
{
 SETBIT(IIC_PORT, IIC_SCL);
 SETBIT(IIC_PORT, IIC_SDA);
 SETBIT(IIC_DDR, IIC_SDA);
 CLRBIT(IIC_PORT, IIC_SDA);
```

```
    }

    void IIC_Stop( void )
    {
     SETBIT(IIC_DDR, IIC_SDA);
     CLRBIT(IIC_PORT, IIC_SDA);
     CLRBIT(IIC_PORT, IIC_SCL);
     SETBIT(IIC_PORT, IIC_SCL);
     IIC_Delay();
     SETBIT(IIC_PORT, IIC_SDA);
    }

    void IIC_Clock( void )
    {
     SETBIT(IIC_PORT, IIC_SCL);
     IIC_Delay();
     CLRBIT(IIC_PORT, IIC_SCL);
    }

    uint8 IIC_Ackn( void )
    {
     uint8 Ackn = 0;
     CLRBIT(IIC_PORT, IIC_SCL);
     CLRBIT(IIC_DDR, IIC_SDA);
     SETBIT(IIC_PORT, IIC_SCL);
     if (CHKBIT(IIC_PIN, IIC_SDA)) Ackn = 1;
     CLRBIT(IIC_PORT, IIC_SCL);
     return Ackn;
    }

    void IIC_WriteControl( uint8 u8_HardwareAddress, uint8 u8_ReadOrWrite )
    {
     CLRBIT(IIC_PORT, IIC_SCL);
     if( (u8_HardwareAddress & 0x80) == 0x80) SETBIT(IIC_PORT, IIC_SDA);
else CLRBIT(IIC_PORT, IIC_SDA);
IIC_Clock();
if( (u8_HardwareAddress & 0x40) == 0x40) SETBIT(IIC_PORT, IIC_SDA);
else CLRBIT(IIC_PORT, IIC_SDA);
IIC_Clock();
if( (u8_HardwareAddress & 0x20) == 0x20) SETBIT(IIC_PORT, IIC_SDA);
else CLRBIT(IIC_PORT, IIC_SDA);
IIC_Clock();
if( (u8_HardwareAddress & 0x10) == 0x10) SETBIT(IIC_PORT, IIC_SDA);
else CLRBIT(IIC_PORT, IIC_SDA);
IIC_Clock();
if( (u8_HardwareAddress & 0x08) == 0x08) SETBIT(IIC_PORT, IIC_SDA);
else CLRBIT(IIC_PORT, IIC_SDA);
IIC_Clock();
if( (u8_HardwareAddress & 0x04) == 0x04) SETBIT(IIC_PORT, IIC_SDA);
else CLRBIT(IIC_PORT, IIC_SDA);
IIC_Clock();
if( (u8_HardwareAddress & 0x02) == 0x02) SETBIT(IIC_PORT, IIC_SDA);
else CLRBIT(IIC_PORT, IIC_SDA);
IIC_Clock();
if(u8_ReadOrWrite) SETBIT(IIC_PORT, IIC_SDA);
else CLRBIT(IIC_PORT, IIC_SDA);
IIC_Clock();
IIC_Ackn();
    }

    void IIC_WriteByte( uint8 u8_Data )
    {
```

```
 uint8 i;
 SETBIT(IIC_DDR, IIC_SDA);
 CLRBIT(IIC_PORT, IIC_SCL);
 for(i = 0; i < 8; i++)
 {
     if((u8_Data & 0x80) == 0x80) SETBIT(IIC_PORT, IIC_SDA);
     else CLRBIT(IIC_PORT, IIC_SDA);
     SETBIT(IIC_PORT, IIC_SCL);
     u8_Data = u8_Data << 1;
     CLRBIT(IIC_PORT, IIC_SCL);
 }
 IIC_Ackn();
}

uint8 IIC_ReadByte(void)
{
 uint8 i,buff = 0;
 for (i = 0; i < 8; i++)
 {
     buff = buff << 1;
     CLRBIT(IIC_DDR, IIC_SDA);
     SETBIT(IIC_PORT, IIC_SCL);
     if (CHKBIT(IIC_PIN, IIC_SDA)) buff = buff | 0x01;
     CLRBIT(IIC_PORT, IIC_SCL);
 }
 return buff;
}

void IIC_WriteOneByteAddressDevice(uint8 u8_HardwareAddress,
uint8 u8_MemoryAddress, uint8 u8_Data)
{
 uint16 c;

 IIC_Start();
 IIC_WriteControl(u8_HardwareAddress, 0);
 IIC_WriteByte(u8_MemoryAddress);
 IIC_WriteByte(u8_Data);
 IIC_Stop();
 for(c = 0; c < 1000; c++);
}

uint8 IIC_ReadOneByteAddressDevice(uint8 u8_HardwareAddress,
uint8 u8_MemoryAddress)
{
 uint8 Temp;

 IIC_Start();
 IIC_WriteControl(u8_HardwareAddress, 0);
 IIC_WriteByte(u8_MemoryAddress);
 IIC_Start();
 IIC_WriteControl(u8_HardwareAddress, 1);
 Temp = IIC_ReadByte();
 IIC_Stop();
 return Temp;
}

void IIC_WriteTwoOneByteAddressDevice(uint8 u8_HardwareAddress,
uint16 u16_MemoryAddress, uint8 u8_Data)
{
 uint16 c;

 uint8 u8_HighAddress;
```

```
    uint8 u8_LowAddress;
    u8_HighAddress = u16_MemoryAddress / 256;
    u8_LowAddress = u16_MemoryAddress % 256;
    IIC_Start();
    IIC_WriteControl(u8_HardwareAddress, 0);
    IIC_WriteByte(u8_HighAddress);
    IIC_WriteByte(u8_LowAddress);
    IIC_WriteByte(u8_Data);
    IIC_Stop();
    for(c = 0; c < 1000; c++);

}

uint8 IIC_ReadTwoOneByteAddressDevice(uint8 u8_HardwareAddress,
uint16 u16_MemoryAddress)
{
    uint8 Temp;
    uint8 u8_HighAddress;
    uint8 u8_LowAddress;

    u8_HighAddress = u16_MemoryAddress / 256;
    u8_LowAddress = u16_MemoryAddress % 256;
    IIC_Start();
    IIC_WriteControl(u8_HardwareAddress, 0);
    IIC_WriteByte(u8_HighAddress);
    IIC_WriteByte(u8_LowAddress);
    IIC_Start();
    IIC_WriteControl(u8_HardwareAddress, 1);
    Temp = IIC_ReadByte();
    IIC_Stop();
    return Temp;
}

#endif
```

【任务小结】

在本任务中，深入地探讨了 IIC 总线规范，指出 IIC 总线是一种非常广泛的同步串行总线，它由 2 条物理线组成，分别为 SCL 和 SDA。虽然，仅有 2 条物理线，但是它可以带有多个主机和从机。IIC 总线有 4 种典型信号，分别为起始信号、终止信号、应答信号和非应答信号。主机操纵从机需要对从机进行读写，由于总线上挂有多个 IIC 从器件，所以总线上任何一个从机都有唯一的从机地址，从机内部还有多个存储单元，主机需要发送内部地址以完成对从机特定单元的读写。主机操纵从机时，需要先发送从机地址和从机内部地址，已告知从机读或者写相应的存储单元，然后根据读写操作的不同，主机再完成后续的操作。如果主机希望写数据到从机，则后续直接发送数据即可；如果主机希望读从机上的数据，则还需再次发送从机地址进行读操作，将数据读入主机。

本任务给出了 IIC 驱动程序的完整代码，大家可以利用该驱动程序完成对单字节 IIC 器件或者双字节 IIC 器件的读取。驱动程序的使用非常简单，只需对 IIC_config.h 文件进行设置即可。

本任务无论在深度还是广度上相对于先前的项目和任务都具有一定的提升，希望大家能够克服困难，使自身的技能得到提升。在本任务的最后，引用陆游的《冬夜读书示子聿》作为本任务的结尾，以共勉励志。

古人学问无遗力，
少壮工夫老始成。
纸上得来终觉浅，
绝知此事要躬行。

笔记：

任务四 设计显示当前时间的万年历

【任务要求】

（1）认知 SD2405 的寄存器。
（2）认知 BCD 码。
（3）使用结构体表示当前时间。
（4）解读 SD2405 驱动程序。
（5）在数码管上显示当前时间。

【任务引入】

在本项目的最后一个任务中，将实现一个能够显示当前时间的万年历，在教学实验板上，应用数码管显示当前时间的年、月、日、小时、分、秒及星期。今后，大家可以重画线路板，然后给万年历加入温度采集功能（我们会在后续的项目中，教给大家），并加上一个漂亮的外壳，就可以做出类似图 6-20 所示的电子万年历了。

图 6-20 电子万年历

大家通过上一个任务的学习，已经能够阅读一定难度的驱动程序了，我们再接再厉，共同分析一下实时时钟模块 SD2405 的驱动程序，然后给大家讲解 SD2405 驱动程序调用方法。当我们从实时时钟模块取得时间信息后，就送给数码管予以显示，数码管的显示方法我们在上一个项目中已经介绍过，大家如果有不清楚的地方，复习一下就好，本任务的重点是要向大家讲解时间信息转换为数码管显示信息的方法。

【任务指导】

一、认知 SD2405 的寄存器

在进行项目设计的时候，都需要查看所使用芯片或模块的数据手册，数据手册一般分硬件设计和软件设计 2 部分来介绍芯片或模块的使用方法。硬件部分需要查看其各项性能参数、引脚的功能其电气特性和设计方法等；软件部分主要查看其内部寄存器的定义和使用方法。

SD2405 的硬件电路设计，我们已经在本项目的第 1 个任务中给大家介绍过了，在这里我们来说一下 SD2405 的软件设计部分。

在上一个任务中，我们已经说过，从 IIC 器件不仅有从机地址，还有内部地址，内部地址用于寻址 IIC 器件的内部寄存器，一般常用的 IIC 器件有单字节寻址空间和双字节寻址空间两种类型。单字节寻址空间 IIC 器件用 1 个字节表示内部地址，由于 1 个字节可表示的数据范围是 0～255，所以单字节寻址空间 IIC 器件，最多有 256 个内部寄存器。双字节寻址空间 IIC 器件用 2 个字节表示内部地址，由于 2 个字节可表示的范围是 0～65535，所以双字节寻址空间 IIC 器件，最多有 65536 个内部寄存器。

通过查看 SD2405 数据手册，其寄存器范围是十六机制 00H～1FH，所以其为单字节寻址空间 IIC 器件。SD2405 数据手册中介绍的寄存器比较多，我们仅关心项目用到的寄存器——实时时钟数据寄存器，如表 6-2 所示。

表 6-2　SD2405 实时时钟寄存器

00H	实时时钟寄存器	秒	0	S40	S20	S10	S8	S4	S2	S1	0～59	××××-××××
01H		分钟	0	MN40	MN20	MN10	MN8	MN4	MN2	MN1	0～59	××××-××××
02H		小时	12_/24	0	H20P/A_	H10	H8	H4	H2	H1	0～23	××××-××××
03H		星期	0	0	0	0	0	W4	W2	W1	0～6	××××-××××
04H		日	0	0	D20	D10	D8	D4	D2	D1	1～31	××××-××××
05H		月	0	0	0	M010	M08	M04	M02	M01	1～12	××××-××××
06H		年	Y80	Y40	Y20	Y10	Y8	Y4	Y2	Y1	0～99	××××-××××

实时时钟数据寄存器是 7 字节的存储器，它以 BCD 码方式存储包括年、月、日、星期、时、分、秒的数据。

年数据的寄存器地址是 06H，取值范围为 00H～99H，其功能是设置千年（20XX）的后 2 位数字（00～99），通过模块内部自动日历计时功能计至 2099 年。

月数据的寄存器地址是 05H，取值范围为 01H～12H，其功能是表示当前时间的月份数值，通过模块内部自动日历计时功能可自动更改当前月份，每月包含的天数遵循如表 6-3 所示的规则。

表 6-3　SD2405 每月包含天数规则

月份	取值
1、3、4、5、7、8、10、12	1～31
4、6、9、11	1～30
2（闰年）	1～29
2（普通）	1～28

日数据的寄存器地址是 04H，取值范围为 01H～31H，其功能是表示当前时间的日期数值。

星期数据的寄存器地址是 03H，取值范围为 00H～06H，其功能是表示当前时间的星期数值。该寄存器采用 7 进制计数，00 对应星期天、01 对应星期 1，依次类推。

小时数据的寄存器地址是 02H，取值范围为 00H～23H 或 01H～12H，其功能是表示当前时间的小时数值。该寄存器的第 7 位用于设置采用 12 小时制还是 24 小时制，当该寄存器的第 7 位为 1 时，采用 24 小时制，当该寄存器的最高位 0 时，采用 12 小时制。12 小时制时，寄存器的第 5 位表示 AM（上午）/PM（下午），当第 5 位为 0 时，表示当前时间为 AM，当第 5 位为 1 时，表示当前时间为 PM。所以，在这里大家就需要特别注意了，由于 24 小时制时，最高位为 1，我们在读取数值时，必须屏蔽掉第 7 位，否则读取的数值是不正确的。

分数据的寄存器地址是 01H，取值范围为 00H～59H，其功能是表示当前时间的分钟数值。

秒数据的寄存器地址是 00H，取值范围为 00H～59H，其功能是表示当前时间的秒数值。

有了这么多准备知识后，我们来举一个例子，进一步说明 SD2405 寄存器的使用方法。例如，当前时间为 2017 年 8 月 15 日 18 点 19 分 20 秒（24 小时制 星期二），则寄存器 00-07H 的内容为 20H、19H、98H、02H、15H、08H、17H。其中 98H 的第 7 位为 1，表示 24 小时制，我们需将这个位清 0 后，才能得到正确时间。如何将第 7 位清 0 呢？现在大家是否能够在脑海中直接反映出 CLRBIT 宏，如果你做到了，就说明你已经对先前所学的知识有了一定的理解，如果你没有做到，就需要你更加努力了。

二、认知 BCD 码

读完本任务的第 1 部分内容后，大家的脑海里或许会有些疑惑，SD2405 的计数方式好像比较特殊。例如分钟计数，其取值范围为 00H～59H，由于其在数字末尾加上 H 是 16 进制标识，但是其数值确实十进制的表示方式。大家说得很正确，这就是本部分要给大家介绍的内容——BCD 码，它是一种用 16 进制表示 10 进制数据的编码方法。

BCD 码（Binary Coded Decimal）亦称二-十进制码，用 4 位二进制数来表示 1 位十进制数中的 0～9，是一种二进制的数字编码形式。BCD 码这种编码方法利用 4 个位存储 1 个十进制的数，使二进制和十进制之间的转换得以快捷的进行。

BCD 码又可以分为 8421 码、5421 码、2421 码、余 3 码和 Gray 码。其中最为常用的就是 8421 码，它和 4 位自然二进制码相似，各位的权值位 8、4、2、1，它只选用了 4 位二进制码中的前 10 组 0000～1001 表示对应的十进制数 0～9，余下的 6 组弃之不用。

SD2405 采用的就是 BCD 码中的 8421 码编码方法，我们可以很简单的理解这些内容，就是 SD2405 种从寄存器中读出的数据高 4 位表示 10 进制的十位，低 4 位表示 10 进制的各位。例如，我们读出的数据是 23H，实际上就是十进制的 23。当然，如果使用 C 语言进行处理，直接从 IIC 总线上返回的数据是 16 进制的 23H，我们还需通过程序设计转换为十进制的 23，才好正确的显示和进行数学处理。

三、使用结构体表示当前时间

通过上面的内容大家已经知道，SD2405 表示的当前时间，是由 7 个寄存器表示的，分别为年、月、日、时、分、秒和星期，每个寄存器都是 8 位，如果我们在程序中进行调用，则需要定义 7 个 uint8 的变量，这样显得非常的零散。为了增强程序的可读性，我们可以使用结构体来表示当前时间，这样在程序调用时，只需定义 1 个变量就可以了。

先来简要的复习一下 C 语言有关结构体的内容和知识。在 C 语言中，可以使用结构体（struct）来存放一组不同类型的数据，其定义形式如下：

```
struct 结构体名
{
 结构体所包含的变量和数组
}
```

结构体是一种集合，它里面包含了多个变量和数组，她们的类型可以相同，也可以不同，每个这样的变量或数组都称为结构体的成员变量（member）。例如，在本项目中，为了增强程序的可读性，我们就可以定义 Time 结构体，并使用 year、month、day、hour、minute、second、week 作为其成员变量，如程序 6-11 所示。

【程序 6-11】

```
struct Time
{
```

```
    uint8 year;
    uint8 month;
    uint8 day;
    uint8 hour;
    uint8 minute;
    uint8 second;
    uint8 week;
   };
```

Time 为结构体名，它包含了 5 个成员变量，分别是 year（年）、month（月）、day（日）、hour（小时）、minute（分钟）、second（秒）、week（星期）。结构体成员变量的定义方式与变量和数组的定义方式是相同的，只是不能初始化。注意在大括号后面的分号"；"是不能缺少的，它是结构体定义语句的一部分。

结构体也是一种数据类型，它由设计人员自己定义，可以包含多种不同的数据类型。像 int、float、char 等由 C 语言本身提供的数据类型，是不能进行再拆分的，我们称之为基本数据类型；而结构体不仅可以包含基本数据类型，也可以包含其他的结构体数据类型，我们称之为复杂数据类型或构造数据类型。

有了结构体数据类型，我们就可以定义结构体变量了，例如，本项目中，我们可以利用 Time 数据类型定义 SD2405Time 变量，定义方式如下：

```
struct Time SD2405Time;
```

该语句定义了变量 SD2405Time，具有 7 个成员变量。我们可以将 Time 形象地比喻为"模板"，定义出来的变量具有相同的性质，也可以将结构体比作"图纸"，将结构体变量比作"零件"，根据同一张图纸生产出来的零件的特性都是一样的。

接下来，我们就要探讨访问结构体变量的成员变量的方法了，格式为：结构体变量.成员变量。通过这样的调用方法，即可以获取成员变量的数值，也可以给成员变量赋值，如程序 6-12 所示，我们将 SD2405Time 变量的时间设置为 2017 年 8 月 15 日 22 点 46 分 31 秒。

【程序 6-12】

```
SD2405Time.year = 0x17;
SD2405Time.month = 0x08;
SD2405Time.day = 0x15;
SD2405Time.hour = 0x22;
SD2405Time.minute = 0x46;
SD2405Time.second = 0x31;
```

四、解读 SD2405 驱动程序

程序 6-13 是 SD2405 驱动程序的头文件，程序中首先定义了 SD2405 的从地址宏 0x64，该地址可以从 SD2405 的数据手册中查到；接下来定义结构体变量 SD2405Time，用来表示当前时间；最后定义了 2 个函数 SD2405_ReadTime 和 SD2405_SetTime，用来从 SD2405 读取时间和修改 SD2405 的时间。

【程序 6-13】

```
#ifndef SD2405_H_
#define SD2405_H_

#define SD2405 0x64          //SD2405时钟芯片地址
struct Time SD2405Time;
void SD2405_ReadTime(void);
void SD2405_SetTime(void);

#endif /* SD2405_H_ */
```

我们先来分析 SD2405_ReadTime 函数，如程序 6-14 所示。IIC_ReadOneByteAddressDevice 函数已经在上一个任务中介绍过，是主器件向内部地址寻址空间为 1 字节的从器件读取指定内部地址的数据，它传递 2 个参数，第 1 个参数是从机地址（我们已经在头文件中定义好），第 2 个参数是内部地址，我们可以查阅 SD2405 的数据手册。上述知识正确理解后，对于程序 6-14 的理解难度就不大了。程序按照年、月、日、时、分、秒、星期的顺序从 SD2405 种读取时间传递给变量 SD2405Time。值得注意的是，程序在读取“小时”到成员变量 hour 后，有对 hour 进行了第 2 次操作，将其与 0x7F 进行与运算，我们将 0x7F 转换为二进制就可以看出，8 位二进制仅第 7 位为 0 其余都为 1，将其与 hour 进行与运算，是去除 hour 的最高位。这点刚刚在前面的知识讲解过，hour 的最高位表示 12 小时制还是 24 小时制，所以数据读出后，需将此位清 0，才能得到正确的小时时间。

【程序 6-14】

```
void SD2405_ReadTime(void)
{
 SD2405Time.year = IIC_ReadOneByteAddressDevice(SD2405, 0x06);
 SD2405Time.month = IIC_ReadOneByteAddressDevice(SD2405, 0x05);
 SD2405Time.day = IIC_ReadOneByteAddressDevice(SD2405, 0x04);
 SD2405Time.hour = IIC_ReadOneByteAddressDevice(SD2405, 0x02);
 SD2405Time.hour = SD2405Time.hour & 0x7F;
 SD2405Time.minute = IIC_ReadOneByteAddressDevice(SD2405, 0x01);
 SD2405Time.second = IIC_ReadOneByteAddressDevice(SD2405, 0x00);
 SD2405Time.week = IIC_ReadOneByteAddressDevice(SD2405, 0x03);
}
```

接下来，我们分析SD2405_SetTime函数，如程序6-15所示，程序调用IIC_WriteOneByteAddressDevice向SD2405写入数据，写入数据的顺序和读出数据的顺序相同。程序中设置小时的语句，将hour与0x80进行或运算，是为了将hour的最高为设置为1，表示24小时制。

【程序 6-15】

```
void SD2405_SetTime(void)
{
 IIC_WriteOneByteAddressDevice(SD2405, 0x10, 0x80);
 IIC_WriteOneByteAddressDevice(SD2405, 0x0F, 0x84);
 IIC_WriteOneByteAddressDevice(SD2405, 0x06, SD2405Time.year);
 IIC_WriteOneByteAddressDevice(SD2405, 0x05, SD2405Time.month);
 IIC_WriteOneByteAddressDevice(SD2405, 0x04, SD2405Time.day);
 IIC_WriteOneByteAddressDevice(SD2405, 0x02, SD2405Time.hour | 0x80);
 IIC_WriteOneByteAddressDevice(SD2405, 0x01, SD2405Time.minute);
 IIC_WriteOneByteAddressDevice(SD2405, 0x00, SD2405Time.second);
 IIC_WriteOneByteAddressDevice(SD2405, 0x10, 0x00);
 IIC_WriteOneByteAddressDevice(SD2405, 0x0F, 0x00);
IIC_WriteOneByteAddressDevice(SD2405, 0x03, SD2405Time.week);
}
```

这些都看懂后，就仅剩下函数的前 2 行和后 2 行了，为了弄清这些语句的意思，我们还需要继续查看 SD2405 的数据手册，这次就要关心 SD2405 的控制寄存器了，如表 6-4 所示。其中 WRTC1、WRTC2 和 WRTC3 为写允许位，即只有当 WRTC1=1、WRTC2=1、WRTC3=1 时，才能进行写操作，而且置位要有先后顺序，先置位 WRTC1，再置位 WRTC2 和 WRTC3；同样，如果当 WRTC1=0、WRTC2=0、WRTC3=0 时，是禁止对 SD2405 进行写操作的，禁止写操作也有先后次序，需先清 WRTC2 和 WRTC3，再清 WRTC1。当写操作禁止时，除了以上 3 位可以写以外，SD2405 的其他寄存器均不可以写，只允许进行读操作。我们分析到这里，函数的前 2 行和最后 2 行语句就应该能够理解了，前 2 行是使 SD2405 进入写操作状态，后 2 行是使

SD2405 进入禁止写操作状态。之所以设置这样寄存器的原因是防止 IIC 总线上的信号误修改 SD2405 的时间，笔者应用 SD2405 已经有很多年了，完成了很多工程实际的项目，从来没有发生过 SD2405 时间自己走错的情况。

表 6-4　SD2405 的控制寄存器

0FH	控制寄存器	CTR1	WRTC3	0	INTAF	INTDF	0	WRTC2	RTCF	N/A	0000-0000
10H		CTR2	WRTC1	IM	INTS1	INTS0	F0AT	INTDE	INTFE	N/A	0000-0000
11H		CTR3	ARST	0	TDS1	TDS0	H8	FS1	FS0	N/A	0000-0000
12H		时间调整	0	F6	F5	F4	F3	F1	F0	N/A	0000-0000
13H		倒计时定时器	TD7	TD6	TD5	TD4	TD3	TD1	TD0	0-255	0000-0000

五、在数码管上显示当前时间

有了以上的知识准备后，我们现在就开始编写程序，在教学实验板上显示当前时间。我们的教学实验板有 8 位数码管，而显示完整的时间需要 14 位（年.月.日.时.分.秒. XXXX.XX.XX.XX.XX.XX）+1(星期)位，所以我们必须分屏复用我们的数码管。在这个例子中，我们将时间分为 2 屏显示，第 1 屏显示内容为“年.月.日.”，格式为“20XX.XX.XX”，第 2 屏显示内容为“星期 时.分.秒”，格式为“X_XX.XX.XX”，我们按照以下步骤完成程序的设计。

（1）复制模板工程，双击文件夹中的 Program.atsln 打开工程。

（2）打开 config.h 文件，对整个工程进行设置，我们的工程中使用到的外部模块有数码管和 SD2405，需在配置文件中予以使能，如程序 6-16 所示。

【程序 6-16】

```
#define EXTERNAL_MODULE_HC595_MODE              0
#define EXTERNAL_MODULE_HC165_MODE              0
#define EXTERNAL_MODULE_NIXIETUBE_MODE          1
#define EXTERNAL_MODULE_SD2405_MODE         1
#define EXTERNAL_MODULE_DS18B20_MODE        0
#define EXTERNAL_MODULE_TLC5620_MODE        0
#define EXTERNAL_MODULE_CH432T_MODE         0
#define EXTERNAL_MODULE_FM24C64_MODE        0
#define EXTERNAL_MODULE_AT45DB161D_MODE     0
```

（3）由于数码管需开启定时器，并将定时器的时间设置为 1ms，所以在本项目中，我们开启定时 0，并将定时时间设置为 1ms，如程序 6-17 所示。

【程序 6-17】

```
#define INTERNAL_PERIPHERAL_TIMER0_MODE         1
            //0:      不初始化TIMER0
            //1:      定时1ms
            //2:      将TIEMR0初始化为快速PWM模式，由引脚PD6进行输出
```

（4）SD2405 需使用 IIC 总线，我们必须对 IIC 总线的使用情况进行配置，先看原理图，如图 6-21 所示。在这里我们指定使用灰排线将单片机的端口 C 与 SD2405 相连接，则 SD2405 的 SCL 与单片机 PC2 相连接，SD2405 的 SDA 与单片机的 PC3 相连接。

（5）这样，我们就可以对 IIC 的配置文件进行设置了，打开 IIC_config.h 文件，进行如程序 6-18 的设置，将 SCL 定义为与 PC2 相连接，将 SDA 定义为与 PC3 相连接。

【程序 6-18】

```
#ifndef IIC_CONFIG_H_
#define IIC_CONFIG_H_
```

```
#define IIC_PORT     PORTC
#define IIC_DDR  DDRC
#define IIC_PIN  PINC

#define IIC_SCL  BIT2
#define IIC_SDA      BIT3

#endif /* IIC_CONFIG_H_ */
```

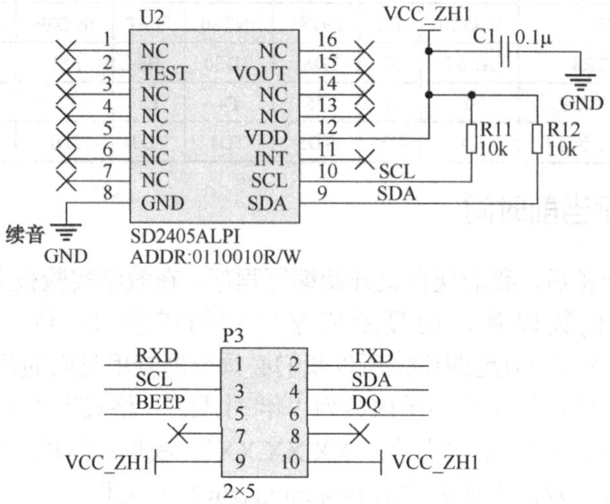

图 6-21　SD2405 原理图

（6）上述内容设置完毕后，就可以进行 main.c 的程序设计了，现定义全局变量，用于主函数与定时器 0 中断服务程序交换信息，如程序 6-19 所示。在程序中，定义变量 u8g_DisplayPoint 的同时，还对 u8g_DisplayPoint 进行了初始化，让其第 3、5、7 位显示小数点，其余位不显示小数点，以方便将时间各位隔开，以增强数码管的可读性。

【程序 6-19】

```
//定义全局变量
uint8 u8g_DisplayString[8];
uint8 u8g_DisplayPoint[8] = {0, 0, 0, 1, 0, 1, 0, 1};
```

（7）接下来，在定时器 0 的中断服务函数中，完成对数码管的调用，如程序 6-20 所示，这些程序已经在上一个项目中介绍过，如果忘记了，复习一下就好。

【程序 6-20】

```
//定时器0溢出中断服务处理函数
#if INTERNAL_PERIPHERAL_TIMER0_MODE != 0
ISR(TIMER0_OVF_vect)
{
#if INTERNAL_PERIPHERAL_TIMER0_MODE == 1
 //在此完成逻辑内容
 static uint8 u8_Number;

 u8_Number++;
 if (u8_Number > 7)
 {
     u8_Number = 0;
 }
 NIXIETUBE_SelectLED(u8_Number);
 NIXIETUBE_DrawLED(u8g_DisplayString[u8_Number],
 u8g_DisplayPoint[u8_Number]);

 #if PROTOCOL_MINIUART_UART0_MODE !=0
```

```
        miniUART_TimerInterrupt(&miniUART_UART0);
    #endif
    #if PROTOCOL_MINIUART_CH432T_UART0_MODE !=0
        miniUART_TimerInterrupt(&miniUART_CH432T_UART0);
    #endif
    #if PROTOCOL_MINIUART_CH432T_UART1_MODE !=0
        miniUART_TimerInterrupt(&miniUART_CH432T_UART1);
    #endif
    TCNT0 = TIMER0_TCNT0;
   #elif INTERNAL_PERIPHERAL_TIMER0_MODE == 2

   #endif
   }
   #endif
```

（8）最后，完成主循环里的程序，如程序 6-21 所示。在循环中，首先读取 SD2405 的时间到变量 SD2405Time 中，然后将其赋值给 u8g_DisplayString 数组，u8g_DisplayString 的 0—3 位显示年，5、6 位显示月，7、8 位显示日，并延时 1 秒，让使用者能够看清楚。接下来，再次读取 SD2405 的时间到变量 SD2405Time，并将中的数值赋值给 u8g_DisplayString 数组，0 位显示星期，2、3 位显示小时，5、6 位显示分钟，7、8 位显示秒。

【程序 6-21】

```
   while(1)
    {
        /*
        ***********************************
        在这里完成自己的项目逻辑
        ***********************************
        */
        SD2405_ReadTime();
        u8g_DisplayString[0] = 2;
        u8g_DisplayString[1] = 0;
        u8g_DisplayString[2] = SD2405Time.year >> 4;
        u8g_DisplayString[3] = SD2405Time.year & 0x0f;
        u8g_DisplayString[4] = SD2405Time.month >> 4;
        u8g_DisplayString[5] = SD2405Time.month & 0x0f;
        u8g_DisplayString[6] = SD2405Time.day >> 4;
        u8g_DisplayString[7] = SD2405Time.day & 0x0f;
        TARGET_Delayms(1000, 1);
        SD2405_ReadTime();
        u8g_DisplayString[0] = SD2405Time.week & 0x0f;
        u8g_DisplayString[1] = 16;
        u8g_DisplayString[2] = SD2405Time.hour >> 4;
        u8g_DisplayString[3] = SD2405Time.hour & 0x0f;
        u8g_DisplayString[4] = SD2405Time.minute >> 4;
        u8g_DisplayString[5] = SD2405Time.minute & 0x0f;
        u8g_DisplayString[6] = SD2405Time.second >> 4;
        u8g_DisplayString[7] = SD2405Time.second & 0x0f;
        TARGET_Delayms(1000, 1);
        /*
        ***********************************
        喂狗语句，大部分工程项目都不应去除
        ***********************************
        */
        #if INTERNAL_PERIPHERAL_WDT_MODE != 0
            TARGET_WatchDogReset();
        #endif
    }
```

（9）完成程序的代码后，对程序进行编译，然后用下载器将编译后的映像文件下载到教学实验板中，如果一切顺利的话，就够看到教学实验板的数码管交替显示年-月-日，星期-时-

分-秒。

（10）还是为了保证读者在阅读上的完整性，将 main.c 的所有程序，在这里给大家列出，如程序 6-22 所示。

【程序 6-22】

```
//加入包含文件
#include "../include.h"

//定义系统常量

//定义全局变量
uint8 u8g_DisplayString[8];
uint8 u8g_DisplayPoint[8] = {0, 0, 0, 1, 0, 1, 0, 1};

//主程序
int main(void)
{
 //定义局部变量
 uint8 i;

 //目标板初始化，该函数会自动初始化相应的外设文件
 TARGET_Init();

 //初始化全局变量

 //在上电时，执行的相应操作

 //后台主循环
 while(1)
 {
     /*
     **********************************
     在这里完成自己的项目逻辑
     **********************************
     */
     SD2405_ReadTime();
     u8g_DisplayString[0] = 2;
     u8g_DisplayString[1] = 0;
     u8g_DisplayString[2] = SD2405Time.year >> 4;
     u8g_DisplayString[3] = SD2405Time.year & 0x0f;
     u8g_DisplayString[4] = SD2405Time.month >> 4;
     u8g_DisplayString[5] = SD2405Time.month & 0x0f;
     u8g_DisplayString[6] = SD2405Time.day >> 4;
     u8g_DisplayString[7] = SD2405Time.day & 0x0f;
     TARGET_Delayms(1000, 1);
     SD2405_ReadTime();
     u8g_DisplayString[0] = SD2405Time.week & 0x0f;
     u8g_DisplayString[1] = 16;
     u8g_DisplayString[2] = SD2405Time.hour >> 4;
     u8g_DisplayString[3] = SD2405Time.hour & 0x0f;
     u8g_DisplayString[4] = SD2405Time.minute >> 4;
     u8g_DisplayString[5] = SD2405Time.minute & 0x0f;
     u8g_DisplayString[6] = SD2405Time.second >> 4;
     u8g_DisplayString[7] = SD2405Time.second & 0x0f;
     TARGET_Delayms(1000, 1);
     /*
     **********************************
     喂狗语句，大部分工程项目都不应去除
     **********************************
```

```
        */
        #if INTERNAL_PERIPHERAL_WDT_MODE != 0
            TARGET_WatchDogReset();
        #endif
    }
    return 0;    //永不执行
}

//串口0接收中断服务处理函数，接收到的数据存储在 UDR0 寄存器中
#if INTERNAL_PERIPHERAL_UART0_MODE != 0
ISR(USART__RX_vect)
{
 uint8 u8_UartData;

 u8_UartData = UDR0;

#if PROTOCOL_MINIUART_UART0_MODE !=0
 miniUART_UartInterrupt(&miniUART_UART0, u8_UartData);
#endif
}
#endif

//定时器0溢出中断服务处理函数
#if INTERNAL_PERIPHERAL_TIMER0_MODE != 0
ISR(TIMER0_OVF_vect)
{
#if INTERNAL_PERIPHERAL_TIMER0_MODE == 1
 //在此完成逻辑内容
 static uint8 u8_Number;

 u8_Number++;
 if (u8_Number > 7)
 {
     u8_Number = 0;
 }
 NIXIETUBE_SelectLED(u8_Number);
 NIXIETUBE_DrawLED(u8g_DisplayString[u8_Number],
 u8g_DisplayPoint[u8_Number]);

 #if PROTOCOL_MINIUART_UART0_MODE !=0
     miniUART_TimerInterrupt(&miniUART_UART0);
 #endif
 #if PROTOCOL_MINIUART_CH432T_UART0_MODE !=0
     miniUART_TimerInterrupt(&miniUART_CH432T_UART0);
 #endif
 #if PROTOCOL_MINIUART_CH432T_UART1_MODE !=0
     miniUART_TimerInterrupt(&miniUART_CH432T_UART1);
 #endif
 //为了提高运行速度，将此语句写在中断服务处理函数里，用户在使用时，可不理会下列语句
 TCNT0 = TIMER0_TCNT0;
#elif INTERNAL_PERIPHERAL_TIMER0_MODE == 2

#endif
}
#endif

//定时器1溢出中断服务处理函数
#if INTERNAL_PERIPHERAL_TIMER1_MODE != 0
ISR(TIMER1_OVF_vect)
{
 //在此完成逻辑内容
```

```
  //为了提高运行速度，将此语句写在中断服务处理函数里，用户在使用时，可不理会下列语句
  TCNT1H = TIMER1_TCNT1H;
  TCNT1L = TIMER1_TCNT1L;
 }
#endif

//外部中断0中断服务处理函数
#if INTERNAL_PERIPHERAL_INT0_MODE != 0
ISR(INT0_vect)
{
  //如果使用了CH432T，则调用相应的中断处理函数
  #if EXTERNAL_MODULE_CH432T_MODE != 0
      CH432T_INT();
  #endif
}
#endif

//外部中断1中断服务处理函数
#if INTERNAL_PERIPHERAL_INT1_MODE != 0
ISR(INT1_vect)
{
  //如果使用了CH432T，则调用相应的中断处理函数
  #if EXTERNAL_MODULE_CH432T_MODE != 0
      CH432T_INT();
  #endif
}
#endif

//CH432T扩展串口0，接收调用函数
#if EXTERNAL_MODULE_CH432T_MODE != 0
void CH432T_Uart0(uint8 u8_UartData)
{
  #if PROTOCOL_MINIUART_CH432T_UART0_MODE != 0
      miniUART_UartInterrupt(&miniUART_CH432T_UART0, u8_UartData);
  #endif
}
#endif

//CH432T扩展串口1，接收调用函数
#if EXTERNAL_MODULE_CH432T_MODE != 0
void CH432T_Uart1(uint8 u8_UartData)
{
  #if PROTOCOL_MINIUART_CH432T_UART1_MODE != 0
      miniUART_UartInterrupt(&miniUART_CH432T_UART1, u8_UartData);
  #endif
}
#endif
```

【任务小结】

在本项目中，首先我们介绍了实时时钟的概念、硬件原理和使用方法，并以此为基础引入了总线的概念，对总线进行了详尽的阐述。接下来，我们在项目中着重叙述了一种非常常用的同步串行总线——IIC 总线，并应用 C 语言完成了 IIC 总线的驱动程序设计，这个驱动程序设计与底层的单片机硬件无关，又为上层的硬件模块层提供驱动服务，所以我们管这样的驱动程序称为中间层驱动程序。有了这些基础后，我们进一步详细介绍了 SD2405 驱动程序的实现及

使用方法，最后编写实例程序完成了实时时钟的数码管显示。

在本项目中，我们仅调用了 SD2405_ReadTime()函数用于读取 SD2405 的时间，而并没有给大家讲述设置 SD2405 时间的方法。如果大家能够对上一个项目的程序有着深刻理解，现在完全可以尝试自己动手编写程序来修改 SD2405 的时间。由于本项目给大家介绍了太多的东西，既有深度又有广度，限于篇幅的限制，使用按键调整 SD2405 时间的程序，就留给大家自己完成吧！

不使用按键能否修改 SD2405 的时间呢，答案是肯定的，我们可以借助计算机来修改 SD2405 的时间，这就要求我们的单片机能够与计算机进行通信，这就是下一个项目要向大家介绍的内容。

本项目相对于先前的项目难度大了一些，需要大家好好消化一下，如果大家感觉没有问题，我们就开始新的旅程吧！

笔记：____

____

____

【知识包】

请扫描二维码查阅知识包中的学习内容

评价与考核

课程名称：单片机程序设计与应用		授课地点：		
名称：IIC 总线——万年历的设计与制作		授课教师：		授课学时：
课程性质：理论+实践		综合评分：		
知识掌握情况评分（40 分）				
序号	**知识考核点**	**教师评价**	**配分**	**得分**
1	实时时钟模块的内部组成		5	
2	SD2405 实时时钟模块的硬件电路设计		10	
3	IIC 总线和特点		5	
4	IIC 总线结构和工作原理		10	
5	SD2405 驱动程序		10	

续表

工作任务完成情况评分（60 分）				
序号	能力操作考核点	教师评价	配分	得分
1	根据项目需求，完成万年历的电路搭建		15	
2	正确编写映射层程序		15	
3	正确进行 SD2405 实时时钟模块的硬件电路设		15	
4	编写前/后台程序		15	
违纪扣分（20 分）				
序号	违纪考察点	教师评价	配分	得分
1	课上吃东西		5	
2	课上打游戏		5	
3	课上打电话		5	
4	其他扰乱课堂秩序的行为		5	

上课心得：____

____

____

____

____

思考与练习

（1）简述压电效应。

（2）简述 SD2405 实时时钟模块的硬件电路设计。

（3）简述总线的分类。

（4）简述 IIC 总线的特点。

（5）简述 IIC 总线结构和工作原理。

（6）使用 C 语言结构体编写表示当前时间。

教学微视频

项目 7 异步串行通信——与计算机之间传递信息

【任务书】

（1）理解数据通信的基本概念。

（2）认知通用异步串行总线。

（3）操纵单片机中的 UART。

（4）修正万年历的时间。

【项目描述】

图 7-1　数据通信技术

先前学习的项目，已经完成了很多复杂的功能，但是这些项目所完成的功能都是一个封闭的个体，它并不能与其他系统进行数据交换。在项目 6 中，介绍了总线技术，并着重讲解了一个用途非常广泛的同步串行总线——IIC 总线，并使用 IIC 总线完成了单片机与实时时钟模块 SD2405 之间的通信。本项目就在项目 6 的基础上进一步讲解计算机之间（单片机也是计算机的一种）的通信技术，让单片机能够与外接打交道，实现系统之间的互联互通。

讲到这里，需要介绍一种当前计算机技术发展的一项新兴领域——物联网技术，其英文名称是 Internet of things。顾名思义，物联网就是物物相连的互联互通技术，它被称为继计算机、互联网之后世界信息产业发展的第 3 次浪潮，如图 7–2 所示。举个通俗的例子来说，随着人们生活条件的改善，都希望家中按照智能照明系统，如图 7–3 所示，这个系统如何实现呢？灯光的亮灭与明暗控制肯定是要单片机大显神威的，但是独立的单片机系统是不能够与手机之间进行通信的，这就需要在单片机系统上加入通信环节，使之能够接收用户手机传递过来的指令，以控制照明，并将控制结果，例如灯光的开关状态，当前亮度等信息，再反馈给用户手机，以使用户能够远程掌握家中的照明状态。

图 7-2 物联网技术

图 7-3 智能照明系统

物联网技术说得简单一些，就是“控制技术+通信技术”，控制技术已在先前的项目中介绍了一些，例如灯光的控制、蜂鸣器的控制、数码管的控制、按键的采集等。本项目将就“通信技术”和大家展开讨论。

通过本项目的学习，大家就可以掌握单片机与计算机的通信方法，利用计算机向单片机发送指令，并读取单片机的存储状态。本项目将分为硬件和软件两大部分内容，介绍单片机与计算机之间的通信方法，在这里要指出的是计算机可并不限于笔记本和台式机，这在第 1 个项目中，已经介绍过了，大部分智能设备都是计算机。由于单片机与计算机之间传递的是二进制数据，为了能够让发送和接收双发都能较好地解析对方发送的数据，需要对数据进行协议编码，这将涉及一些难度相对较大的程序设计方法，大家在学习完本项目后，也会在程序的设计上提高一个台阶。

【知识目标】

（1）掌握数据通信系统组成。
（2）了解常见传输媒质分类。
（3）了解数据通信的传输模式。
（4）了解 UART 的硬件结构。
（5）掌握 UART 硬件驱动的数据发送与接收方法。
（6）掌握利用中断函数实现 UART 数据的接收。

【能力目标】

（1）能够根据项目需求，正确完成数据通信系统模块的搭建。
（2）能够完成 UART 硬件驱动电路设计。
（3）能够利用通用异步串行总线 UART 实时显示当前时间。
（4）能够编写“前/后台程序”。

【素质目标】

（1）具备编写“前/后台程序”的初步能力。
（2）具备运行、调试 C 语言应用程序的综合能力。
（3）具备小组分工合作与协调的综合能力。

笔记：

任务一　理解数据通信的基本概念

【任务要求】

（1）认知数据通信。

（2）认知数据通信的有线传输媒质。

（3）认知数据通信的无线传输媒质。

（4）认知数据通信的传输模式。

【任务引入】

在开始本任务之前，先来介绍一位伟大的发明家，他的名字叫亚历山大·格拉汉姆·贝尔，1876 年 2 月 14 日，他获得世界上第 1 台可用电话机的专利权，创建了贝尔电话公司，这个公司就是美国电话电报公司（AT&T）。

将人们想要传递的信息以每秒 30 万公里的速度传向远方。这是人类信息史上划时代的创举。但久而久之，人们又有点不满足了。因为发一份电报的手续繁多，而且不能及时地进行双向信息交流。人们对电报的不满，促使科学家们开始新的探索。19 世纪 30 年代之后，人们开始探索用电磁现象来传送音乐和话音的方法，其中最有成就的要算是亚历山大·格拉汉姆·贝尔了。开始，他的兴趣是在研究电报上。有一次，当他在做电报实验时，偶然发现了一块铁片在磁铁前振动会发出微弱声音的现象，而且他还发现这种声音能通过导线传向远方。这给贝尔以很大的启发。他想，如果对着铁片讲话，不也可以引起铁片的振动吗?这就是贝尔关于电话的最初构想。

贝尔开始了实验，一次不小心把瓶内的硫酸溅到了自己的腿上，他疼痛得喊叫起来：“沃森先生，快来帮我啊！”想不到，这一句极普通的话，竟成了人类通过电话传送的第一句话。正在另一个房间工作的贝尔先生的助手沃森，是第一个从电话里听到电话声音的人。贝尔在得知自己试验的电话已经能够传送声音时，热泪盈眶。当天晚上，他写给母亲的信中预言：“朋友们各自留在家里，不用出门也能互相交谈的日子就要到来了！”

亚历山大·格拉汉姆·贝尔是现代通信技术的奠基人，他以其豪迈的性格，不怕艰险的精神带领人类的科技跨入了一个崭新的阶段。

“我知道命运掌握在自己的手中，我知道巨大的成功马上就要到来。”

——亚历山大·格拉汉姆·贝尔

【任务指导】

一、认知数据通信

数据通信是为了实现计算机与计算机或终端与计算机之间的信息交互而产生的一种通信技术。典型的数据通信系统可以用下面的等式来描述，即：

数据通信=数据处理+数据传输

数据通信系统的组成结构图如图 7-4 所示，数据源是数据的产生者或发送者，数据宿是数据的接收者和数据的终点，它们是各种类型的计算机系统或终端设备，统称为数据终端设备。

图 7-4　数据通信系统组成结构图

传输信道分为模拟信道和数字信道两种，模拟系统只能传输连续的模拟信号，如早期的电话网等。数字信道传输离散的数字信号，即由二进制码构成的数字序列。数据信号要在信道上传输，必须采用信号变换设备。对模拟信道，信号变换设备即调制解调器，它把计算机或终端送来的数据信号变换为模拟信号再送往信道，或者反过来把信道送来的模拟信号变换为数据信号再送到计算机或终端。对数字信道，信号变换设备即接口设备，其作用是实现信号码型与电平的转换，信道特性的均衡，收发时钟的形成与供给以及码速控制等。

在多机数据通信系统中，还应建立一套统一的通信标准，即通信的内容是什么、如何通信、何时通信，都必须在通信的实体之间达成双方都可接受的协定，这些协定就称为通信协议。也可将协议定义为监督和管理两个实体之间的数据交换的一整套规则，概括地说，通信协议是对数据传送方式的规定，包括数据格式定义和数据位定义等。如何定义并解析数据通信协议将是本项目的一个重要内容。

二、认知数据通信的有线传输媒质

传输媒质是通信中实际传送信息的载体，可分为有线传输媒质和无线传输媒质两大类。本部分内容重点介绍有线传输媒质，主要有双绞线、同轴电缆、电力线、电话线、波导管和光纤等。

1. 双绞线

双绞线是由两条相互绝缘的铜导线扭绞起来构成的一对线，而作为一条通信线路，其结构示意图如图 7-5 所示。采用这样的扭绞结构可以大幅度提高线路的抗干扰能力，它一般作为建筑物内一种有效但低价的传输介质。

图 7-5　双绞线结构示意图

双绞线可以用于传输模拟信号或数字信号，其通信距离一般为几公里到十几公里，当距离太长时，对于模拟信号，每隔 5～6 公里需加放大器以便将衰减的信号放大到合适的数值；对于数字信号，每隔 2-3 公里需加转发器（中继器）以便将失真的数字信号进行整型，导线越粗，其通信距离越远。

与其他传输介质相比，双绞线的传输距离、带宽和数据速率有限。当频率增大时，信号的衰减也随之增大。减少损耗的办法有两种：第一，可在双绞线外面加上一个编织网构成的屏蔽层；第二，使用平衡传输线，用相位差代替幅度差来发送和接收信号。

2. 同轴电缆

同轴电缆由一对导体组成，按同轴的形式构成线对，其结构如图 7-6 所示。其中最里层是内导体，外包一层绝缘体，外面再套一个空心的圆柱形外导体，最外层是起保护作用的塑料外皮，内导体和外导体构成一组线对。单根同轴电缆直径约为 0.5cm～2.5cm，由于同轴电缆的外导体是接地的，所以同轴电缆具有较好的抗干扰能力。

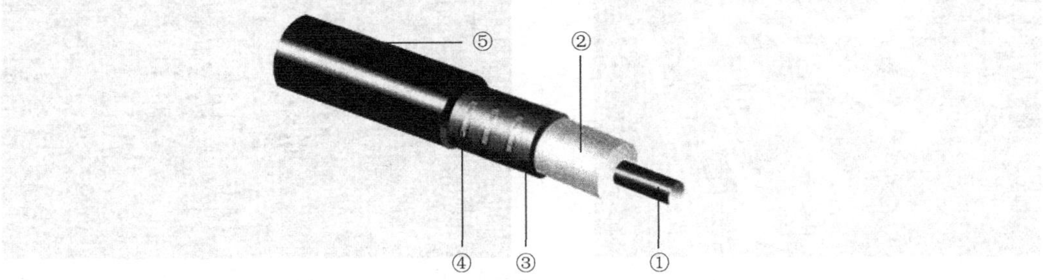

① **内导体** Inner Conductor ② **绝缘体** Dielectric ③ **外导体** Outer Conductor
④ **槽孔** Slot ⑤ **护套** Jacket

图 7-6 同轴电缆结构示意图

同轴电缆与双绞线相比价格稍贵，但因其具有带宽宽、数据传输速率高、传输距离长、抗干扰能力强等优点，是用途非常广泛的传输介质，现已被广泛用于较高速率和较高频率的数据传输中，如长距离电报、电话传输、有线电视、局域网络和短距离系统连接的通信线路中。

3. 电力线

电力线载波通信技术（Power Line Communication），简称 PLC，是利用电力线传输数据和媒体信号的一种通信方式，该技术把载有信息数据的高频信号加载于电力线上进行传输，接收方把高频信号分离出来再传至计算机或终端等设备，以实现信息的传递。

电力线载波通信技术的优点是不需要重新架设网络，只要有电线，就可以进行数据传输，但只能在一个配电变压器区域范围内传送，一般只能在单相电力线上传输。

4. 电话线

利用现有的电话系统进行数据通信是一种非常经济的通信方式，它具有造价低、可以同时传送语音信号和数据信号等诸多优点。但是在远程数据通信上，存在因传输线上的分布电容而导致数据波形失真等问题。分布内容是因为两条电话线间的绝缘材料而产生的，线路越长分布电容越大，造成信号之间的串扰也越大，所以电话线传输在传输距离和传输速度上都受到限制。

5. 波导管

如果发送频率足够高，那么信号的电磁成分可在自由空间传播，从而不需要任何实际信道。但是，为了避免由于信号扩散而引起的干扰和损耗，也为了使信号沿需要的路由传输，需要将电磁波禁闭在一种有界媒质中，这就是波导管，如图 7-7 所示。通常，波导管被用来将微波发射器和接收器连接到它们的天线，其工作频率为 200～110000MHz。

6. 光纤

光纤就是光导纤维的简称，是传送光信号的媒介，如图 7-8 所示。光纤通信的主要优点有频率宽，通信量大；在很宽的频带范围内，光纤对各频率信号的传输损耗和色散几乎可以忽略不计，不需要在接收端和中继站采取幅度或时延等均衡措施；不受电磁干扰和静电干扰的影响，即在同一根光缆中，临近各根光纤之间几乎没有串扰；构成光纤的主要原料是石英，石英的资源丰富且价格便宜；保密性好、线径细、体积小、重量轻、损耗小、误码率低等特点。光纤已经成为当今重要的传输媒质之一，为数字和计算机通信网的迅速发展提供了良好的传输环境。

图 7-7　波导管

图 7-8　光纤

三、认知数据通信的无线传输媒质

所谓无线传输媒质，是指无须架设或铺埋电缆或光缆，而通过自由空间，将电信号转换为无线电波进行传送。发送端将需传的信息转换为无线电信号，依靠无线电波在空间传播，而接收端则把无线信号还原成所传递的信号。

无线电波是一种电磁波，因为频率（波长）相差较远的无线电波往往具有不同的特性，通常用频率（或波长）作为无线电波最有表征意义的参量。例如，中长波沿地面传播，绕射能力较强；短波以电离层反射方式传播，传输距离很远；而微波只能在大气对流层中直线传播，绕射能力很弱。因此，把无线电波按其频率（或波长）进行命名，如表 7-1 所示。在本部分内容中，将简要介绍短波通信、微波通信、卫星通信、红外通信和散射通信等无线传输技术。

表 7-1　无线电波频率划分

频段	名称	主要应用
30～300kHz	LF（低频）长波	导航
300kHz～3MHz	MF（中频）中波	商用调幅无线电
3～30MHz	HF（高频）短波	短波无线电
30～300MHz	VHF（甚高频）超短波	甚高频电视，调频无线电
300MHz～3GHz	UHF（超高频）微波	超高频电视，地面微波
3～30GHz	SHF（特高频）	地面微波，卫星微波
30～300GHz	EHF（极高频）	实验用点点通信

1．短波通信

短波通信是利用地面发射的无线电波在电离层发射，或电离层与地面之间多次反射而到达接收点的一种远距离通信方式，如图 7-9 所示为短波通信示意图。电离层的高度由数十公里到数百公里，分为多个不同的层次，而且随着季节、昼夜及太阳活动等情况不断变化，因此电离层的不稳定是造成短波通信质量不稳定的主要因素。同时，由于短波通信可能存在多条传播途径，各途径的时延不等，从而造成多径效应及衰落现象。加之，它的工作频段窄，通信容量小，所以在数据通信中很少使用，但是短波通信最突出的优点是投资少，建设快，通信距离远，因而军事通信及移动通信方面仍有实用价值。

图 7-9　短波通信示意图

2．微波通信

微波通信是在对流层的视距范围内利用无线电波进行传输的一种通信方式，由于受地形和天线高度的限制，两微波站间的通信距离一般为 30～50km，长途通信时，必须建立多个中继站。中继站的功能是变频和放大，进行功率补偿，通过各中继站逐站将信息传送下去。

微波通信分为模拟微波通信和数字微波通信两种，模拟微波通信采用调频制，数字微波通信采用相移键控。微波通信的传输质量比较稳定，影响质量的主要因素是雨雪天气对微波产生的吸收损耗，不利地形或环境对微波造成的衰落现象。微波通信以其成本低、中继距离远等优点，成为长途通信的主要手段之一。

3．卫星通信

简单地说，卫星通信就是地球上的无线电通信站之间利用人造卫星作中继站而进行的通信。人造卫星已成为当今通信的重要媒质之一，通信卫星被发射到地球赤道上空 36000km 的静止轨道上，利用卫星上的通信转发器，可以接收由陆地卫星地球站发射的信号。该信号经过放大、变频后，转发到其他的地球站，从而完成地球站之间的传输。一个卫星可以覆盖地球表面 1/3 地区，所以卫星通信具有频带宽，通信容量大，中继站少等诸多优点，并且两个地球站间的直接通信距离可达 13000km，所以卫星通信已经成为当今长途通信的主要手段之一，也是计算机通信的良好媒质之一。

4．激光通信

激光通信是利用激光传输信息的通信方式，激光是一种新型光源，具有亮度高、方向性强、单色性好、相干性强等特征。它具有通信容量大、不受电磁干扰、保密性强、设备轻便、机动性好等优点，但使用时光学收发天线相互对准困难，通信距离限于视距（数公里至数十公里范围），易受气候影响，在恶劣条件下会造成通信中断。

激光通信中，激光光束的发散角通常在毫弧度，甚至微弧度量级，它能够较好地解决日益严重的卫星件的电磁波干扰和保密问题。激光通信中的天线尺寸非常小，但其信息量巨大。此外，深空对于光波是一种无损耗、无干扰的良好传输介质，传输同样速率的信息装备，激光通信性价比最高。

5．红外通信

红外通信在人们日常生活中处处可见，从电视机，遥控器到电梯、门禁系统乃至笔记本电脑，都是红外通信的实例。由于红外通信价格低廉，解决了有线连接的许多不便，因而受到了家电设备厂商、计算机外设厂商以及通信设备厂商的高度重视。

使用发送器和接收器调制出不相干的红外线就可以实现红外通信。无论是直接传输还是发射传输，收发器之间的距离一般都不能超过视线范围。

为了实现各类产品的互连，国际上成立了一个红外数据通信协会（IrDA：Infrared Data Association）来协调各方面的工作，并制定了一系列的标准。这些标准包括物理层协议、数据链路层协议、数据链路控制协议及其他高层协议。这一系列标准的出台不仅规范了产品的设计，同时还进一步扩展了红外通信的功能和应用领域。

6．散射通信

散射通信是利用地面发射的无线电波在对流层散射而返回地面的一种通信方式，工作频率范围为100MHz～10GHz，通信距离一般为150～400km，最高可达800～1000km。

与短波通信相比，散射通信的传输频带较宽，而且通信容量大，能进行多路复用。散射通信的主要缺点是传输损耗，接收信号的强度变化大，为了克服衰落现象，需要采取多种措施，如采用分级接收，加大功率，使用大功率发射极和低噪声接收机等，致使成本提高。散射通信由于通信容量大，不受核爆、磁暴和极光的影响，因而在军事通信中以及无法进行微波通信的条件下，有很高的使用价值。

四、认知数据通信的传输模式

在上一个项目中，已经提到总线可以分为并行总线和串行总线，同步传输和异步传输。实际上数据通信的传输模式也像总线一样分为并行传输和串行传输，同步传输和异步传输等模式，下面就分别予以介绍。

1．并行传输

并行传输是指一个或多个字符数据在并行信道上同时传输的方式，并行传输时，一次传输一个或多个字符数据，速度较快，但其需要并行通道（在线路板级，称为并行总线），线路投资大，不适合远距离传输。

2．串行传输

串行传输是构成字符数据的二进制代码序列在一条信道上以位为单位，按时间顺序的传输方式。串行传输时，发送端按位发送，接收端按位接收，同时还要对所传输的字符加以确认，所以收发双方要采取同步措施，否则接收端不能正确区分出所传输的字符，失去了通信的意义。串行传输速度虽慢，但是只需要一条传输信道，且线路投资少，易于实现，是当前现代通信发展的主要传输方式。

3．同步传输

同步传输方式即为位同步传输技术，在同步传输方式下，收发双方必须建立精准的位定时信号，用以正确区分每位的数据信号。在线路板级，可以通过时钟线的方式予以实现，这在项目6中已经介绍过。如果只有一个信道，则必须在数据发送前加入标志序列，以完成收发双方的同步。

4．异步传输

异步传输不需要同步信号，它以字节为传输单位，当发送1个字节数据时，字节前要加入“起始”信号，字节后要加入“停止”信号。传输时，字节可以连续发送，也可以单独发送，两字节之间的间隔时间可以不确定，实现起来较为简单。本项目所使用的与计算机之间的传输模式就是异步串行传输，将会在下一个任务中进行详细的介绍。

5．双工通信

双工通信是对相互通信的两台通信设备间数据流向的描述，或者说是对一台通信设备执行收发操作能力的描述。双工包括全双工、半双工和单工，其链路结构如图7-11所示。

单工方式如图7-10（a）所示，是指两台通信设备间数据只能在一个方向上传送，在单工方式下，两台通信设备中，一台为发送设备，另一台为接收设备，它们之间有一条通信线路就可以了。

半双工方式如图 7-10（b）所示，是指相互通信的两台通信设备具有收发数据的能力，但在某一时间内它们只能执行一种操作（收或发），不能同时执行收发两种操作。相应的，在它们之间的通信线路上可在两个方向上传输数据，但在某一时间内却只能在一个方向上传送数据。

全双工方式如图 7-10（c）所示，是指相互通信的两台通信设备可以同时发送和接收数据，即数据同时可在两个方向上传送，所以它们之间至少需要两条通信线路。

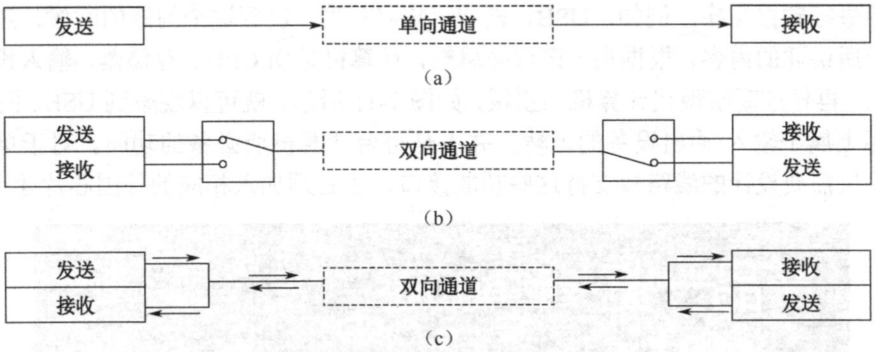

图 7-10　双工通信链路结构

【任务小结】

在本任务中，介绍了数据通信的基本概念，指出数据通信由数据处理和数据传输两部分组成，为了保证数据传输的可靠性，需要参照或指定数据通信协议，以确保发送方发送的数据能够被接收方正确解析。

接下来，介绍了数据通信中的传输媒质，可以分为有线传输媒质和无线传输媒质两大类。主要的有线传输媒质有双绞线、同轴电缆、电力线、电话线、波导管和光纤等。主要的无线传输媒质有短波通信、微波通信、卫星通信、红外通信和散射通信等。

最后，介绍了数据通信的传输模式，可以分为并行传输和串行传输，同步传输和异步传输等模式。并指出串行传输是现代通信技术发展的主要方向，在本项目中使用的与计算机通信的方式，就是异步串行传输。

在下一个任务中，将详细介绍教学实验板与计算机的通信模式——异步串行总线。

笔记：______________________________

____

____

任务二　认知异步串行总线

【任务要求】

（1）认知通用异步串行总线 UART。

（2）认知衡量 UART 传输速率的方法。

（3）认知 UART 的总线标准接口。

（4）使用计算机中的串口。

【任务引入】

在本任务中，将要完成单片机与计算机之间的通信，首先要解决的问题是找到合适的能够使得单片机与计算机之间进行可靠通信的硬件接口。计算机并不是一个独立的个体，它有各种接口与外界进行数据交换，例如，USB、网口、Wi-Fi 等。说到这个问题的时候，还是要回顾在项目 1 中所讲述的内容，根据冯·诺依曼思想，计算机是由 CPU、存储器、输入设备和输出设备组成的。再仔细观察现代计算机的主板，如图 7-11 所示，就可以观察到 USB、网口、Wi-Fi 等接口实际上属于输入/输出设备的范畴，并不是每台计算机所必备的功能。对于单片机也是一样的，如果需要设计的线路板支持这些功能接口，还必须加入相应的外围芯片才可以实现。

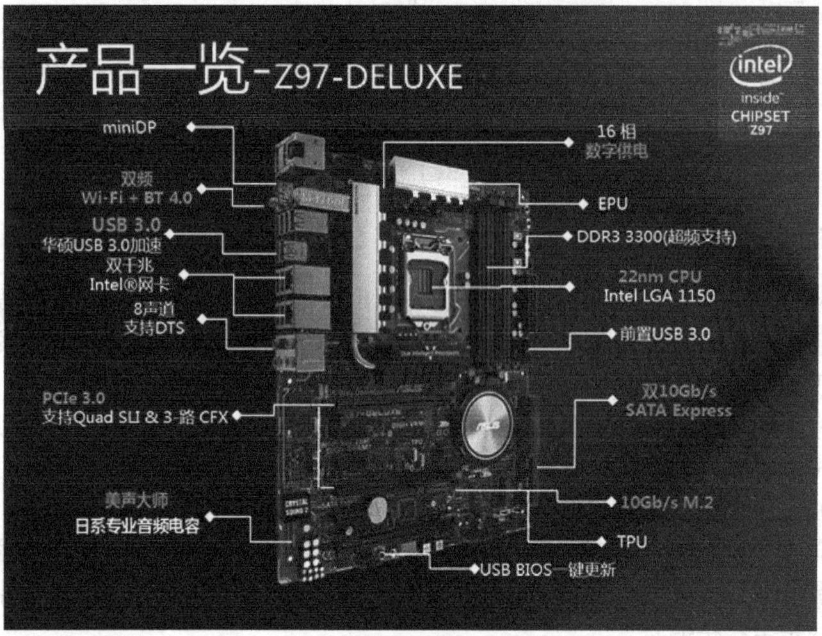

图 7-11　计算机主板图解

那么在本项目中，要如何完成计算机与单片机之间的通信呢？首先要做的事情是选择计算机上合适的接口，计算机上有很多对外的接口，大部分都属于专用接口，对于通用接口来说，有 3 个，那就是 USB 接口、网络接口和无线 Wi-Fi 接口。实际上 Wi-Fi 接口也是网络的一部分，对于网络接口和无线 Wi-Fi 接口来说，不仅要硬件实现，还需在软件上运行 TCP/IP 协议栈，这对于教学实验板上所使用的 8 位单片机来说，实在是太复杂了，所以，网络接口和无线 Wi-Fi 接口都不是本项目的首选接口。那么，除了这些接口以外，仅剩下 USB 接口，可供使用了。

选择好计算机上的接口后，就应该选择单片机上的相应接口了。对于大部分 8 位单片机来说，都不能直接实现 USB 接口，必须经过相应的转换才能够实现，本教学实验板所使用的转换电路图如图 7-12 所示。P2 是 USB 接口座，数据经由电阻 R13 和 R14 后，传递给芯片 CH341T，CH341T 将 USB 信号转换为单片机所能识别的总线传递给单片机的引脚 RXD 和 TXD，完成数据的通信。RXD 的英文全称是 Receive Data，used on RS232 and UART links（在 RS232 总线或者 UART 链路上使用的接收数据引脚），TXD 的英文全称是 Transmit Data，used on RS232 and UART links（在 RS232 总线或者 UART 链路上使用的发送数据引脚）。

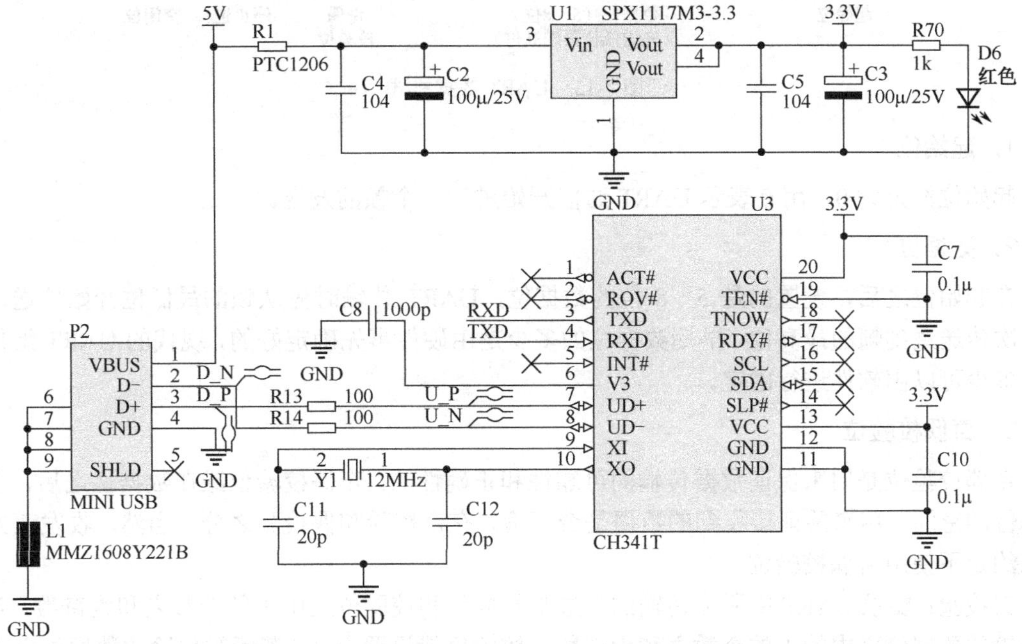

图 7-12　教学实验板中的 USB 转换电路图

至此，将引出单片机上一种非常重要而且大部分是标配的硬件外设——同步串行总线 UART，它的英文全称是 Universal Asynchronous Receiver/Transmitter，译成中文的意思是通用异步收发传输器，通常，将这个硬件模块所对应的总线称为 UART。

【任务指导】

一、认知通用异步串行总线 UART

在上一个任务中，已经介绍过在数据通信的传输模式上对于串行通信来说，可以分为同步串行通信和异步串行通信。如果在线路板级完成相应的通信模式，则称为同步串行总线和异步串行总线。对于同步串行总线，已经在上一个项目中进行了详细的介绍，本任务将以项目所用到的通用异步串行总线（UART）为例，阐述异步串行总线的基本原理。

UART 是较早出现在计算机/单片机上的串行总线，应用 UART 的设备可以通过各自独立的时钟对数据进行接收和发送。UART 的传输是以帧为单位的，帧与帧之间的传输不需要同步，也就是说传输中帧与帧之间的时间间隔可以不固定。但是，对于帧内部的各位要按照固定的时间间隔来发送和接收。在传输前，收发双方要事先约定相同的发送和接收速率，以使得收发双方可以协调工作。

UART 的发送端和接收端之间没有共同的同步时钟，这就需要通过在帧中设置起始位和停止位的方法来使得发送端和接收端在传输中能够同步。当帧传输开始时，发送端先发送一个起始位，然后发送 5 位到 8 位的可变数据位，一个奇偶效验位，最后是这个帧的停止位，这样就构成了 UART 传输中的帧，其格式如图 7-13 所示。

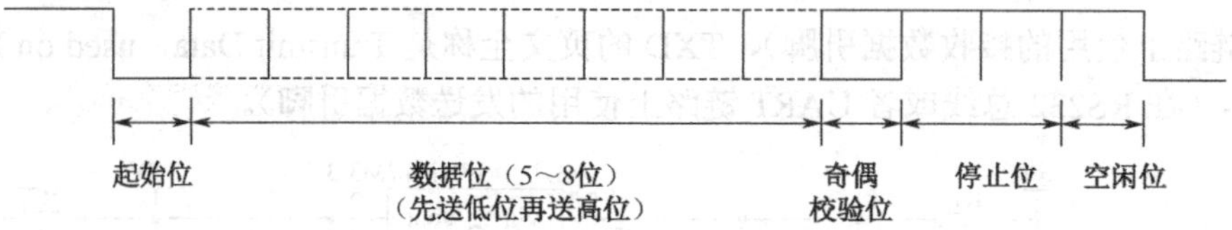

图 7-13　UART 数据格式

1. 起始位

起始位约定为 0，用 0 表示 UART 通信开始进行一个帧的发送。

2. 数据位

在起始位之后，设置的是 5～8 位的数据位，UART 传输时先从帧的最低位开始传送，然后依次传送直到帧的最高位，早期数据位的多少是由硬件事先确定好的，现代的 UART 组件数据位多少可以由软件进行确定。

3. 奇偶校验位

奇偶校验位是用来保证数据传输的可靠性和正确性的，奇偶校验位跟在数据位之后，占用了 1 位的空间，用来验证接收到的数据是否正确，有奇校验和偶校验之分，当然，收发双方也可以约定不使用奇偶校验位。

奇校验：要求 UART 中所需传输的二进制数据位和校验位之中 1 的个数之和为奇数，若所需传输的数据位之中的 1 的个数之和为奇数，校验位就设置为 0；若所需传输的数据位之中的 1 的个数之和为偶数，校验位就设置为 1。

偶校验：要求 UART 中所需传输的二进制数据位和校验位之中 1 的个数之和为偶数，若所需传输的数据位之中的 1 的个数之和为奇数，校验位就设置为 1；若所需传输的数据位之中的 1 的个数之和为偶数，校验位就设置为 0。

4. 停止位

停止位可以设置为 1 位、1.5 位或 2 位，约定为 1，用来表示 UART 结束了 1 帧的传输。

5. 空闲位

空闲位约定为 1，用 0 表示 UART 的传输线上没有数据传输，但在大部分情况下，UART 中不设置空闲位，以追求传输的高效率。

二、认知衡量 UART 传输速率的方法

通过上面内容的学习，可以注意到 UART 在进行数据传输时，是不需要数据线的，但是事先必须约定双方的传输速率，这样才能保证接收端能够正确解析发送端传递过来的数据。在现代通信中，以波特率或比特率来衡量串行总线的传输速率，下面将分别加以介绍。

1. 波特率

在信息传输通道中，携带数据信息的信号单元称为码元，每秒钟传输的码元数称为码元的传输速率，简称波特率。波特率是指数据信号对载波的调制速率，它用单位时间内载波调制状态改变的次数来表示，也就是每秒钟调制的码元数，其单位是 Baud，波特率是传输通道频宽的指标。

2. 比特率

每秒钟通过信道传输的信息量称为位传输速率，也就是每秒钟传送的二进制位数，简称比特率。比特率表示有效数据的传输速率，用 bps（b/s）来表示。

3. 波特率与比特率的关系

用例子来说明波特率与比特率的关系，例如，需要每秒钟传送 240 个字符，每个字符格式包含 10 位（1 个起始位，1 个停止位，8 个数据位），则该传输的码元是字符，所以波特率为 240Baud，而比特率则为 240×10=2400bps。又如，需要每秒钟传送 240 个二进制位，这时传输的码元是位，所以波特率为 240Baud，而比特率也为 240bps。

对于 UART 来说，一般情况下以位作为码元来处理，这样衡量 UART 的波特率与比特率就有相同的数值，在实际项目应用中常见的比特率有 110bps、300bps、600bps、1200bps、2400bps、4800bps、9600bps、14400bps、19200bps、38400bps、56000bps 和 115200bps。

在这里，为了保证单片机与计算机之间的正常通信，单片机的波特率与计算机的波特率需要维持一致。

三、认知 UART 的总线标准接口

UART 仅规定了一种通信传输的数据格式，在具体应用上根据不同的应用场合要求的传输距离、传输速度和抗干扰能力等因素，还分为不同的总线标准接口。

所谓标准接口，就是明确定义若干信号线，使接口电路标准化、通用化，借助 UART 不同类型的数据通信设备可以很容易实现它们之间的串行通信连接。采用标准接口后，能很方便地把各种计算机、外部设备、测量仪器等有机连接起来，进行串行通信。UART 的总线标准接口有以下几类：RS-232、RS-422、RS-423、RS-485 和 20mA 电流环技术。其中最为常用的是 RS-232、RS-422 和 RS485，将加以重点介绍。

1. RS-232

RS-232 是电子工业协会 EIA（Electronic Industry Association）制定的一种串行物理接口标准，RS 是英文“推荐标准”的缩写，232 为标识号。RS-232 总线规定了 21 个信号和 25 个引脚，包括一个主通道和一个辅助通道，在多数情况下使用主通道。对于一般双工通信，仅需几条信号线就可以实现，包括一条发送线、一条接收线和一条地线。

RS-232 是计算机最早采用的串行总线标准接口，几年前的计算机都可以看到 RS-232 的踪影，如图 7-14 所示，它由 9 针组成，其中引脚 2 是数据接收引脚，引脚 3 是数据发送引脚，引脚 5 是地，只要知道了这 3 个引脚，就能完成一般的通信要求了。

RS-232 的电气特性，如表 7-2 所示。RS-232 为了增强数据的传输距离和可靠性，使用 5～15V 表示逻辑电平“0”，使用-15～5V 表示逻辑电平“1”。通过先前项目知识的学习，大家应该知道，单片机的逻辑电平“0”是地，逻辑电平“1”是单片机的供电电压，使用 3.3V 给单片机供电，所以逻辑电平“1”是 3.3V。通过以上陈述，大家应该可以判断出单片机的 RXD 和 TXD 引脚是不能与 RS-232 的 RXD 和 TXD 引脚直接相连的，因为它们之间的电平不匹配。所以在具体项目应用时，需要通过电平转换芯片把单片机的电平转换为 RS-232 的电平，常用的芯片有 MAX232、MAX3232、SP232、SP3232 等。

为了保证可靠传输，RS-232 的传输速率一般限制在 200kbps 以下，通信距离小于 15 米，如果希望延长通信距离，需降低传输速率和提高线缆质量，但其最长的传输距离也不会超过 60 米。

图 7-14　计算机中的 RS-232 接口

表 7-2　RS-232 的电气特性

逻辑“0”时，驱动器输出电平	5～15V
逻辑“0”时，驱动器接收电平	>3V
逻辑“1”时，驱动器输出电平	-15～5V
逻辑“1”时，驱动器接收电平	<-3V

2．RS-422

RS-422 是 EIA 公布的“平衡电压数字接口电路的电气特性”标准，这个标准是改善 RS-232 标准的电气特性，又考虑与 RS-232 兼容而指定的。RS-422 与 RS-232 的关键不同在于把单端输入改为双端差分输入，信号地不再共用，双方的信号地也不再接到一起。

RS-422 给出了对电缆、驱动器的要求，规定了双端电气接口形式，其标准是双绞线传送信号。它通过传输线驱动器，将逻辑电平变换为电位差；通过传输线接收器，由点位差转换为逻辑电平，实现信号接收。

RS-422 比 RS-232 具有更快的传输速度和更远的传输距离。传输速率最大可为 10Mbps，在此速率下，电缆长度允许 120 米。如果采用较低的传输速率，最大距离可达 1200 米。

RS-422 为全双工总线，可同时进行收发操作，所以在硬件设计上将收发当作 2 个通道，每个通道使用 2 条信号线，通过信号线直接电位差传递“0”、“1”状态。RS-422 不仅能够实现点对点的信号传输，还可以实现点对多点的信号传输。RS-422 规定驱动器输出电平为-6～6V，接收器可以检测到的输入信号电平可低到 200mV。

3．RS-485

使用 RS-422 进行数据传输需要 4 条信号线，为了减少传输线缆的数量，EIA 在 RS-422 的基础上，推出了 RS-485 标准。RS-485 采用半双工工作模式，在某一时刻，通信双发的两端，只能一端进行发送操作。

真正的多点总线应由连接至总线的多个驱动器和接收器构成，并且其中任何一个均可发送或接收数据，也就是说两条信号线组成的单通道即可完成收发功能。RS-485 是一种多发送器的电路标准，它扩展了 RS-422 的性能，允许双线总线上一个发送器驱动 32 个负载设备。负载设备可以是本地发送器、接收器或收发器。当用于多站互联时，可节省信号线，便于高速远距离传送信号。

（4）RS-232、RS-422、RS-485 的性能比较

RS-232、RS-422、RS-485 的性能比较如表 7-3 所示。如果是近距离点对点传输，应该选择 RS-232 标准；如果要求远距离全双工传输，应该选择 RS-422；如果允许远距离半双工传输，选择 RS-485 就可以了。实际上对于这 3 种总线，应用最为广泛的当属 RS-485。

表 7-3　RS-232、RS-422 和 RS-485 的性能比较

接口	RS-232	RS-422	RS-485
操作方式	单端	差动	差动
最大距离	15 米	1200 米	1200 米

续表

接口	RS-232	RS-422	RS-485
最大速率	200kbps	10Mbps	10Mbps
最大驱动器数目	1	1	32
最大接收器数目	1	10	32
接收灵敏度	±3V	±200mV	±200mV
驱动器输出阻抗	300Ω	60kΩ	120kΩ
接收器负载阻抗	3～7kΩ	>4kΩ	>12kΩ
负载阻抗	3～7kΩ	100Ω	60Ω

四、使用计算机中的串口

通过上面问题的讨论，应该能够分析出，按照常规的项目设计方法应该选择 RS-232 实现本项目的通信操作。但是，现在的计算机在硬件上已经不再支持 RS-232 接口，不过这并不意味着计算机本身不支持 UART。由于 UART 的应用范围实在是太广泛了，虽然计算机的主板设计上已不再支持 RS-232 接口，但是计算机的核心仍然支持 UART。

那么，现代计算机是如何实现对 UART 支持的呢？这就要说到另外一种总线，它的名字大家一定非常熟悉，称为 USB。USB 是英文 Universal Serial Bus（通用串行总线的缩写），用于规范计算机与外部设备的连接和通信，支持设备的热插拔和即插即用功能。从 1994 年发布 0.7 版本以来，经历了 20 多年的发展，现在的版本已经是 3.1，从原先的 1.5Mbps 的传输速率提升到 10Gbps 的传输速率，已经成为 21 世纪计算机中的标准扩展接口。USB 采用菊花链的形式把所有的外设连接起来，最多可以支持 127 个外部设备，并且不会损失带宽。USB 有主从之分，需要主机硬件、操作系统和外设三方面协同操作，USB 还可以通过专门的 USB 连机线实现机机互联，并且可以通过 HUB 扩展更多的接口。USB 现已支持鼠标、键盘、打印机、扫描仪、摄像头、充电器、闪存盘、MP3、手机、数码相机、移动硬盘等几乎所有的外部设备。

USB 在设计之初，就考虑到了对于其他总线接口的兼容问题，其在 Windows 操作系统上的 USB 分类中，就有一大类称为 CDC 类（Communication Device Class 通信设备类），就负责将 USB 转换为 UART，在中文操作系统中，就直接将 UART 称为串口。如果希望在计算机中扩展 RS-232，只需要购买相应的 USB 转 RS-232 转换线即可，如图 7-15 所示。

当第 1 次将 USB 线插入时，操作系统会提示安装驱动程序，驱动程序正确安装后，就可以在 Windows 的设备管理器中查看串口了，如图 7-16 所示，COM1 即为串口 1，而且由于使用的是 USB 转 RS-232 转换线，其输出接口符合 RS-232 标准。

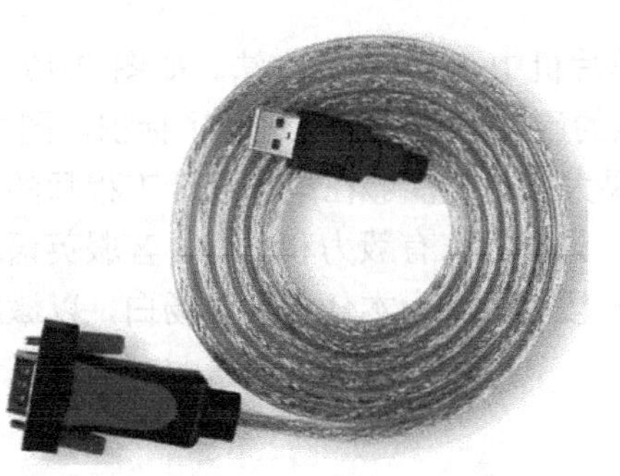

图 7-15　USB 转 RS-232 转换线

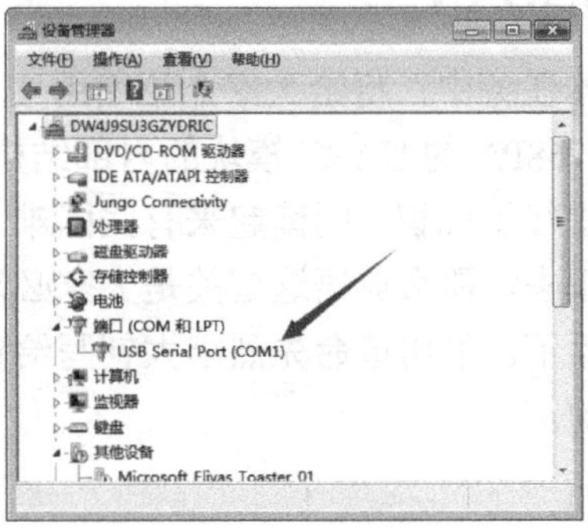

图 7-16　在设备管理器中查看串口

实际上，USB 转 RS-232 转换线的内部是由 2 部分组成的：USB 到 UART 转换芯片和 RS-232 电平转换芯片。大家看到这里，应该能够想到，教学实验板上使用的单片机是不支持 RS-232 电平的，如果使用 USB 转 RS-232 转换线，还需在本板上扩展 RS-232 电平转换。让一切都简单一些吧！只需将转换线的 USB 到 UART 转换芯片移到教学实验板上就可以了，既省去了线缆，又去除了电平转换的麻烦，是不是一举两得呢？

【任务小结】

在这个任务中，介绍了非常重要的异步串行总线的知识。

RS-232 是最早使用的 UART 接口标准，虽然现在的计算机上已经不再支持 RS-232 接口了，但是很多已有的设备仍然使用 RS-232 接口，所以要对 RS-232 的基本概念有一个清晰的了解，才适合今后的项目实践。RS-422 是全双工异步串行总线，而 RS-485 是半双工异步串行总线，由于大部分工业现场总线都不需要较高的实时传输效率，所以 RS-485 相比 RS-422 有着更为广泛的应用领域。

关于本项目的基础知识就介绍这么多了，在后需的任务中，将探讨单片机中 UART 驱动程序的实现方法，传输协议的解析方法，并最终完成通过计算机更改教学实验板上实时时钟的项目应用。

笔记：

任务三　操纵单片机中的 UART

【任务要求】

（1）理解 UART 的硬件结构。

（2）理解 UART 硬件驱动的初始化。

（3）理解 UART 硬件驱动的数据发送与接收。

（4）在计算机上显示实时时钟的当前时间。

【任务引入】

在本任务中，将给大家介绍使用 C 语言操纵单片机中 UART 的方法。如图 7-17 所示为 ATmega168PA 的 UART 模块的内部结构，其中重点的硬件部分用红色进行了标识。图 7-17 使用英文进行了标识，阅读起来有些困难。不过，如果大家希望能够在电子设计工程师的岗位上一直走下去，那么英语这道关是大家必须要通过的。只要大家有毅力和恒心，客服英语这道关都不在话下。引用革命先烈李大钊写给青年同学的一段话，作为本任务的开场白，以激励大家不断向前。

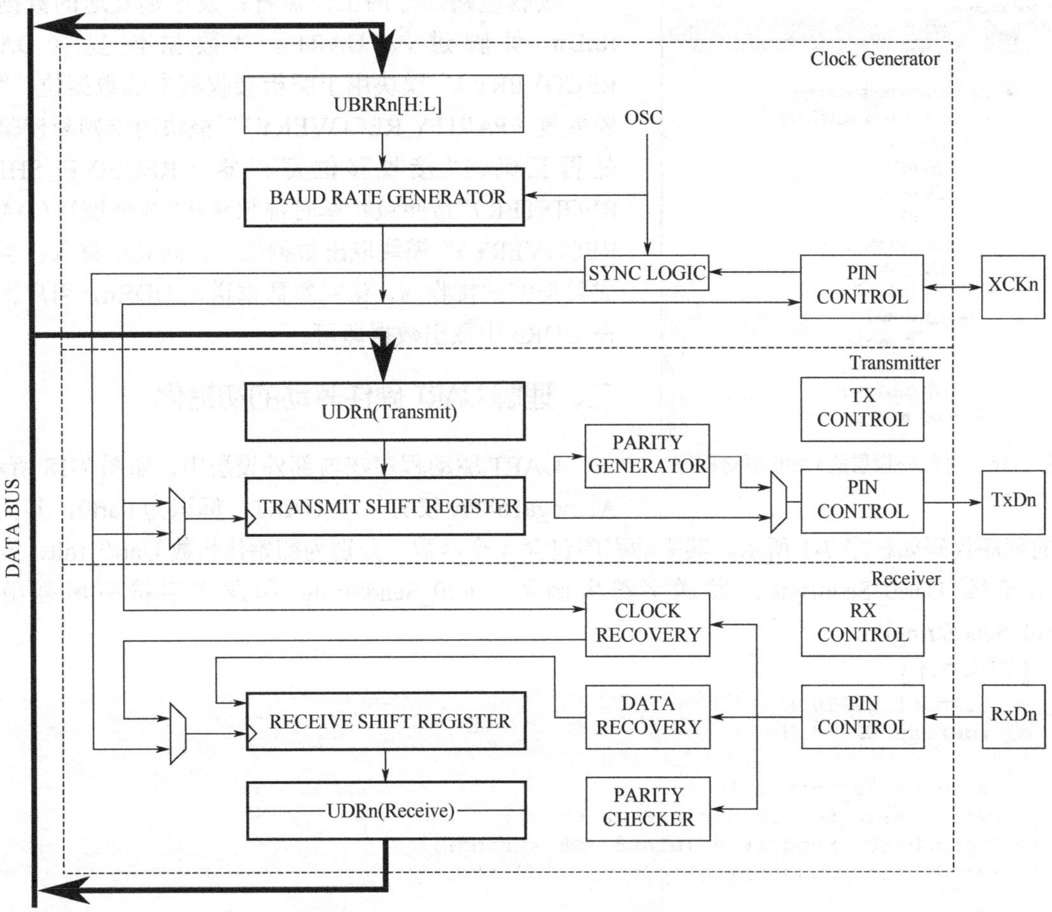

图 7-17　ATmega168PA 的 UART 模块的硬件结构

青年之字典，无“困难”之字，青年之口头，无“障碍”之语；惟知跃进，惟知雄飞，惟知本其自由之精神，奇僻之思想，锐敏之直觉，活泼之生命，以创造环境，征服历史。

——李大钊

【任务指导】

一、理解 UART 的硬件结构

纵看图 7-17，可分为上、中、下 3 部分，上面部分负责时钟的产生（Clock Generator）、中间部分负责串行数据的发送（Transmitter）、下面部分负责串行数据的接收（Receiver）。

时钟产生电路部分的基本原理比较简单，时钟信号送入“波特率产生器（BAUD RATE GENERATOR）”，产生事先由用户定义的波特率时钟脉冲送入发送和接收部分的数据移位寄存器。

发送电路部分的工作流程：用户把待发送的数据送入 UDRn 寄存器进行缓存；UDRn 寄存器中的数据以字节的形式送入“发送移位寄存器（TRAMSMIT SHIFT REGISTER）”，发送移位寄存器按照波特率时钟脉冲将数据以位方式，从低端移出送入 TxDn 引脚；在移位结束时，可加入奇偶校验位，奇偶校验位由“校验位产生器（PARITY GENERATOR）”发出。

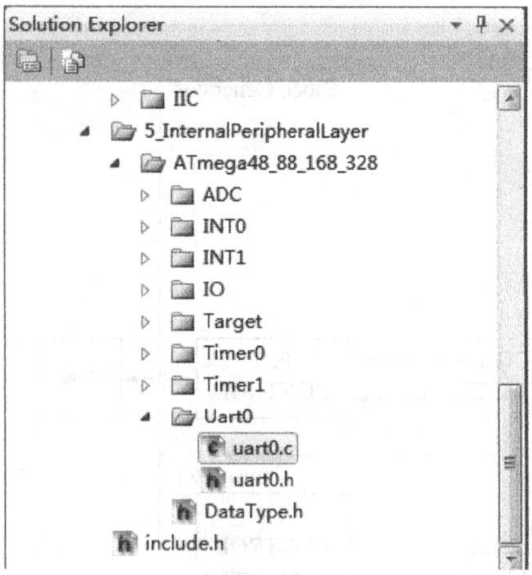

图 7-18　内部外设层的 uart0 驱动程序

接收电路部分的工作流程：发送端发送的数据从 RxDn 引脚进入 UART，“数据恢复（DATA RECOVERY）”模块用于解析接收帧中的数据位；“校验恢复（PARITY RECOVERY）”模块用于判断校验位是否正确；“接收移位寄存器（RECEIVE SHIFT REGISTER）”按照波特率时钟脉冲从“数据恢复（DATA RECOVERY）”模块取出数据位，并向高端移入；当完成数据帧的接收后，将完整数据送入 UDRn，用户程序在 UDRn 中取出数据即可。

二、理解 UART 硬件驱动的初始化

UART 驱动程序在内部外设层中，如图 7-18 所示。ATmega168PA 仅有一个 UART，标识为 uart0，其头文件的程序代码如程序 7-1 所示。其驱动程序包含 4 个函数，分别为初始化函数 Uart0_Init，发送字节函数 Uart0_SendByte，发送字符串函数 Uart0_SendString 和发送字符串增强函数 Uart0_SendStringPro。

【程序 7-1】

```
#ifndef UART0_H_
#define UART0_H_

void Uart0_Init(void);
void Uart0_SendByte(uint8 u8_byte);
void Uart0_SendString(uint8 *u8_string);
void Uart0_SendStringPro(uint8 *u8_string);

#endif /* UART0_H_ */
```

在这一部分中，主要讨论 UART 的初始化函数，打开 uart0.c 文件，可以看到 Uart0_Init 函数的完整代码，如程序 7-2 所示。这段代码第一眼看上去，好像很复杂，实际上一切都很简单。

【程序 7-2】

```
void Uart0_Init(void)
{
 uint32 u32_BaudRate=0;
#if (INTERNAL_PERIPHERAL_UART0_MODE & 0x0F) == 0x01
 u32_BaudRate=110;
#elif (INTERNAL_PERIPHERAL_UART0_MODE & 0x0F) == 0x02
 u32_BaudRate=300;
#elif (INTERNAL_PERIPHERAL_UART0_MODE & 0x0F) == 0x03
 u32_BaudRate=600;
#elif (INTERNAL_PERIPHERAL_UART0_MODE & 0x0F) == 0x04
 u32_BaudRate=1200;
#elif (INTERNAL_PERIPHERAL_UART0_MODE & 0x0F) == 0x05
 u32_BaudRate=2400;
#elif (INTERNAL_PERIPHERAL_UART0_MODE & 0x0F) == 0x06
 u32_BaudRate=4800;
#elif (INTERNAL_PERIPHERAL_UART0_MODE & 0x0F) == 0x07
 u32_BaudRate=9600;
#elif (INTERNAL_PERIPHERAL_UART0_MODE & 0x0F) == 0x08
 u32_BaudRate=14400;
#elif (INTERNAL_PERIPHERAL_UART0_MODE & 0x0F) == 0x09
 u32_BaudRate=19200;
```

```
    #elif (INTERNAL_PERIPHERAL_UART0_MODE & 0x0F) == 0x0A
     u32_BaudRate=38400;
    #elif (INTERNAL_PERIPHERAL_UART0_MODE & 0x0F) == 0x0B
     u32_BaudRate=56000;
    #elif (INTERNAL_PERIPHERAL_UART0_MODE & 0x0F) == 0x0C
     u32_BaudRate=115200;
    #else
     #error 异步串行口0波特率设置错误
    #endif
     //允许发送和接收,使能接收中断使能
     UCSR0B=BIT(RXCIE0)| BIT(RXEN0) |BIT(TXEN0);
     UBRR0L=(F_CPU/16/(u32_BaudRate+1))%256;
     UBRR0H=(F_CPU/16/(u32_BaudRate+1))/256;
     //8位数据+1位STOP位
    UCSR0C=BIT(UCSZ01)|BIT(UCSZ00);
    #if (INTERNAL_PERIPHERAL_UART0_MODE >> 4) == 0x00
     CLRBIT(UCSR0C, BIT4);
     CLRBIT(UCSR0C, BIT5);
    #elif (INTERNAL_PERIPHERAL_UART0_MODE >> 4) == 0x01
     CLRBIT(UCSR0C, BIT4);
     SETBIT(UCSR0C, BIT5);
    #elif (INTERNAL_PERIPHERAL_UART0_MODE >> 4) == 0x02
     SETBIT(UCSR0C, BIT4);
     SETBIT(UCSR0C, BIT5);
    #endif
    }
```

为了弄明白程序 7-2 所示代码的真正含义，还需查看项目对 UART 的配置参数，打开 config.h 文件，找到对 UART 配置的程序代码，如程序 7-3 所示。

【程序 7-3】

```
    #define INTERNAL_PERIPHERAL_UART0_MODE            0x00
    //0x00:  不初始化异步串行口0
    /*-----------无效验-------偶效验------奇效验------*/
    //110bps      0x01       0x11        0x21
    //300bps      0x02       0x12        0x22
    //600bps      0x03       0x13        0x23
    //1200bps     0x04       0x14        0x24
    //2400bps     0x05       0x15        0x25
    //4800bps     0x06       0x16        0x26
    //9600bps     0x07       0x17        0x27
    //14400bps    0x08       0x18        0x28
    //19200bps    0x09       0x19        0x29
    //38400bps    0x0A       0x1A        0x2A
    //56000bps    0x0B       0x1B        0x2B
    //115200bps   0x0C       0x1C        0x2C
```

该段代码定义了 UART0 配置宏 INTERNAL_PERIPHERAL_UART0_MODE，根据注解信息对其进行配置。该宏定义为一个 8 位字节，低 4 位表示波特率，对应关系如下：

1：110bps

2：300bps

3：600bps

4：1200bps

5：2400bps

6：4800bps

7：9600bps

8：14400bps

9：19200bps

A：38400bps

B：56000bps

C：115200bps

使用高 4 位表示校验位，0 表示无校验，1 表示偶校验，2 表示奇校验。根据这些参数进行组合就形成了程序 7-3 的注释信息，再通过对宏 INTERNAL_PERIPHERAL_UART0_MODE 按照注解中的数据进行设置，就可以完成对 UART0 的配置。

看懂配置信息后，再看初始化函数，应该就比较容易了。具体流程如下。

（1）程序首先定义 32 位变量 u32_BaudRate，然后根据 UART0 配置宏低 4 位的具体数值，将 u32_BaudRate 设置成相应的波特率。

（2）设置 UCSR0B 寄存器，允许 UART0 进行发送和接收操作，并使能接收中断。

（3）取出 u32_BaudRate 的低 8 位设置到 UBRR0L 寄存器中，再取出 u32_BaudRate 的高 8 位设置到 UBRR0H 寄存器中，这样 UART0 的波特率就设置好了。

（4）设置 UCSR0C 寄存器，将 UART0 设置为 8 位数据位和 1 位停止位，这种设置方式是工业现场总线最常用的设置方式。

（5）取出 UART0 配置宏的高 4 位，根据其具体数值设置校验位，至此初始化程序完成。

三、理解 UART 硬件驱动的数据发送与接收

在这一部分中，先来讲解 UART0 的发送函数，通过程序 7-1 可知，UART 硬件驱动支持 3 个发送函数，分别用于发送字节、发送字符串和发送带有回车和换行的字符串。

函数 Uart0_SendByte 的程序源码如程序 7-4 所示，程序首先进入一个 while 循环，其退出条件是 UDR0 寄存器中的数据已经发送完毕。当条件满足时，退出循环，然后将欲发送的数据送入 UDR0 寄存器，单片机会自动根据已经配置好的 UART 参数，将数据从 TxD 引脚发送出去。

【程序 7-4】

```
void Uart0_SendByte(uint8 u8_byte)
{
 while (!(UCSR0A&(1<<UDRE0)));
 UDR0=u8_byte;
}
```

函数 Uart0_SendString 用于发送字符串信息，如程序 7-5 所示，在调用该函数时，将字符串的首地址作为指针传递给该函数。函数由 while 循环构成，每循环一次，都从字符串中取出 1 个字符，通过调用 Uart0_SendByte 函数将其发送出去，然后字符串指针向后移 1 位，直到移至字符串的结尾字符“\0”，while 循环结束。

【程序 7-5】

```
void Uart0_SendString(uint8 *u8_string)
{
 while (*u8_string)
 {
     Uart0_SendByte(*u8_string);
     u8_string++;
 }
}
```

函数 Uart0_SendStringPro 的程序代码如程序 7-6 所示，这段代码在理解上就非常简单了，它调用 Uart0_SendString 将字符串发送出去后，再补上回车换行符。

【程序 7-6】

```
void Uart0_SendStringPro(uint8 *u8_string)
{
 Uart0_SendString(u8_string);
 Uart0_SendByte(0x0D);
 Uart0_SendByte(0x0A);
}
```

读到这里大家应该能够感觉到 UART 驱动程序中只有 UART 的发送函数，而没有关于接收的任何程序代码。这还需要从发送和接收的不同机理讲起，发送是程序主动发起的，程序事先知道何时发送数据，而接收则不然，程序并不知道对方何时发送数据过来。对于接收的处理可以采用查询法和中断法，这两种方法都在先前的项目中讲过。在项目 5 中判断按键是否按下的程序就采用的是查询法，查询法的缺点是，程序必须在后台主循环中不停的判断按键是否按下，消耗了程序运行的大量时间。在项目 4 中，介绍的数码管动态刷新方法就是采用定时器中断来实现的，程序比较简洁，而且还有很高的效率。

为了提高接收的效率，UART 的接收程序也是在中断中完成的，其具体实现在 main.c 文件中，如程序 7-7 所示。当 UART 接收到外部设备发送过来的数据后，会触发 UART 接收中断，然后指针指向 UART 接收中断服务函数，进行中断处理。中断处理函数首先将数据从寄存器 UDR0 中取出，然后再将此数据进行相应的处理即可。例如，程序 7-7 所示的例子，当我们使能 MINIUART 协议后，就可以将从 UDR0 中取出的数据传递给 MINIUART 的中断处理函数中，就可以了。

【程序 7-7】

```
#if INTERNAL_PERIPHERAL_UART0_MODE != 0
ISR(USART__RX_vect)
{
 uint8 u8_UartData;
 u8_UartData = UDR0;
#if PROTOCOL_MINIUART_UART0_MODE !=0
 miniUART_UartInterrupt(&miniUART_UART0, u8_UartData);
#endif
}
#endif
```

四、在计算机上显示实时时钟的当前时间

接下来，尝试将教学实验板上显示的时间信息发送到计算机端，至于接收计算机端发送过来的数据，是具有一定难度的，将在下一个任务中，给大家进行讲解。好了，现在开始本部分内容的学习，步骤如下。

（1）复制例程 6-22，在上一个项目的例程的基础上，加入 UART 发送信息的功能。

（2）打开 config.h 文件，对串口进行配置，如程序 7-8 所示，将配置变量设置为 0x0C，即波特率为 115200bps，无奇偶校验。

【程序 7-8】

```
#define INTERNAL_PERIPHERAL_UART0_MODE          0x0C
```

（3）查看如图 7-19 所示的电路图，可以看到实时时钟模块 SD2405API 和 USB 串口转换芯片 CH341T 是共用同一个连接接口的。查看单片机引脚电路图，可以知道 UART 的收发两个引脚是使用的 ATmega168PA 的 PD0 和 PD1，PD0 为 UART 的接收引脚，PD1 为 UART 的发送引脚，所以必须使用 PORTD 与如图 7-19 所示的电路图相连接。使用灰排线将 P8 端口与 P3 端口连接，这样 PD0 就成为 UART 的发送引脚，PD1 成为 UART 的接收引脚，PD2 是 IIC 总线的

SCL，PD3 是 IIC 总线的 SDA。

（4）打开 IIC_config.h 文件，调整 IIC 引脚的配置，调整好的程序如程序 7-9 所示，使用 PD2 连接 IIC 总线的 SCL，使用 PD3 连接 IIC 总线的 SDA。

【程序 7-9】

```
#ifndef IIC_CONFIG_H_
#define IIC_CONFIG_H_

#define IIC_PORT     PORTD
#define IIC_DDR  DDRD
#define IIC_PIN  PIND

#define IIC_SCL  BIT2
#define IIC_SDA      BIT3

#endif /* IIC_CONFIG_H_ */
```

（5）编写时间发送函数，在 AVRWARE++中，自定义函数的头文件写在 HAL.h 中，自定义函数的 C 文件写在 HAL.c 中。

（6）打开 HAL.h 文件，加入时间发送函数的原型定义，如程序 7-10 所示。加入函数原型 SendTimeToPC，这个函数无参数传递，也无返回值。

【程序 7-10】

```
#ifndef HAL_H_
#define HAL_H_

//引脚定义
////////////////////////////////////////////////////////////////////////
//PortB
#define IO_PB_DIR    0b00000000
#define IO_PB_OUT    0b00000000
////////////////////////////////////////////////////////////////////////

////////////////////////////////////////////////////////////////////////
//PortC
#define IO_PC_DIR    0b00000000
#define IO_PC_OUT    0b00000000
////////////////////////////////////////////////////////////////////////

////////////////////////////////////////////////////////////////////////
//PortD
#define IO_PD_DIR    0b00000000
#define IO_PD_OUT    0b00000000
////////////////////////////////////////////////////////////////////////

//函数原型声明
void SendTimeToPC(void);

#endif /* HAL_H_ */
```

（7）在 HAL.c 中加入函数的实现，如程序 7-11 所示。这段程序是将当前时间的年、月、日、时、分、秒和星期通过 UART 的字节发送函数传递出去。在这里需要提醒大家注意的是实时时钟的时间是用 BCD 码表示的，字节的高 4 位表示十位，字节的低 4 位表示个位。

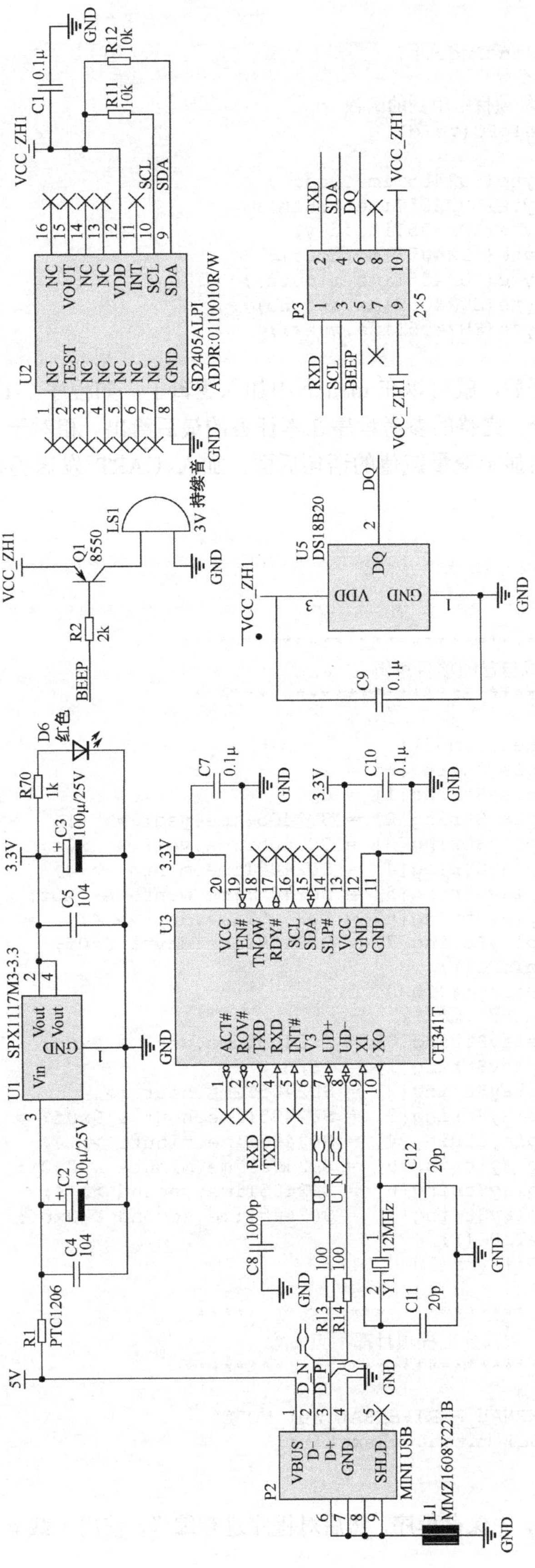

图 7-19　USB 串口转换、实时时钟和温度采集模块

【程序 7-11】

```
#include "../include.h"

//以下函数为工程项目中用到的函数
void SendTimeToPC(void)
{
 Uart0_SendByte(SD2405Time.year);
 Uart0_SendByte(SD2405Time.month);
 Uart0_SendByte(SD2405Time.day);
 Uart0_SendByte(SD2405Time.hour);
 Uart0_SendByte(SD2405Time.minute);
 Uart0_SendByte(SD2405Time.second);
 Uart0_SendByte(SD2405Time.week);
}
```

（8）这些都准备好后，就可以在 main.c 中加入逻辑了，如程序 7-12 所示。在这里仅列出后台主循环的程序部分，完整的参考程序在本任务的最后给出。相对于上一个项目，后台主循环改变不大，仅是在给显示变量赋值的语句后面，加入 UART 发送函数，将时间信息发送到 PC 端。

【程序 7-12】

```
while(1)
 {
     /*
     **********************************
     在这里完成自己的项目逻辑
     **********************************
     */
     SD2405_ReadTime();
     u8g_DisplayString[0] = 2;
     u8g_DisplayString[1] = 0;
     u8g_DisplayString[2] = SD2405Time.year >> 4;
     u8g_DisplayString[3] = SD2405Time.year & 0x0f;
     u8g_DisplayString[4] = SD2405Time.month >> 4;
     u8g_DisplayString[5] = SD2405Time.month & 0x0f;
     u8g_DisplayString[6] = SD2405Time.day >> 4;
     u8g_DisplayString[7] = SD2405Time.day & 0x0f;
     SendTimeToPC();
     TARGET_Delayms(1000, 1);
     SD2405_ReadTime();
     u8g_DisplayString[0] = SD2405Time.week & 0x0f;
     u8g_DisplayString[1] = 16;
     u8g_DisplayString[2] = SD2405Time.hour >> 4;
     u8g_DisplayString[3] = SD2405Time.hour & 0x0f;
     u8g_DisplayString[4] = SD2405Time.minute >> 4;
     u8g_DisplayString[5] = SD2405Time.minute & 0x0f;
     u8g_DisplayString[6] = SD2405Time.second >> 4;
     u8g_DisplayString[7] = SD2405Time.second & 0x0f;
     SendTimeToPC();
     TARGET_Delayms(1000, 1);
     /*
     **********************************
     喂狗语句，大部分工程项目都不应去除
     **********************************
     */
     #if INTERNAL_PERIPHERAL_WDT_MODE != 0
         TARGET_WatchDogReset();
     #endif
 }
```

（9）至此程序完成，先保存程序，然后对程序进行编译，使用下载器下载到教学实验板中。

（10）对于数码管的显示部分，和上一个项目的使用是一样的，在这里就不再赘述，将教学实验板的 P4 端口与 P9 端口相连接。也就是使用 PB 端口控制数码管的显示。

（11）完成教学实验板的设计工作后，再来看一下计算机端的配置方法。现代的计算机已经没有直接的 UART 接口，但是其核心（操作系统）仍然是支持 UART 的。在将教学实验板与计算机连接之前，需安装教学实验板使用的 USB 转串口芯片 CH341T 的驱动程序。CH341T 是江苏沁恒股份有限公司生产的新一代 USB 转串口芯片，在其官网上下载最新的 CH341T 的驱动程序，如图 7-20 所示，其网址是：http://www.wch.cn/ download/CH341SER_EXE.html。

图 7-20 CH341T 驱动程序下载网址

（12）驱动程序下载后，双击 CH341SER.exe 就可以进行驱动的安装，界面如图 7-21 所示，单击“安装”按钮即可。

（13）驱动程序安装好后，使用 miniUSB 连接线，将教学实验板连接到计算机的 USB 口，miniUSB 连接线如图 7-22 所示，它是现有 USB 接口的一个标准，由于其相对于传统的 A 型或 B 型接口有更小的体积，相对于 microUSB 接口有更大的电流通量，所以其广泛用于工业连接的 USB 总线中。

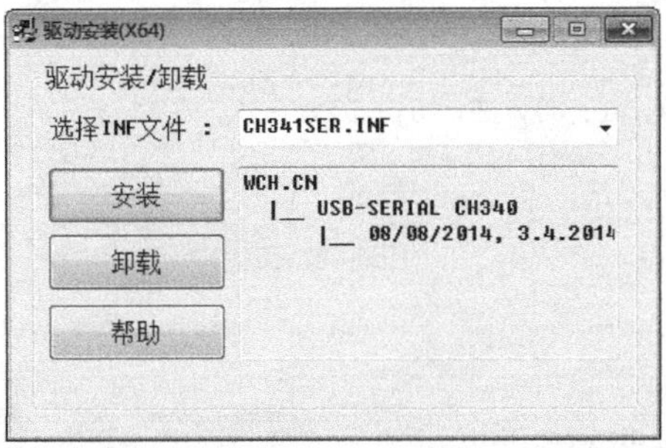

图 7-21 安装 CH341T 驱动程序

图 7-22 miniUSB 连接线

（14）第 1 次插入教学实验板时，操作系统会提示安装驱动程序，选择“本地搜索”即可。驱动程序安装好后，可以通过设备管理器进行查看，如图 7-23 所示。在这里，需要将串口号记住，图 7-24 所示的串口号是 COM8。串口号与 USB 口相关，当插入不同的 USB 口时，会得到不同的串口号。

（15）接下来，就可以打开串口调试软件和教学实验板进行通信了。随书附带有多个串口调试软件，在本例程中，选用 sscom，这个软件界面简洁。

（16）首先应将串口号设置为 COM8，波特率设置为 115200，数据位设置为 8 位，停止位设置为 1 位，校验位设置为 None。

（17）一切都准备好后，单击“打开串口”按钮，就会出现如图 7-24 所示的界面了，在显示区会收到教学实验板发送过来的时间信息，时间间隔为 1 秒。

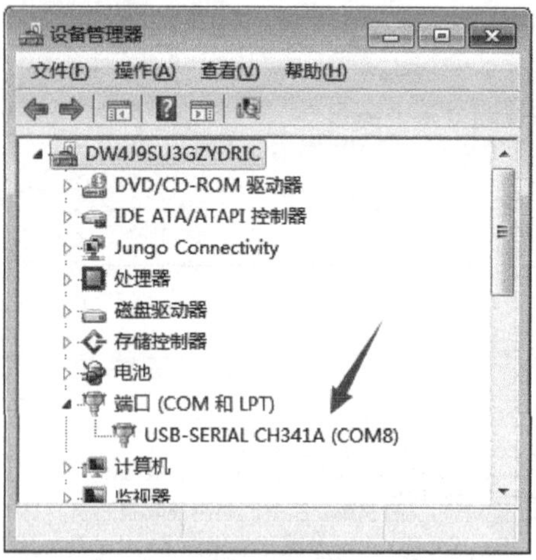

图 7-23　在设备管理器中查看安装好的串口

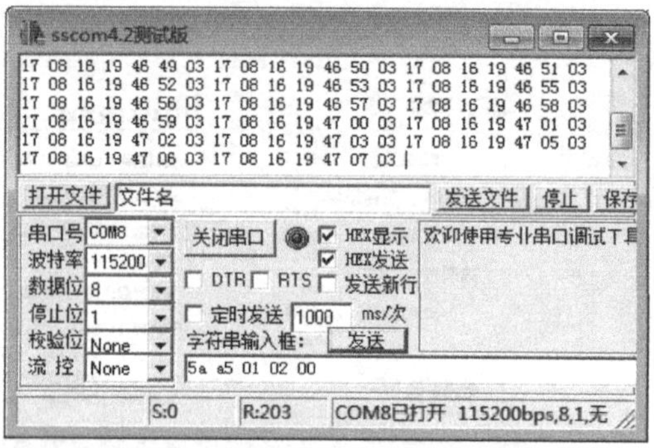

图 7-24　sscom 串口调试软件

（18）发送过来的数据为：17 08 16 19 53 10 03，这段数据表示 17 年 8 月 16 日 19 日 53 分 10 秒星期三。这样，就完成了本例程的设计工作。

（19）最后，为了保证大家在阅读上的完整性，将 main.c 的所有程序，在这里给大家列出，如程序 7-13 所示。

【程序 7-13】

```
//加入包含文件
#include "../include.h"

//定义系统常量

//定义全局变量
uint8 u8g_DisplayString[8];
uint8 u8g_DisplayPoint[8] = {0, 0, 0, 1, 0, 1, 0, 1};

//主程序
int main(void)
{
  //定义局部变量
  uint8 i;

  //目标板初始化，该函数会自动初始化相应的外设文件
  TARGET_Init();

  //初始化全局变量

  //在上电时，执行的相应操作
```

```
    //后台主循环
    while(1)
    {
        /*
        ***********************************
        在这里完成自己的项目逻辑
        ***********************************
        */
        SD2405_ReadTime();
        u8g_DisplayString[0] = 2;
        u8g_DisplayString[1] = 0;
        u8g_DisplayString[2] = SD2405Time.year >> 4;
        u8g_DisplayString[3] = SD2405Time.year & 0x0f;
        u8g_DisplayString[4] = SD2405Time.month >> 4;
        u8g_DisplayString[5] = SD2405Time.month & 0x0f;
        u8g_DisplayString[6] = SD2405Time.day >> 4;
        u8g_DisplayString[7] = SD2405Time.day & 0x0f;
        SendTimeToPC();
        TARGET_Delayms(1000, 1);
        SD2405_ReadTime();
        u8g_DisplayString[0] = SD2405Time.week & 0x0f;
        u8g_DisplayString[1] = 16;
        u8g_DisplayString[2] = SD2405Time.hour >> 4;
        u8g_DisplayString[3] = SD2405Time.hour & 0x0f;
        u8g_DisplayString[4] = SD2405Time.minute >> 4;
        u8g_DisplayString[5] = SD2405Time.minute & 0x0f;
        u8g_DisplayString[6] = SD2405Time.second >> 4;
        u8g_DisplayString[7] = SD2405Time.second & 0x0f;
        SendTimeToPC();
        TARGET_Delayms(1000, 1);
        /*
        ***********************************
        喂狗语句，大部分工程项目都不应去除
        ***********************************
        */
        #if INTERNAL_PERIPHERAL_WDT_MODE != 0
            TARGET_WatchDogReset();
        #endif
    }
    return 0;   //永不执行
}

//串口0接收中断服务处理函数，接收到的数据存储在 UDR0 寄存器中
#if INTERNAL_PERIPHERAL_UART0_MODE != 0
ISR(USART__RX_vect)
{
 uint8 u8_UartData;

 u8_UartData = UDR0;

#if PROTOCOL_MINIUART_UART0_MODE !=0
 miniUART_UartInterrupt(&miniUART_UART0, u8_UartData);
#endif
}
#endif

//定时器0溢出中断服务处理函数
#if INTERNAL_PERIPHERAL_TIMER0_MODE != 0
ISR(TIMER0_OVF_vect)
{
#if INTERNAL_PERIPHERAL_TIMER0_MODE == 1
```

```
 //在此完成逻辑内容
 static uint8 u8_Number;

 u8_Number++;
 if (u8_Number > 7)
 {
     u8_Number = 0;
 }
 NIXIETUBE_SelectLED(u8_Number);
 NIXIETUBE_DrawLED(u8g_DisplayString[u8_Number],
 u8g_DisplayPoint[u8_Number]);

 #if PROTOCOL_MINIUART_UART0_MODE !=0
     miniUART_TimerInterrupt(&miniUART_UART0);
 #endif
 #if PROTOCOL_MINIUART_CH432T_UART0_MODE !=0
     miniUART_TimerInterrupt(&miniUART_CH432T_UART0);
 #endif
 #if PROTOCOL_MINIUART_CH432T_UART1_MODE !=0
     miniUART_TimerInterrupt(&miniUART_CH432T_UART1);
 #endif
 //为了提高运行速度，将此语句写在中断服务处理函数里，用户在使用时，可不理会下列语句
 TCNT0 = TIMER0_TCNT0;
#elif INTERNAL_PERIPHERAL_TIMER0_MODE == 2

#endif
}
#endif

//定时器1溢出中断服务处理函数
#if INTERNAL_PERIPHERAL_TIMER1_MODE != 0
ISR(TIMER1_OVF_vect)
{
 //在此完成逻辑内容

 //为了提高运行速度，将此语句写在中断服务处理函数里，用户在使用时，可不理会下列语句
 TCNT1H = TIMER1_TCNT1H;
 TCNT1L = TIMER1_TCNT1L;
}
#endif

//外部中断0中断服务处理函数
#if INTERNAL_PERIPHERAL_INT0_MODE != 0
ISR(INT0_vect)
{
 //如果使用了CH432T，则调用相应的中断处理函数
 #if EXTERNAL_MODULE_CH432T_MODE != 0
     CH432T_INT();
 #endif
}
#endif

//外部中断1中断服务处理函数
#if INTERNAL_PERIPHERAL_INT1_MODE != 0
ISR(INT1_vect)
{
 //如果使用了CH432T，则调用相应的中断处理函数
 #if EXTERNAL_MODULE_CH432T_MODE != 0
     CH432T_INT();
 #endif
}
```

```
#endif

//CH432T扩展串口0，接收调用函数
#if EXTERNAL_MODULE_CH432T_MODE != 0
void CH432T_Uart0(uint8 u8_UartData)
{
 #if PROTOCOL_MINIUART_CH432T_UART0_MODE != 0
     miniUART_UartInterrupt(&miniUART_CH432T_UART0, u8_UartData);
 #endif
}
#endif

//CH432T扩展串口1，接收调用函数
#if EXTERNAL_MODULE_CH432T_MODE != 0
void CH432T_Uart1(uint8 u8_UartData)
{
 #if PROTOCOL_MINIUART_CH432T_UART1_MODE != 0
     miniUART_UartInterrupt(&miniUART_CH432T_UART1, u8_UartData);
 #endif
}
#endif
```

【任务小结】

本任务从单片机 ATmega168PA 的 UART 模块的硬件结构开始讲起，指出 UART 模块在硬件上分为 3 部分：时钟发生电路、发送数据电路和接收数据电路，并对里面的细节问题进行了讲解，虽然 UART 的模块图是用英文标识的，但是由于其涉及的英文单词比较少，所以阅读起来应该不会有太大的难度。作为一名合格且出色的电子设计工程师，是必须要和英文打交道的，如果大家先前接触英文不多，希望以此为起点，严格要求自己，提升自身能力。

在理解了 UART 的硬件基础后，开始详细讲解硬件驱动的程序设计。首先，讲解的是硬件驱动的初始化，该函数在理解上要和配置文件相配合，才能清晰地明白初始化函数的程序设计思路。然后，分析了 UART 的发送函数，一共有 3 个，分别是发送单一字节、发送字符串和发送带有回车换行符的字符串。对于 UART 数据的接收，在 AVRWARE++中，采用的是中断接收的形式，中断接收服务处理函数在主程序中。

在本任务的最后，以一个实例说明将单片机上的数据发送到计算机上的方法，这个例子看起来复杂，实际在程序设计上难度不大。不过大家是否仔细思考过，如何能够正确接收来自计算机发送过来的数据呢？UART 在硬件上接收具体数据是没有问题的，关键在于如何判断发送过来一串数据的起始和结尾，如果不能准确表示数据串的起始点，则后面的所有数据都会解析错误，大家考虑一下刚刚向计算机发送的数据“17 08 16 19 53 10 03”就应该明白，如果判断 17 是年则后面的数据都会解析正确，如果没有将 17 判断为年，则后面所有的数据都解析错误。所以，UART 在数据的接收处理上是有一定难度的，这个难题将在下一个任务中予以攻克。

笔记：____

____

____

任务四 修正万年历的时间

【任务要求】

（1）正确判断协议的开始。

（2）进一步提高程序的运行效率。

（3）在中断函数中实现 UART 数据的接收。

（4）处理 UART 接收到的数据。

（5）使用计算机控制教学实验板。

【任务引入】

在上一个任务中，介绍了 UART 发送数据的方法，只需在需要发送数据的时间点，调用 UART 的发送函数，就可以完成数据的发送任务。但是，反过来进行数据接收并能正确解析传送过来的数据就没有那么容易了，无论是单片机上的程序设计还是计算机上的程序设计都会面临相同的问题。究其原因，其关键点在于不能很好地判断数据发送的起始点和结尾点。

为了解决这个问题，在进行项目设计之前，都需对传送的数据进行协议的封装。其一般格式如表 7-4 所示。其中需要注意的是，如果能够通过命令长度正确判断协议的结尾，也可不带有协议尾；对于在协议体中，没有标明数据长度的必须带有协议尾。

表 7-4 协议的一般格式

协议头	命令号	命令长度	命令体	校验和	协议尾

本任务将围绕如何解析协议这个问题而展开，介绍最基本的解析十六进制协议的方法，对于其他高级协议的解析方法，将会在后续的项目中介绍。除此之外，还要进一步提高程序的运行效率，减少单片机中 CPU 的等待时间。

【任务指导】

一、正确判断协议的开始

发送端向接收端发送数据时，接收端处于被动地位，数据的到来是随机而不可预知的。如果发送端连续不断地发送各种数据，如何从这个庞大的数据流中解析出每条数据，将是首先要解决的问题。

如果使用上一个任务发送的当前时间数据“17 08 16 19 53 10 03”，只要未能正确判断 17 是年，则后面的所有数据都将解析错误。为了解决这个问题，需要编制一个协议将数据封装起来，并在协议的起始点加入协议头，使得接收方能够正确判断出协议的开始。

选择什么样的数据当作协议头是一个大问题，如果选择的协议头不会在协议体中出现，则会给协议的解析带来极大的便利，可以在程序中一直等待这个协议头的到来，只要这个数据到来，就可以知道一段新的协议数据即将到来，按照到来的先后次序将数据取出就好了。

仍然以这个例子来说，由于使用 BCD 码表示时间信息，BCD 的高 4 位和低 4 位都限制为 0～9，所以只要选用带有 A～F 的十六进制数作为协议头，则在数据体中肯定不会出现。

有了以上的知识准备后，再阐述一下本任务的实际项目需求。

（1）在数码管上显示当前时间。

（2）接收到计算机传来的读取时间命令后，将当前时间发送到计算机。

（3）接收到计算机传来的设置时间命令后，根据协议体中的数据，更改当前实时时钟的时间。

通过上面的项目需求，可以知道本任务改变了上一个任务教学实验板发送时间到计算机的运行模式，转而使用计算机下发指令，教学实验板根据计算机指令进行相应操作的模式。根据上面的项目需求，编制如下传输协议，如表 7-5 所示。由于在协议中加入了命令长度，则接收端可以通过命令长度，自动换算出协议的最后 1 个字节所处的位置，所以对于本任务编制的协议，不使用协议尾。由于本任务中用到的所有数据都是十六进制形式，为了和后面的协议相区别，将本协议命名为十六进制协议。

表 7-5　十六进制协议

命令解释	协议头	命令号	命令长度	命令体	校验和
读取时间	5AH	01H	00H	无	累加和
读取时间回复		02H	07H	年月日时分秒星期	
设置时间		03H	07H	年月日时分秒星期	
设置时间回复		04H	07H	年月日时分秒星期	

下面对表 7-5 所示的协议，做一些必要的解释：

（1）一共指定了 4 条协议，并有各自的唯一命令编号，分别为：读取时间（01H）、读取时间回复（02H）、设置时间（03H）、设置时间回复（04H）。

（2）协议头采用 5AH，这是因为 5AH 译成二进制为 01011010b，0、1 出现的概率是一样的，可以在一定程度上增强抗干扰能力。

（3）命令长度实际上是命令体的长度，不包含校验和。

（4）校验和采用累加和的形式予以实现，具体计算方法是从协议头开始连续加到命令体的最后一个字节。增加校验和是为了判断接收到数据的正确性，接收端接收到数据后，会重新计算校验和，如果计算的校验和与发送端传递过来的校验和相同，则说明传递的数据正确，否则说明在传输时数据发生了变化，这条协议应该抛弃。

二、进一步提高程序的运行效率

分析上一个任务已经完成程序的后台主循环部分，如程序 7-14 所示。程序以 1s 为间隔在数码管上显示时间信息，并向计算机主动发送时间协议。在本任务的开始部分，已经重新进行了项目的需求分析，这个项目将不再主动发送时间协议给计算机。而是，一切均听从计算机的指挥，按照接收到的计算机指令，进行相应的操作。所以，暂且先不理会 SendTimeToPC 函数。

【程序 7-14】

```
while(1)
 {
     /*
     ***********************************
     在这里完成自己的项目逻辑
     ***********************************
     */
     SD2405_ReadTime();
     u8g_DisplayString[0] = 2;
```

```
        u8g_DisplayString[1] = 0;
        u8g_DisplayString[2] = SD2405Time.year >> 4;
        u8g_DisplayString[3] = SD2405Time.year & 0x0f;
        u8g_DisplayString[4] = SD2405Time.month >> 4;
        u8g_DisplayString[5] = SD2405Time.month & 0x0f;
        u8g_DisplayString[6] = SD2405Time.day >> 4;
        u8g_DisplayString[7] = SD2405Time.day & 0x0f;
        SendTimeToPC();
        TARGET_Delayms(1000, 1);
        SD2405_ReadTime();
        u8g_DisplayString[0] = SD2405Time.week & 0x0f;
        u8g_DisplayString[1] = 16;
        u8g_DisplayString[2] = SD2405Time.hour >> 4;
        u8g_DisplayString[3] = SD2405Time.hour & 0x0f;
        u8g_DisplayString[4] = SD2405Time.minute >> 4;
        u8g_DisplayString[5] = SD2405Time.minute & 0x0f;
        u8g_DisplayString[6] = SD2405Time.second >> 4;
        u8g_DisplayString[7] = SD2405Time.second & 0x0f;
        SendTimeToPC();
        TARGET_Delayms(1000, 1);
        /*
        ************************************
        喂狗语句，大部分工程项目都不应去除
        ************************************
        */
        #if INTERNAL_PERIPHERAL_WDT_MODE != 0
            TARGET_WatchDogReset();
        #endif
    }
```

去除 SendTimeToPC 函数后，主循环就是反复执行读取时间和显示时间的操作。但是，当程序运行到 TARGET_Delayms(1000, 1)语句时，单片机中的 CPU 在干什么呢？这需要查看 TARGET_Delayms 具体的执行语句，实际上 CPU 在这 1000ms 的时间内，只是进行等待操作，除了中断能够打断主循环，进行中断服务函数的执行操作外，其余什么也不做。

通过前面项目的学习可以知道，单片机的运行速度是以 μs 计的，1000ms 的空等待，对于 CPU 的执行效率来说，是极大的浪费，除非有低功耗等方面的需求，否则这种程序设计方法是不可取的。

那么，如何能够提高 CPU 的运行效率呢？答案是在程序中尽量不出现延时语句，如果非要延时，也最好采用短延时，不要像上一个任务一样，一下就延时 1000ms 的时间。

不使用延时语句，如何能够做到精准延时呢？那就是定时器，只需使用定时器产生项目需要的延时。重新再看工程配置文件，已经使用了定时器 0，用于数码管的显示，继续使用定时器 0 产生 1000ms 的精准定时是可行的，不过也可以使用定时器 1，以增强程序的可读性。程序的具体实现步骤如下。

（1）在上一个任务例程的基础上，完成本例程的程序设计，复制程序 7-13，并打开工程。

（2）打开 config.h 配置文件，使能定时器 1，并将定时时间设置为 10ms，如程序 7-15 所示。

【程序 7-15】

```
#define INTERNAL_PERIPHERAL_TIMER1_MODE          1
 //0:     不初始化TIMER0
 //1:     定时10ms
 //2:     定时1ms
```

（3）打开 main.c 增加全局变量 u8g_Is1000ms，标识 1000ms 时间点是否到来，设置为全局变量的原因是该变量要被定时器 1 中断服务处理函数和 main 函数共同调用，设置好的变量定义语句如程序 7-16 所示。

【程序 7-16】

```
//定义全局变量
uint8 u8g_DisplayString[8];
uint8 u8g_DisplayPoint[8] = {0, 0, 0, 1, 0, 1, 0, 1};
uint8 u8g_UartReceivedData[10];       //存储UART接收到的数据
uint8 u8g_UartIsReceived = FALSE;     //表示UART中的数据是否接收完毕
uint8 u8g_Is1000ms = FALSE;           //标识1000ms到
```

（4）现在就可以完成定时器 1 的中断服务处理函数的程序了，如程序 7-17 所示。改程序比较简单，和数码管显示程序的定时器 0 的中断服务处理函数的编程思路是一样的。程序先定义静态变量 u8_Number，每次中断服务处理函数发生 u8_Number 均自加 1，当 u8_Number 达到 100 时，也就是时间达到 1000ms（因为定时器的中断时间设定为 10ms），u8_Number 归 0，并将全局变量 u8g_Is1000ms 设置为 TRUE，用以告知 main 函数中的后台主循环 1000ms 时间到达。

【程序 7-17】

```
#if INTERNAL_PERIPHERAL_TIMER1_MODE != 0
ISR(TIMER1_OVF_vect)
{
 //在此完成逻辑内容
 static uint8 u8_Number;

 u8_Number++;
 if (u8_Number > 100)
 {
     u8_Number = 0;
     u8g_Is1000ms = TRUE;
 }
 //为了提高运行速度，将此语句写在中断服务处理函数里，用户在使用时，可不理会下列语句
 TCNT1H = TIMER1_TCNT1H;
 TCNT1L = TIMER1_TCNT1L;
}
#endif
```

（5）处理完上述程序后，再来看一下 main 函数的程序设计，如程序 7-18 所示。在程序的起始定义变量 u8_DisplayChange 用于控制显示的切换，当该变量为 0 时，显示年月日；当该变量为 1 时，显示时分秒和星期。

【程序 7-18】

```
int main(void)
{
 //定义局部变量
 uint8 u8_DisplayChange = 0; //显示切换
                             //0：显示年月日
                             //1：显示时分秒和星期

 //目标板初始化，该函数会自动初始化相应的外设文件
 TARGET_Init();

 //初始化全局变量

 //在上电时，执行的相应操作

 //后台主循环
 while(1)
 {
```

```
        /*
        ***********************************
        在这里完成自己的项目逻辑
        ***********************************
        */
        if (u8g_Is1000ms == TRUE)
        {
            //1000ms到
            u8g_Is1000ms = FALSE;
            SD2405_ReadTime();
            if (u8_DisplayChange == 0)
            {
                u8g_DisplayString[0] = 2;
                u8g_DisplayString[1] = 0;
                u8g_DisplayString[2] = SD2405Time.year >> 4;
                u8g_DisplayString[3] = SD2405Time.year & 0x0f;
                u8g_DisplayString[4] = SD2405Time.month >> 4;
                u8g_DisplayString[5] = SD2405Time.month & 0x0f;
                u8g_DisplayString[6] = SD2405Time.day >> 4;
                u8g_DisplayString[7] = SD2405Time.day & 0x0f;
                u8_DisplayChange = 1;
            }
            else
            {
                u8g_DisplayString[0] = SD2405Time.week & 0x0f;
                u8g_DisplayString[1] = 16;
                u8g_DisplayString[2] = SD2405Time.hour >> 4;
                u8g_DisplayString[3] = SD2405Time.hour & 0x0f;
                u8g_DisplayString[4] = SD2405Time.minute >> 4;
                u8g_DisplayString[5] = SD2405Time.minute & 0x0f;
                u8g_DisplayString[6] = SD2405Time.second >> 4;
                u8g_DisplayString[7] = SD2405Time.second & 0x0f;
                u8_DisplayChange = 0;
            }
        }
        /*
        ***********************************
        喂狗语句，大部分工程项目都不应去除
        ***********************************
        */
        #if INTERNAL_PERIPHERAL_WDT_MODE != 0
            TARGET_WatchDogReset();
        #endif
    }
    return 0;   //永不执行
}
```

（6）在主循环的程序中，当 u8g_Is1000ms 为 TRUE 时，说明 1000ms 的时间事件发生，发生后，现将 u8g_Is1000ms 设置为 FALSE，防止再次进入。然后调用 SD2405_ReadTime 函数读取实时时钟的时间到变量 SD2405Time 中。

（7）接下来，程序根据 u8_DisplayChange 的数值，判断当前是显示年月日，还是显示时分秒和星期。显示完毕后，对 u8_DisplayChange 数值进行切换，以完成时间的交替显示。

（8）最后，将程序编译后下载到教学实验板中了，排线的接线方法和上一个项目是一样的，大家不需要改变。如果一切正常的话，大家应看到和上一个任务相同的时间显示，但是程序中已经不再有延时函数了，CPU 的运行效率也大幅度提高了。

三、在中断函数中实现 UART 数据的接收

通信数据是由多个字节组成的数据流，单独处理其中一个个体是没有意义的。所有在处理之前，应该接收到完整的整条协议数据，才能正确地进行协议的解析和处理。

在 AVRWARE++体系结构中，UART 数据的接收是采用中断方式完成的，相比较查询方式将有更高的运行效率。UART 每收到 1 个字节的数据都会触发 UART0 中断服务处理函数，只需在此函数中，完成数据的接收程序就可以了。在这里，中断服务处理函数的运行机制和后台主循环的运行机制是不同的，中断只要一发生，也就是说只要接收到 1 字节的数据，整个中断服务处理函数，都会执行一次。请按照下面步骤完成本部分的程序设计。

（1）在上一个例程的基础上，完成本例程的程序设计，复制程序 7-18，并打开工程。

（2）定义全局数组 u8g_UartReceivedData[20]用于 UART 接收到的数据，这里将数组的大小定义为 20，则最大接收到的数据长度不应超过 20。

（3）定义全局变量 u8g_UartIsReceived 用于标识是否接收到完整的数据，当 UART0 中断服务处理函数完成了整条协议数据的接收，则将此变量定义为 TRUE，用户逻辑始终检测此变量，当检测到它的数据为 TRUE 时，就可以进行协议的解析工作了。完整的全局变量定义，如程序 7-19 所示。

【程序7-19】

```
//定义全局变量
uint8 u8g_DisplayString[8];
uint8 u8g_DisplayPoint[8] = {0, 0, 0, 1, 0, 1, 0, 1};
uint8 u8g_UartReceivedData[20];         //存储UART接收到的数据
uint8 u8g_UartIsReceived = FALSE;       //表示UART中的数据是否接收完毕
uint8 u8g_Is1000ms = FALSE;             //标识1000ms到
```

（4）接下来，请看完整的 UART0 中断服务处理函数中的程序，如程序 7-20 所示。

【程序7-20】

```
#if INTERNAL_PERIPHERAL_UART0_MODE != 0
ISR(USART__RX_vect)
{
 uint8 u8_UartData, u8_CheckOutSum, i;
 static uint8 u8_IsRecevied = FALSE, u8_Number = 0;

 u8_UartData = UDR0;
 if (u8_UartData == 0x5a)
 {
     u8_IsRecevied = TRUE;
     u8_Number = 0;
 }
 if (u8_IsRecevied == TRUE)
 {
     u8g_UartReceivedData[u8_Number] = u8_UartData;
     if ((u8_Number > 2) && (u8_Number == (3 + u8g_UartReceivedData[2])))
     {
         //表明已收到数据流的最后一个字节
         //计算校验和
         u8_CheckOutSum = 0;
         for (i = 0; i < u8_Number; i++)
         {
             u8_CheckOutSum = u8_CheckOutSum + u8g_UartReceivedData[i];
         }
         if (u8_CheckOutSum == u8g_UartReceivedData[u8_Number])
         {
```

```
                //校验和正确
                u8g_UartIsReceived = TRUE; //标识数据接收完毕
            }
            u8_IsRecevied = FALSE;
            u8_Number = 0;
        }
        else
        {
            u8_Number++;
        }
    }
    if (u8_Number >= 20)
    {
        //接收数据超长处理
        u8_IsRecevied = FALSE;
        u8_Number = 0;
    }
#if PROTOCOL_MINIUART_UART0_MODE !=0
    miniUART_UartInterrupt(&miniUART_UART0, u8_UartData);
#endif
}
#endif
```

（5）程序首先定义了3个变量u8_UartData、u8_CheckOutSum和i，u8_UartData用于接收UART收到的数据，UART每收到1个字节的数据都会传递给变量u8_UartData；u8_CheckOutSum用于计算校验和；i为循环变量。

（6）然后，程序定义了2个静态型变量u8_IsRecevied和u8_Number，u8_IsRecevied用于标识是否应该接收UART传递过来的数据，u8_Number标识当前接收到的字节在整个数据协议中的位置。

（7）紧接着程序判断当前接收到的数据是否是5AH。5AH是协议头，标识一个新的数据包的到来。如果当前传递过来的数据是5AH，就将u8_IsRecevied设为TRUE，表示后面的数据开始接收，并将u8_Number归为0。

（8）如果u8_IsRecevied等于TRUE，说明要将当前UART收到的数据加入u8g_UartReceivedData数组中，只要当前数据不是最后一个字节，u8_Number就加1，以方便后一个数据的接收。

（9）数据存入数组后，对当前接收到的数据的位置进行判断，因为数组的第2个元素（数组的元素下标从0起排）标识的是数据体的长度，所以如果接收到的数据的个数与数据体长度加上前3个字节（协议头、命令号和数据体长度）相等时，则接收到的该数据是最后一个字节。

（10）接收到最后一个字节数据后，表明整个数据包都已接收完毕。这样就可以计算校验和了，如果和校验和数据包传递过来的校验和相等，则说明该数据包准确无误，将u8g_UartIsReceived变量设置为TRUE，以通知后台主循环进行后续的处理。

（11）最后，当接收到的数据大于接收数据的数组长度时，说明数据接收有误，不再进行后续数据的接收，将u8_IsRecevied设置为FALSE，等待下一个数据包的到来。

四、处理 UART 接收到的数据

接收到完整的数据包后，就可以解析数据了。那么，解析数据应该写到那里呢？此时有2种选择，一是在中断服务处理函数中完成；另外一种选择是在后台主循环中完成。正确的选择是应该在后台主循环中完成，这是因为衡量单片机硬件系统的一个重要指标是系统的实时性，而系统的实时性是靠中断来完成的。对于 ATmega168PA 单片机来说，在默认情况下，如果中断发生进入中断服务处理函数中后，中断服务处理函数运行不结束，是不会再响应其他中断的。当然，也可以通过设置中断嵌套（中断中响应中断）来响应中断，但这种方法对于 8 位机来说，如果处理不妥，会导致硬件系统的崩溃。所以，中断服务处理函数写的短小，尽快处理完毕，是衡量单片机程序优劣性的一个重要指标。

而且，中断服务处理函数与底层相关，其思维方式也与后台主循环的编程思想是不相同的。所以将 UART 数据的接收与解析分开处理，既可以达到系统的高效性，又可以使系统的可读性和多人协作性大幅度提升。下面就在后台主循环中，完成协议解析程序的设计工作，步骤如下。

（1）继续上一个例程，在后台主循环中加入如程序 7-21 所示的程序。

【程序7-21】

```
    if (u8g_UartIsReceived == TRUE)
        {
            u8g_UartIsReceived = FALSE;
            //对命令号进行判断
            if (u8g_UartReceivedData[1] == 0x01)
            {
                //读取时间指令
                SD2405_ReadTime();
                Uart0_SendByte(0x5a); u8_CheckOutSum = 0;
                Uart0_SendByte(0x02); u8_CheckOutSum += 0x02;
                Uart0_SendByte(0x07); u8_CheckOutSum += 0x07;
                Uart0_SendByte(SD2405Time.year); u8_CheckOutSum +=
                SD2405Time.year;
                Uart0_SendByte(SD2405Time.month); u8_CheckOutSum +=
                SD2405Time.month;
                Uart0_SendByte(SD2405Time.day); u8_CheckOutSum +=
                SD2405Time.day;
                Uart0_SendByte(SD2405Time.hour); u8_CheckOutSum +=
                SD2405Time.hour;
                Uart0_SendByte(SD2405Time.minute); u8_CheckOutSum +=
                SD2405Time.minute;
                Uart0_SendByte(SD2405Time.second); u8_CheckOutSum +=
                SD2405Time.second;
                Uart0_SendByte(SD2405Time.week); u8_CheckOutSum +=
                SD2405Time.week;
                Uart0_SendByte(u8_CheckOutSum);
            }
            else if (u8g_UartReceivedData[1] == 0x03)
            {
                //设置时间
                SD2405Time.year = u8g_UartReceivedData[3];
                SD2405Time.month = u8g_UartReceivedData[4];
                SD2405Time.day = u8g_UartReceivedData[5];
                SD2405Time.hour = u8g_UartReceivedData[6];
                SD2405Time.minute = u8g_UartReceivedData[7];
                SD2405Time.second = u8g_UartReceivedData[8];
                SD2405Time.week = u8g_UartReceivedData[9];
                SD2405_SetTime();
                SD2405_ReadTime();
                Uart0_SendByte(0x5a); u8_CheckOutSum = 0;
                Uart0_SendByte(0x04); u8_CheckOutSum += 0x04;
                Uart0_SendByte(0x07); u8_CheckOutSum += 0x07;
                Uart0_SendByte(SD2405Time.year); u8_CheckOutSum +=
                SD2405Time.year;
                Uart0_SendByte(SD2405Time.month); u8_CheckOutSum +=
                SD2405Time.month;
                Uart0_SendByte(SD2405Time.day); u8_CheckOutSum +=
                SD2405Time.day;
```

```
                Uart0_SendByte(SD2405Time.hour); u8_CheckOutSum +=
                SD2405Time.hour;
                Uart0_SendByte(SD2405Time.minute); u8_CheckOutSum +=
                SD2405Time.minute;
                Uart0_SendByte(SD2405Time.second); u8_CheckOutSum +=
                SD2405Time.second;
                Uart0_SendByte(SD2405Time.week); u8_CheckOutSum +=
                SD2405Time.week;
                Uart0_SendByte(u8_CheckOutSum);
            }
        }
```

（2）程序首先判断变量 u8g_UartIsReceived 是否为 TRUE，如果为 TRUE 则说明一个完整的数据包到达，此时将 u8g_UartIsReceived 设置为 FALSE，以防止程序的再次进入。

（3）收到一个完整的数据包后，对命令号进行判断，如果命令号为 01H，说明计算机希望读取教学实验板上实时时钟的时间，接下来程序就调用 SD2405 读时间函数，然后按照年、月、日、时、分、秒和星期的顺序将数据打包后发送给计算机，在发送的同时，计算校验和并把校验和当作最后一个字节发送走。

（4）当判断命令号为 03H 时，说明计算机发送过来校时程序，则程序现将数据包中的相应数据赋值给 SD2405Time，然后调用 SD2405_SetTime 函数设置时间，设置完毕后，重新读取时间，并将时间发送到计算机端。

（5）到此，程序的设计工作就完成了，最后，将程序编译后下载到教学实验板中，排线的接线方法和上一个项目是一样的，不需要改变。

（6）还是为了保证大家在阅读上的完整性，现将 main.c 的所有程序列出，如程序 7-22 所示。

【程序7-22】

```
//加入包含文件
#include "../include.h"

//定义系统常量

//定义全局变量
uint8 u8g_DisplayString[8];
uint8 u8g_DisplayPoint[8] = {0, 0, 0, 1, 0, 1, 0, 1};
uint8 u8g_UartReceivedData[20];       //存储UART接收到的数据
uint8 u8g_UartIsReceived = FALSE;     //表示UART中的数据是否接收完毕
uint8 u8g_Is1000ms = FALSE;           //标识1000ms到

//主程序
int main(void)
{
  //定义局部变量
  uint8 i, u8_CheckOutSum;
  uint8 u8_DisplayChange = 0;       //显示切换
                                    //0：显示年月日
                                    //1：显示时分秒和星期

  //目标板初始化，该函数会自动初始化相应的外设文件
  TARGET_Init();

  //初始化全局变量

  //在上电时，执行的相应操作
```

```
//后台主循环
while(1)
{
    /*
    **********************************
    在这里完成自己的项目逻辑
    **********************************
    */
    if (u8g_Is1000ms == TRUE)
    {
        //1000ms到
        u8g_Is1000ms = FALSE;
        SD2405_ReadTime();
        if (u8_DisplayChange == 0)
        {
            u8g_DisplayString[0] = 2;
            u8g_DisplayString[1] = 0;
            u8g_DisplayString[2] = SD2405Time.year >> 4;
            u8g_DisplayString[3] = SD2405Time.year & 0x0f;
            u8g_DisplayString[4] = SD2405Time.month >> 4;
            u8g_DisplayString[5] = SD2405Time.month & 0x0f;
            u8g_DisplayString[6] = SD2405Time.day >> 4;
            u8g_DisplayString[7] = SD2405Time.day & 0x0f;
            u8_DisplayChange = 1;
        }
        else
        {
            u8g_DisplayString[0] = SD2405Time.week & 0x0f;
            u8g_DisplayString[1] = 16;
            u8g_DisplayString[2] = SD2405Time.hour >> 4;
            u8g_DisplayString[3] = SD2405Time.hour & 0x0f;
            u8g_DisplayString[4] = SD2405Time.minute >> 4;
            u8g_DisplayString[5] = SD2405Time.minute & 0x0f;
            u8g_DisplayString[6] = SD2405Time.second >> 4;
            u8g_DisplayString[7] = SD2405Time.second & 0x0f;
            u8_DisplayChange = 0;
        }
    }
    if (u8g_UartIsReceived == TRUE)
    {
        u8g_UartIsReceived = FALSE;
        //对命令号进行判断
        if (u8g_UartReceivedData[1] == 0x01)
        {
            //读取时间指令
            SD2405_ReadTime();
            Uart0_SendByte(0x5a); u8_CheckOutSum = 0;
            Uart0_SendByte(0x02); u8_CheckOutSum += 0x02;
            Uart0_SendByte(0x07); u8_CheckOutSum += 0x07;
            Uart0_SendByte(SD2405Time.year); u8_CheckOutSum +=
            SD2405Time.year;
            Uart0_SendByte(SD2405Time.month); u8_CheckOutSum +=
            SD2405Time.month;
            Uart0_SendByte(SD2405Time.day); u8_CheckOutSum +=
            SD2405Time.day;
            Uart0_SendByte(SD2405Time.hour); u8_CheckOutSum +=
            SD2405Time.hour;
            Uart0_SendByte(SD2405Time.minute); u8_CheckOutSum +=
            SD2405Time.minute;
            Uart0_SendByte(SD2405Time.second); u8_CheckOutSum +=
```

```
                SD2405Time.second;
                Uart0_SendByte(SD2405Time.week); u8_CheckOutSum +=
                SD2405Time.week;
                Uart0_SendByte(u8_CheckOutSum);
            }
            else if (u8g_UartReceivedData[1] == 0x03)
            {
                //设置时间
                SD2405Time.year = u8g_UartReceivedData[3];
                SD2405Time.month = u8g_UartReceivedData[4];
                SD2405Time.day = u8g_UartReceivedData[5];
                SD2405Time.hour = u8g_UartReceivedData[6];
                SD2405Time.minute = u8g_UartReceivedData[7];
                SD2405Time.second = u8g_UartReceivedData[8];
                SD2405Time.week = u8g_UartReceivedData[9];
                SD2405_SetTime();
                SD2405_ReadTime();
                Uart0_SendByte(0x5a); u8_CheckOutSum = 0;
                Uart0_SendByte(0x04); u8_CheckOutSum += 0x04;
                Uart0_SendByte(0x07); u8_CheckOutSum += 0x07;
                Uart0_SendByte(SD2405Time.year); u8_CheckOutSum +=
                SD2405Time.year;
                Uart0_SendByte(SD2405Time.month); u8_CheckOutSum +=
                SD2405Time.month;
                Uart0_SendByte(SD2405Time.day); u8_CheckOutSum +=
                SD2405Time.day;
                Uart0_SendByte(SD2405Time.hour); u8_CheckOutSum +=
                SD2405Time.hour;
                Uart0_SendByte(SD2405Time.minute); u8_CheckOutSum +=
                SD2405Time.minute;
                Uart0_SendByte(SD2405Time.second); u8_CheckOutSum +=
                SD2405Time.second;
                Uart0_SendByte(SD2405Time.week); u8_CheckOutSum +=
                SD2405Time.week;
                Uart0_SendByte(u8_CheckOutSum);
            }
        }
        /*
        **********************************
        喂狗语句，大部分工程项目都不应去除
        **********************************
        */
        #if INTERNAL_PERIPHERAL_WDT_MODE != 0
            TARGET_WatchDogReset();
        #endif
    }
    return 0;    //永不执行
}

//串口0接收中断服务处理函数，接收到的数据存储在 UDR0 寄存器中
#if INTERNAL_PERIPHERAL_UART0_MODE != 0
ISR(USART__RX_vect)
{
 uint8 u8_UartData, u8_CheckOutSum, i;
 static uint8 u8_IsRecevied = FALSE, u8_Number = 0;

 u8_UartData = UDR0;
 if (u8_UartData == 0x5a)
 {
     u8_IsRecevied = TRUE;
     u8_Number = 0;
```

```
    }
    if (u8_IsRecevied == TRUE)
    {
        u8g_UartReceivedData[u8_Number] = u8_UartData;
        if ((u8_Number > 2) && (u8_Number == (3 + u8g_UartReceivedData[2])))
        {
            //表明已收到数据流的最后一个字节
            //计算校验和
            u8_CheckOutSum = 0;
            for (i = 0; i < u8_Number; i++)
            {
                u8_CheckOutSum = u8_CheckOutSum + u8g_UartReceivedData[i];
            }
            if (u8_CheckOutSum == u8g_UartReceivedData[u8_Number])
            {
                //校验和正确
                u8g_UartIsReceived = TRUE; //标识数据接收完毕
            }
            u8_IsRecevied = FALSE;
            u8_Number = 0;
        }
        else
        {
            u8_Number++;
        }
    }
    if (u8_Number >= 20)
    {
        //接收数据超长处理
        u8_IsRecevied = FALSE;
        u8_Number = 0;
    }
#if PROTOCOL_MINIUART_UART0_MODE !=0
    miniUART_UartInterrupt(&miniUART_UART0, u8_UartData);
#endif
}
#endif

//定时器0溢出中断服务处理函数
#if INTERNAL_PERIPHERAL_TIMER0_MODE != 0
ISR(TIMER0_OVF_vect)
{
#if INTERNAL_PERIPHERAL_TIMER0_MODE == 1
    //在此完成逻辑内容
    static uint8 u8_Number;

    u8_Number++;
    if (u8_Number > 7)
    {
        u8_Number = 0;
    }
    NIXIETUBE_SelectLED(u8_Number);
    NIXIETUBE_DrawLED(u8g_DisplayString[u8_Number],
    u8g_DisplayPoint[u8_Number]);

    #if PROTOCOL_MINIUART_UART0_MODE !=0
        miniUART_TimerInterrupt(&miniUART_UART0);
    #endif
    #if PROTOCOL_MINIUART_CH432T_UART0_MODE !=0
        miniUART_TimerInterrupt(&miniUART_CH432T_UART0);
    #endif
```

```
   #if PROTOCOL_MINIUART_CH432T_UART1_MODE !=0
       miniUART_TimerInterrupt(&miniUART_CH432T_UART1);
   #endif
   //为了提高运行速度，将此语句写在中断服务处理函数里，用户在使用时，可不理会下列语句
   TCNT0 = TIMER0_TCNT0;
 #elif INTERNAL_PERIPHERAL_TIMER0_MODE == 2

 #endif
 }
 #endif

 //定时器1溢出中断服务处理函数
 #if INTERNAL_PERIPHERAL_TIMER1_MODE != 0
 ISR(TIMER1_OVF_vect)
 {
   //在此完成逻辑内容
   static uint8 u8_Number;

   u8_Number++;
   if (u8_Number > 100)
   {
       u8_Number = 0;
       u8g_Is1000ms = TRUE;
   }
   //为了提高运行速度，将此语句写在中断服务处理函数里，用户在使用时，可不理会下列语句
   TCNT1H = TIMER1_TCNT1H;
   TCNT1L = TIMER1_TCNT1L;
 }
 #endif

 //外部中断0中断服务处理函数
 #if INTERNAL_PERIPHERAL_INT0_MODE != 0
 ISR(INT0_vect)
 {
   //如果使用了CH432T，则调用相应的中断处理函数
   #if EXTERNAL_MODULE_CH432T_MODE != 0
       CH432T_INT();
   #endif
 }
 #endif

 //外部中断1中断服务处理函数
 #if INTERNAL_PERIPHERAL_INT1_MODE != 0
 ISR(INT1_vect)
 {
   //如果使用了CH432T，则调用相应的中断处理函数
   #if EXTERNAL_MODULE_CH432T_MODE != 0
       CH432T_INT();
   #endif
 }
 #endif

 //CH432T扩展串口0，接收调用函数
 #if EXTERNAL_MODULE_CH432T_MODE != 0
 void CH432T_Uart0(uint8 u8_UartData)
 {
   #if PROTOCOL_MINIUART_CH432T_UART0_MODE != 0
       miniUART_UartInterrupt(&miniUART_CH432T_UART0, u8_UartData);
   #endif
 }
 #endif
```

```
//CH432T扩展串口1，接收调用函数
#if EXTERNAL_MODULE_CH432T_MODE != 0
void CH432T_Uart1(uint8 u8_UartData)
{
 #if PROTOCOL_MINIUART_CH432T_UART1_MODE != 0
     miniUART_UartInterrupt(&miniUART_CH432T_UART1, u8_UartData);
 #endif
}
#endif
```

五、使用计算机控制教学实验板

在本项目的最后，介绍另外一款计算机上使用的串口调试工具——格西烽火，这款软件相对于市面上其他的串口调试工具来说，功能最为完善，可以激励项目的形式将计算机端的发送数据全部保存，并能正确计算各种效验和，使用起来甚是方便，使用方法如下。

（1）在格西烽火的网站上直接下载最新版的格西烽火软件，如图 7-25 所示，下载网址是 http://www.geshe.com/zh-cn/support/download。

图 7-25　格西烽火软件的下载网站

（2）软件下载完成后，按照提示步骤安装软件。

（3）软件安装好后，启动软件，启动界面如图 7-26 所示。

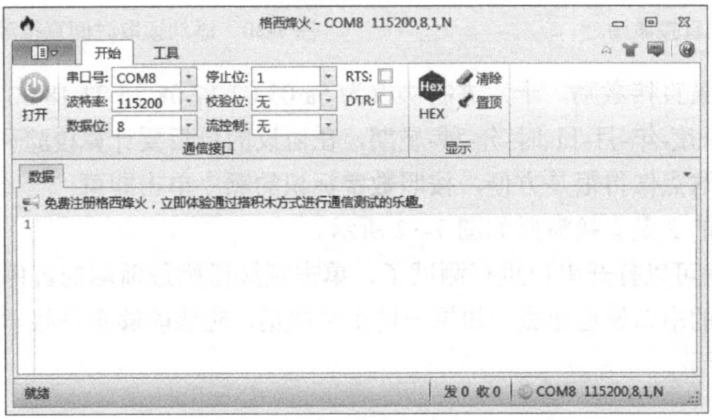

图 7-26　格西烽火软件启动后的界面

（4）格西烽火软件是以激励项目为使用单位的，所以需要新建1个激励项目，如图7-27所示。在这里应该选择“直接激励项目”，对于格西烽火软件来说，“协议激励项目”是需要缴纳费用的，不过“直接激励项目”已经能够完全满足使用要求。

（5）单击“直接激励项目”后系统会要求存盘，存盘完毕后，就可以对软件做进一步设置了。先设置串口属性，对于本项目，串口参数设置如图7-28所示。串口号不一定和显示的相同，可以到设备管理器中查看，这点已经在先前的任务中讲过了。由于使用的是十六进制通信方式，所以需将HEX按钮按下，HEX按钮按下后，显示黄色。

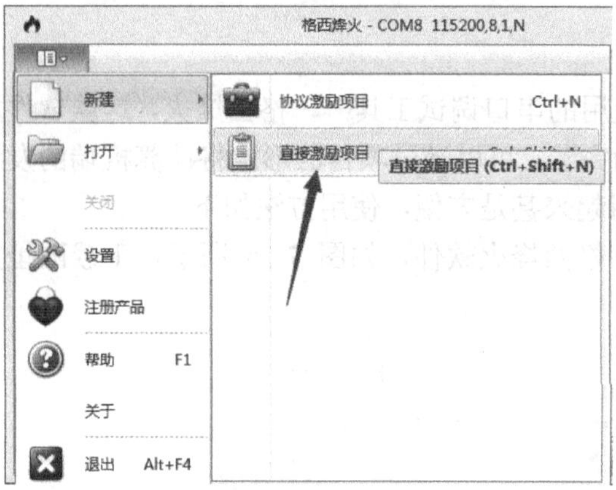

图7-27　新建激励项目

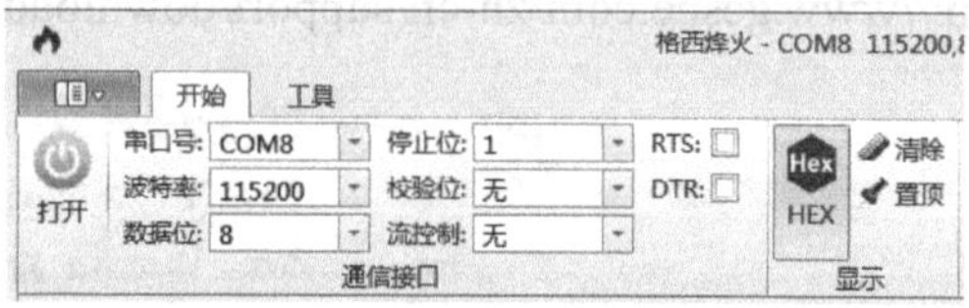

图7-28　串口参数设置

（6）单击添加按钮，添加直接激励，如图7-29所示。

（7）第1条直接激励，设置为读取时间，如图7-30所示。具体的十六进制协议为5a 01 00 5b

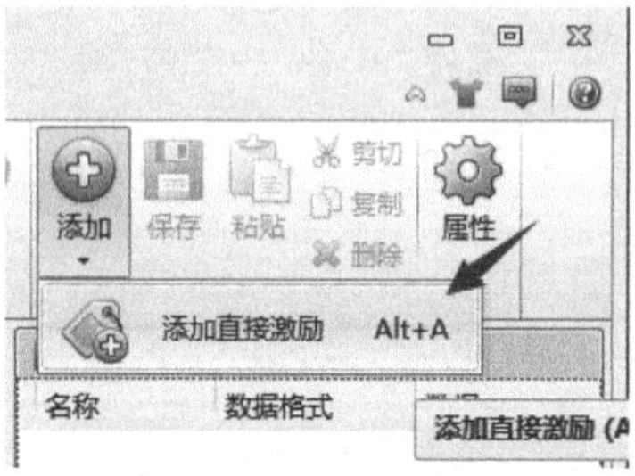

图7-29　添加直接激励

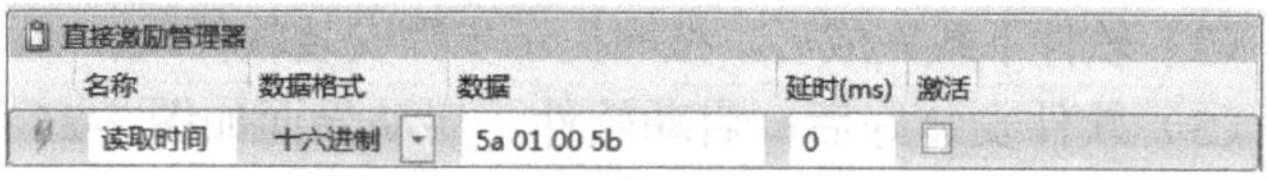

图7-30　添加读取时间直接激励

（8）添加第2条直接激励，十六进制协议为5a 03 07 17 08 25 23 18 00 05，具体解释是协议头-命令号-命令长度-年-月-日-时-分-秒-星期，在协议的最后要计算校验和，如图7-31所示，格西烽火软件对于这点做得很是方便，按照数字标识的顺序单击即可。

（9）设置好后的2条直接激励如图7-32所示。

（10）最后，就可以打开串口进行测试了，单击直接激励最前端的黄色图标，就可以将直接激励通过计算机的串口发送出去。如果一切正常的话，应该能够看到教学实验板正确的时间回复，如图7-33所示。

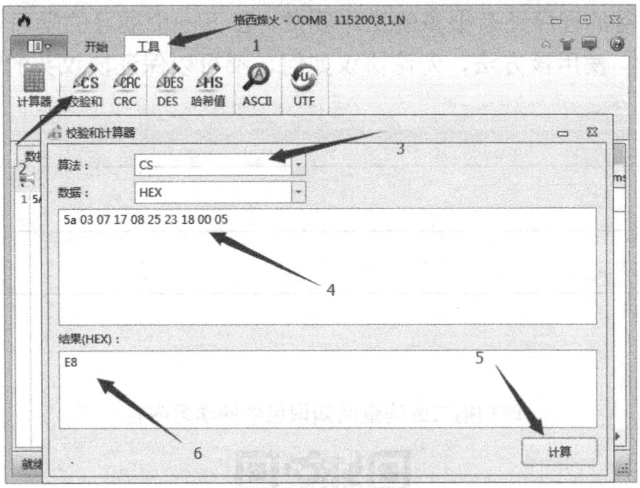

图 7-31　计算数据的校验和

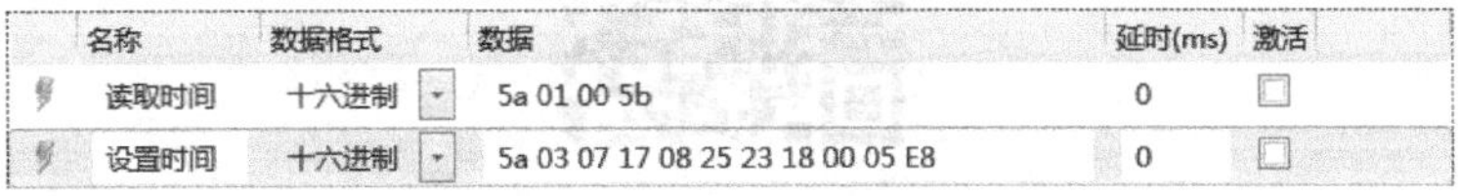

图 7-32　设置好的直接激励

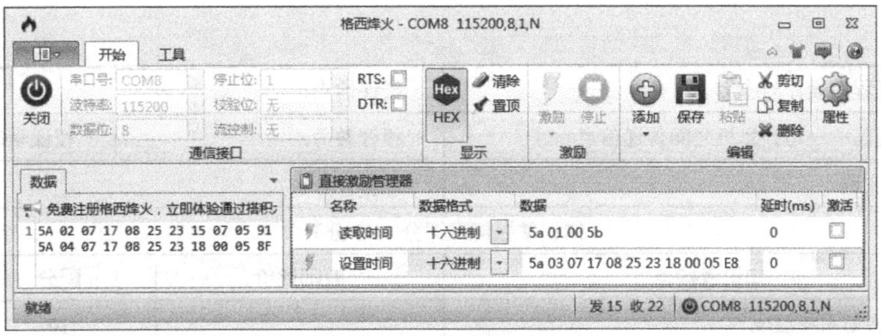

图 7-33　接收到教学实验板正确的时间回复

【任务小结】

本任务介绍了 UART 接收数据的方法，一般来说，通信双方发送的数据不会仅限于一个字节，这就使我们不能孤立地看待一次接收的数据，而要将整个数据包当做一个整体，完整接收，正确解析。所以对于 UART 的接收数据程序设计方法是具有一定难度的。

为了能够正确的接收和解析数据，在项目设计前，应先指定完善的数据协议，一般数据协议均有一个可辨别的协议头，以标识数据的开始。协议头最好能够在整条数据中，唯一标识，这样通过锁定数据头，就可以辨别数据的起始了。这些工作不仅单片机程序设计人员需要处理，而且也是计算机端程序设计人员需要解决的问题。

UART 的数据接收程序设计应在中断中完成，这样可以最大程度地提高 CPU 的运行效率，而接收到完整数据后的解析工作应在后台主循环中完成，以提高硬件响应的实时性。

最后，给大家指出一点，程序看似没有问题，实际上还隐藏着一个不注意很难发现的小 bug，那就是校验和，在进行项目需求分析时，已经指出数据体中的所有数据都不会出现 A～F 的十六进制数，所以选用 5AH 作为协议头比较稳妥，但是并没有保证校验和不会出现 5AH，如果校验和恰巧是 5AH，则所写的程序就不能正确解析该协议。

因此，写一个完备的程序还有很多的工作要做，在下一个项目的学习中，将介绍一种更为高级的程序解析方法，使用该方法，无论协议如何，都可以保证协议头的唯一性。

笔记：____

____

____

【知识包】

请扫描二维码查阅知识包中的学习内容

评价与考核

课程名称：单片机程序设计与应用		授课地点：		
名称：异步串行通信——与计算机之间传递信息		授课教师：	授课学时：	
课程性质：理论+实践		综合评分：		
知识掌握情况评分（40 分）				
序号	知识考核点	教师评价	配分	得分
1	数据通信系统组成		10	
2	常见传输媒质分类		5	
3	数据通信的传输模式		5	
4	UART 硬件驱动的数据发送与接收		10	
5	利用中断函数中实现 UART 数据的接收		10	
工作任务完成情况评分（60 分）				
序号	能力操作考核点	教师评价	配分	得分
1	正确完成数据通信系统模块的搭建		15	
2	完成 UART 硬件驱动电路设计		15	
3	利用通用异步串行总线 UART 实时显示当前时间		15	
4	编写“前/后台程序”		15	
违纪扣分（20 分）				
序号	违纪考察点	教师评价	配分	得分
1	课上吃东西		5	
2	课上打游戏		5	
3	课上打电话		5	
4	其他扰乱课堂秩序的行为		5	

上课心得：______________________________

____

____

____

____

思考与练习

（1）简述数据通信系统组成。

（2）简述常见传输媒质分类。

（3）简述数据通信的传输模式。

（4）简述 UART 数据格式。

（5）简述 UART 初始化流程。

项目 8　单总线——温度测量报警系统

【任务书】

（1）认知温度测量的基本方法。
（2）认知集成测温芯片 DS18B20。
（3）DS18B20 的驱动程序设计。
（4）在数码管上显示当前温度。
（5）设计具有实时时间显示的温度测量报警系统。

【项目描述】

图 8-1　《爱迪生孵小鸡》的故事

在开始本项目的讲解之前，先给大家讲一个《爱迪生孵小鸡》的故事（见图 8-1），故事的大意是这样的：

爱迪生小时候，总爱问这问那，“这是什么呀？”，“那是为什么呀？”他是个爱动脑筋的孩子。

爱迪生五岁的时候，有一天，他看见家里的母鸡，老待在窝里不出来，就哦嘘哦嘘地叫着去赶它，可是母鸡歪着脑袋，眨了眨眼睛，一动也不动。

这是怎么回事呀？爱迪生把母鸡抱起来一看，哟，窝里有一窝蛋，数一数，有十几个呢。奇怪，母鸡今天下了那么蛋吗？他连蹦带跳，跑去问妈妈。

“妈妈，妈妈，母鸡今天下了十几个蛋，这是怎么回事呀？”

“母鸡不是在下蛋，是怕蛋着惊。”妈妈把爱迪生搂在怀里说，“妈妈抱着你，你不是就暖和多了吗？”

爱迪生更觉得奇怪了，瞪着眼睛问：“妈妈，蛋也跟咱们人一样，会着凉吗？”

妈妈笑起来了，告诉爱迪生，母鸡是在孵蛋。母鸡用自己的身体盖在蛋上，蛋就暖和了，蛋里面就会长出小鸡来，长出小嘴，长出小脚，长羽毛，再后来，小鸡就长大了，笃笃笃，啄破了蛋壳，叽叽叽，就从蛋壳里钻出来了。

爱迪生听了妈妈的话，就跑开了，爱迪生上哪儿去了？过了一个钟头，又过了一个钟头，妈妈没看见爱迪生，心里就很着急！于是就东找西找，啊，原来爱迪生跑到邻居家里去了，他用柴草做了一个窝，里面放了许多蛋，他学着母鸡的样子，正蹲在鸡蛋上面孵蛋呢！他想：母鸡蹲在鸡蛋上面，会孵出小鸡来，我蹲在蛋上面，也准能孵出小鸡来。

妈妈看见爱迪生这股傻劲，真觉得好笑，把爱迪生拉了起来，说："走吧，傻孩子。你是孵不出小鸡来的。"

爱迪生嘟着嘴巴说："妈妈，母鸡能孵出小鸡来，我为什么孵不出来呢？"

相信大家都听过这个故事，因为它就出现在小学的语文课本中，这个故事告诉我们，爱迪生是一个对生活中容易被人们忽视的细小事都有探究心的人，他有一颗对自然事物充满探索欲的好奇心，正因如此，他才能够在他所感兴趣的领域取得巨大的成就。

那么，大家知道"爱迪生不能孵出小鸡"的真正原因吗？如果从科学的角度对这个问题予以解释，其关键点在于"合适的温度"，小鸡孵化的最合理温度为 37.8℃，当孵化蛋表面温度达到这个温度时，孵化率最高，而人的体表温度在 37℃以下，小爱迪生的体外温度更不可能达到这个温度，所以小爱迪生无论坚持多长时间，也是不会成功的。

虽然，人自身孵化小鸡是不会成功的，但是，人的智慧是伟大的。随着科技的进步，人们已经能够使用电加热孵化技术来完成包括鸡在内的各种蛋生动物的孵化了，这些动物甚至包括乌龟、鳄鱼等。这些奇妙而伟大的事情之所以能够实现，都在于人们对温度的精准测量和控制。本项目将围绕温度的测量技术而展开，把在上一个项目的基础上加入温度的测量与现实，并且还可接收计算机发送的指令对温度的上限值进行设置，当温度超过这个预警值时，进行报警操作。除此之外，本项目还将介绍一种相比较上一个项目更为高级的数据协议解析方法，应用这种方法，可确保协议头的唯一性。

If you don't learn to think when you are young , you may never learn .（如果你年轻时就没有学会思考，那么就永远学不会思考。）

——Thomas Edison（托马斯·爱迪生）

【知识目标】

（1）了解温度测量的基本方法。
（2）掌握 DS18B20 测量温度的基本原理。
（3）了解 DS18B20 寄存器分布及其使用方法。
（4）掌握 DS18B20 的硬件连接方式和驱动程序。
（5）了解 MiniUart 接收完整数据包的本质。

【能力目标】

（1）能够根据项目需求，正确完成温度测量报警系统模块设计。
（2）能够正确选择温度传感器。
（3）能够利用 DS18B20 实现温度测量。
（4）能够编写"前/后台程序"。

【素质目标】

（1）具备编写“前/后台程序”的初步能力。
（2）具备运行、调试C语言应用程序的综合能力。
（3）具备小组分工合作与协调的综合能力。

笔记：

任务一 认知温度测量的基本方法

【任务要求】

（1）认知有关温度测量的基础知识。
（2）认知接触式测温方法。
（3）认知非接触式测温方法。
（4）认知电量式测温方法。

【任务引入】

竹外桃花三两枝，春江水暖鸭先知。
蒌蒿满地芦芽短，正是河豚欲上时。

——苏轼 《题惠崇春江晓景》

人们对温度的感知，古已有之，并通过对温度变化产生的自然现象而感知这个世界。正如苏轼在诗词《题惠崇春江晓景》所描绘的诗情画意，通过水中嬉戏的野鸭，就可以感知到春天的到来。

人们通过对自然的认识和人的经验感受，给温度的存在状态予以了一些相对的概念，例如，高温、低温、恒温等，高温可以达到几万亿摄氏度，低温可以达到-273摄氏度的热力学零度。

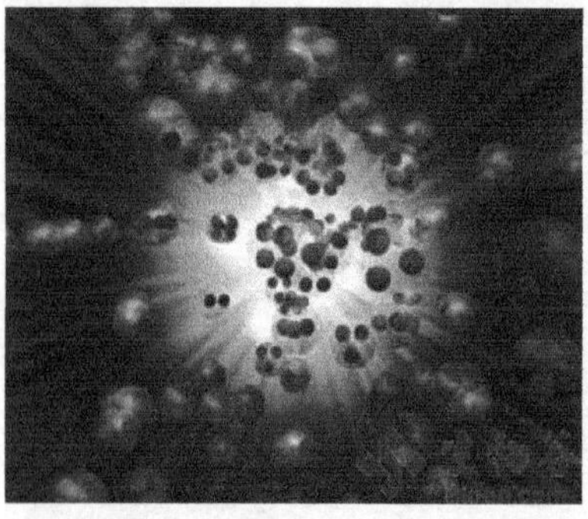

图8-2 分子的运动

温度是代表物体分子平均动能大小的一种宏观度量，表示物体分子平均动能的大小，如图8-2所示。所有的分子都在作无规则的运动，对于任何一个物体来说，它的众多分子拥有的速度都是不同的，同样的分子，速度的不同意味着能量的不同。一个物体的分子运动有多快的微观属性平均叠加起来就是物体的宏观属性——温度。

相邻物体的（尤其是紧靠在一起的）分子会互相影响，一传十，十传百，久而久之，相邻物体的分子平均动能就会被彼此改变，这就是热的传导。人体作为一个物体，也逃不过热传导的影响，皮肤上的分子平均动能的改变导致神经系统的感受不同，所以人们能够感知冷热的不同，温度就是度量这种感受的一种标尺。

本任务将为大家开启测量这种标尺的方法，介绍常用的温度测量技术，并在此基础上，介绍一种应用非常广泛的集成温度传感器，它的测量精度可达 0.125℃，测量的最高温度可达 125℃。

【任务指导】

一、认知有关温度测量的基础知识

1593 年，意大利物理学家伽利略发明了空气温度计，如图 8-3 所示，他将开口玻璃管的一端接在核桃大的玻璃泡上，给玻璃泡加热，然后把玻璃管倒插入水中，管中的水面会随水的温度的不同上下移动，由此判定温度的高低。

1695 年法国物理学家布利奥对温度计的发明做出了突出的贡献，他在一个全封闭的玻璃管里装上水银，并把玻璃泡缩得很小，这种温度计具备了现代温度计的雏形。

1709 年荷兰物理学家华伦海特先用酒精，1714 年又用水银制作了较准确的温度计，他观察了水的沸腾温度、水和冰混合时的温度、盐水和冰混合时的温度，反复实验与核准，把氯化铵和冰的混合温度设定为 0 华氏度，把纯水凝固时的温度设定为 32 华氏度，又把标准大气压下水沸腾的温度设定为 212 华氏度，中间划分为 180 等分，第 1 次确定了华氏温度和华氏温度计，现在英、美还在使用华氏温度，如图 8-4 所示。

图 8-3　伽利略温度计

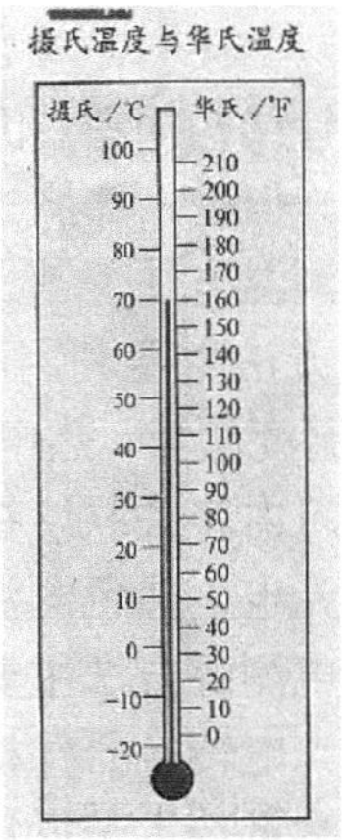

图 8-4　华氏-摄氏温度计

1742 年瑞典物理学家舍尔修斯把水的冰点定为 100 摄氏度，沸点定为 0 摄氏度，他的同学斯托默把两个温度点的数值倒了过来，确定了现代百分制摄氏温度，用℃表示，这种温标在 0℃和 100℃之间划分 100 等分，每一等分为 1℃。

1848 年英国物理学家威廉 • 汤姆逊，利用卡诺循环建立热力学温标，重新设定水的熔点是 273.7 度，沸点是 373.7 度。由于他在科学上的巨大贡献，获得英国女皇授予的开尔文勋爵衔，后世改称他为开尔文。1851 年，开尔文发表题为“热动力理论”的论文，写出热力学第二定律的开尔文表述：我们不可能从单一热源取热，使它完全变为功，而不产生其他影响。近代物理虽然修正了很多古典物理理论的错误，但是热力学定律仍然是正确而普遍的宏观物理定律。为了纪念他在热力学方面所做出的杰出成就，热力学温度的单位以开尔文来命名。

1990 年国际计量大会通过了新的国际温标（ITS-90），其要点为：以热力学温标为基本温标，热力学温度以符号 T 表示，单位为开尔文，简称开，符号为 K。ITS-90 定义开尔文是国际单位制的 7 个基本单位之一，摄氏度是国际单位制中具有专门名称的导出单位。

二、认知接触式测温方法

接触式测温方法包括膨胀式测温、电量式测温和接触式光电、热色测温等几大类。接触式测温方法在测量时需要与被测物体或介质充分接触，一般测量的是被测对象和传感器的平衡温度，所以在测量时会对被测对象的温度有一定的干扰。

（1）膨胀式测温方法。

膨胀式测温方法是一种比较传统的温度测量方法，它主要利用物质的热胀冷缩原理即根据物体体积或几何形变与温度的关系进行温度测量。膨胀式温度计包括玻璃液体温度计，双金属膨胀式温度计和压力式温度计（见图 8-5）等。

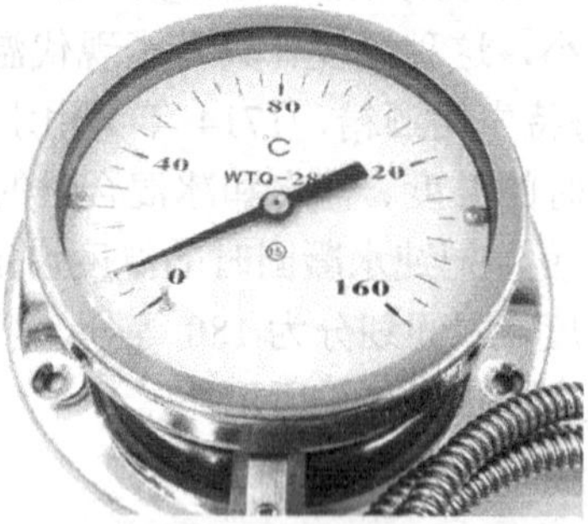

图 8-5　压力式温度计

膨胀式温度计结构简单、价格低廉、可直接读数、使用方便，并且由于是非电量测量方式，适用于防爆场合。但是，膨胀式温度计准确度较低，不易实现自动化，而且容易损坏。

（2）电量式测温方法。

电量式测温方法主要利用材料的电势、电阻或其他电性能与温度的曲线关系进行温度测量，包括热电偶温度测量、热电阻和热敏电阻温度测量、石英温度测量、集成芯片温度测量等。这部分内容和学习内容关联度很大，将在后面的话题中详细介绍。

（3）接触式光电、热色测温方法。

热接触式光电测温方法主要是指通过接触被测对象，将温度变化引起的热辐射或其他光电信号引出，通过光电转换器件检测该信号，从而获得测量结果的方法。

光纤式温度测量技术是近年来迅速发展的一项新兴技术，从信号检测的原理分类，可分为相干型和强度型两种：相干型光纤传感器检测受温度影响后光纤中光相位和偏振的变化，光路比较复杂；而强度型则检测光强随温度的变化，结构相对简单，性能可靠，成本较低。

热色测温方法主要通过示温材料的颜色在不同温度下发生的变化来指示温度，如示温漆。示温漆可以测量运动物体或其他复杂条件物体表面的温度分布，使用简单方便，但精度较差，目前还需人工判读。

三、认知非接触式测温方法

非接触式测温方法不需要与被测对象接触，因而不会干扰温度场，动态响应特性一般也很好，但是会受到被测对象表面状态或测量介质物理特性参数的影响。非接触测温方法主要包括辐射式测温、光谱法测温、激光干涉式测温及声波测温方法等。

（1）辐射式测温方法。

辐射式测温方法是以热辐射定律为基础的，由于实际物体往往是非黑体，因此，引入了辐射温度、亮度温度和颜色温度等表观温度的概念，基于以上三种表观温度测量方法的高温计分别称为全辐射高温计、亮度式高温计和比色式高温计。

红外热成像仪（见图 8-6）是一种二维平面成像的红外系统，它通过光学系统将红外辐射能量聚焦在红外探测器上，并转换为视频信号，经过处理形成红外热图像。

（2）光谱测温方法。

光谱测温方法主要用于高温火焰和气流温度的测量。当单色光纤照射透明物体时，会发生光的散射现象，散射包括弹射性散射和非弹射性散射，弹射性散射中的瑞利散射和非弹射性散射的拉曼散射的光强度与介质温度相关可以用于温度测量，图 8-7 所示为光谱测温。

图 8-6　红外热成像仪

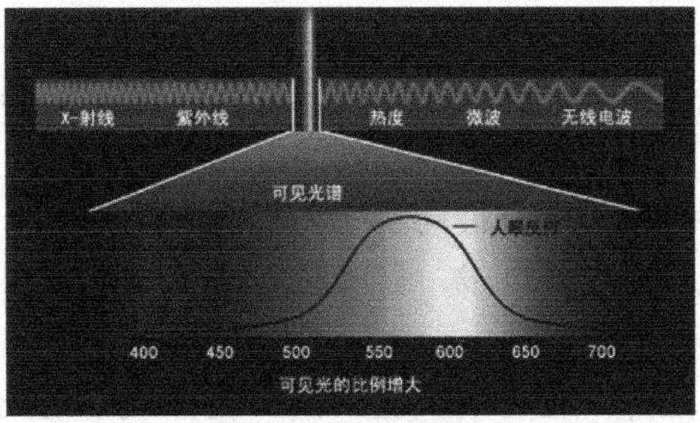

图 8-7　光谱测温

（3）激光干涉测温方法。

基于干涉原理的各种光学方法测量介质的温度场，均可以等效为测量介质的折射率分布。它们的测量原理是将流场中各处折射率的变化（即被测介质密度的变化）转变为各种光参量的变化，记录并处理后，可以得到其温度和分布，图 8-8 所示为激光干涉测温实验装置。

（4）声波、微波测温方法。

声波测温是基于声波在介质中的传播速度与介质温度有关的原理实现的，因此只要测得声速，就可以推算出温度。可以通过直接测量声波在介质中的传播速度，也可以测量放在被测介质中的细线的声波传播速度来得到温度。这种方法可以用于测量高温气体或液体的温度，图 8-9 所示为单路径声波测温示意图。

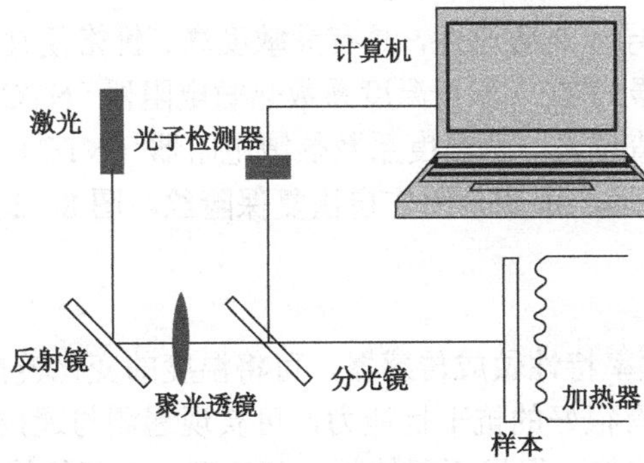

图 8-8　激光干涉测温实验装置

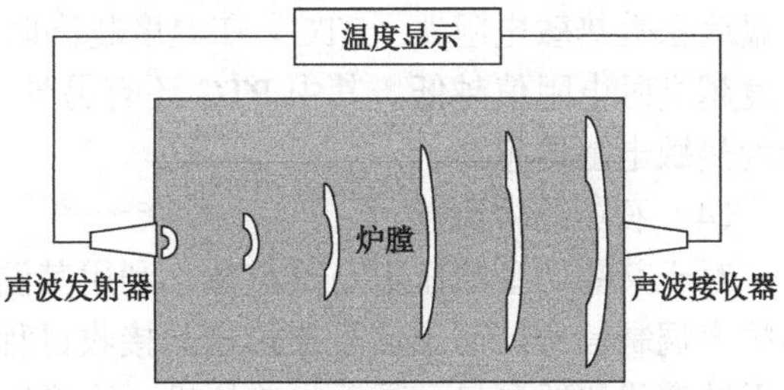

图 8-9　单路径声波测温示意图

微波衰减法可以用来测量火焰温度，其原理是当入射微波通过火焰时，与火焰中的等离子相互作用，使出射的微波强度减弱，通过测量入射微波的衰减程度可以确定火焰的温度。

四、电量式测温方法

电量式测温方法主要分为热电偶测温、热电阻测温、热敏电阻测温、石英晶体测温和集成芯片测温。

（1）热电偶测温。

热电偶测温的基本原理是两种不同成分的材质导体组成闭合回路，当两端存在温度梯度时，回路中就会有电流通过，此时两端之间就存在电动势——热电动势，这就是所谓的塞贝克效应（Seebeck effect）。两种不同成分的材质导体为热电极，温度较高的一端为工作端，温度较低的一端为自由端，自由端通常处于某个恒定的温度下。根据热电动势与温度的函数关系，制成热电偶分度表；分度表是自由端温度在 0℃时的条件下得到的，不同的热电偶具有不同的分度表。图 8-10 所示为热电偶传感器。

（2）热电阻测温。

热电阻是中低温区最常用的一种温度检测器。热电阻测温是基于金属导体的电阻值随温度的增加而增加这一特性来进行温度测量的。它的主要特点是测量精度高，性能稳定。其中铂热电阻的测量精确度是最高的，它不仅广泛应用于工业测温，而且被制成标准的基准仪。热电阻大都由纯金属材料制成，目前应用最多的是铂和铜，此外，现在已开始采用镍、锰和铑等材料制造热电阻。金属热电阻常用的感温材料种类较多，最常用的是铂丝。工业测量用金属热电阻材料除铂丝外，还有铜、镍、铁、铁-镍等。图 8-11 所示为热电阻传感器。

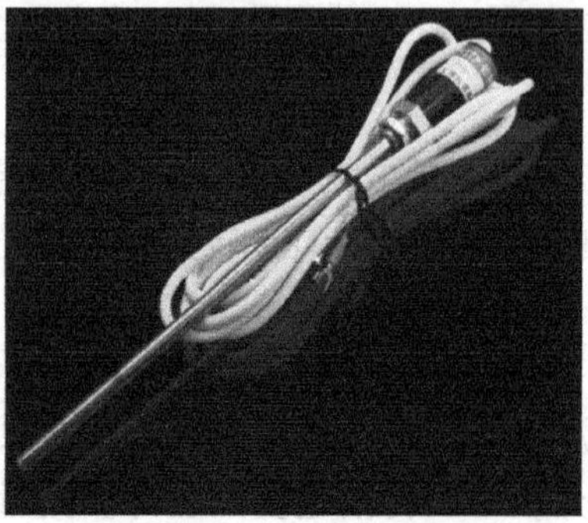

图 8-10　热电偶传感器

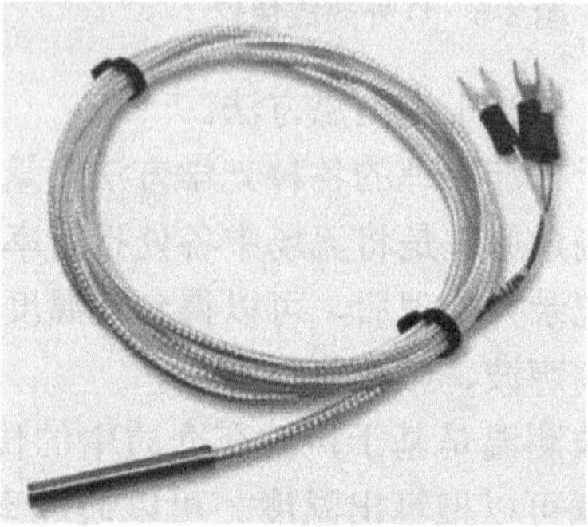

图 8-11　热电阻传感器

（3）热敏电阻测温。

热敏电阻是一种电阻值随温度呈指数变化的半导体热敏原件，具有灵敏度高、价格便宜的特点。按照温度系数不同分为正温度系数热敏电阻器（PTC）和负温度系数热敏电阻器（NTC）。正温度系数热敏电阻器（PTC）在温度越高时电阻值越大，负温度系数热敏电阻器（NTC）在温度越高时电阻值越低。其中 PTC 还有另外一个用途，那就是用作自恢复保险丝。图 8-12 所示为热敏电阻传感器。

（4）石英晶体测温。

对于某些切型的压电石英晶体，利用其温度-频率特性做成传感器，可将温度的变化转换为频率调制信号，而该信号在传送与接收过程中，有很好的抗干扰能力，可实现遥测与遥控，易于数字式仪器测量，易于与单片机、计算机进行连接。根据不同的频率和切型，石英晶体温度传感器的温度灵敏度可以在 20Hz/℃～2850Hz/℃的范围内变动，使温度分辨率达 1×10^{-4}℃，而且温漂和时漂极小。图 8-13 所示为石英晶体温度传感器结构图。

图 8-12　热敏电阻传感器

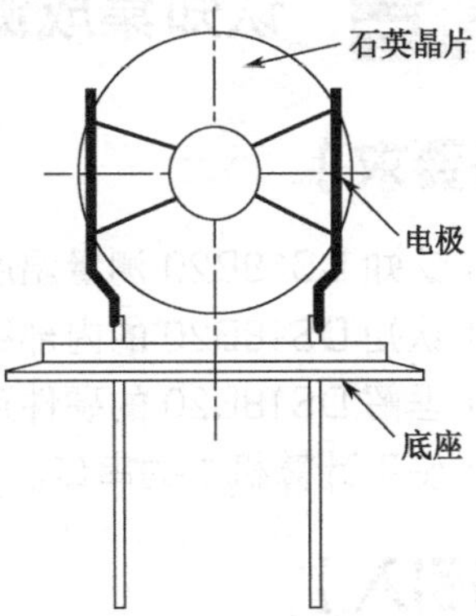

图 8-13　石英晶体温度传感器结构图

（5）集成芯片测温。

随着电子技术的发展，可以将感温元件和相关电子线路集成在一个小芯片上，构成一个小型化、一体化及多功能化的专用集成电路芯片，输出信号可以是电压、频率，或者是总线数字信号。现在很多半导体生产厂商都在研发和生产半导体测温芯片，其中最小体积的测温芯片，面积仅为 1mm^2，具有很小的比热，当接入被测物体时，几乎对被测系统无任何干扰。图 8-14 所示为半导体温度测量芯片。

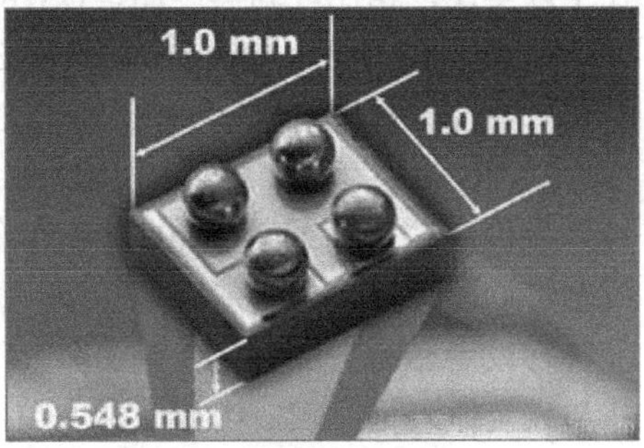

图 8-14　半导体温度测量芯片

【任务小结】

在本任务中，介绍了有关温度测量的基础知识，指出温度是代表物体分子平均动能大小的一种宏观度量，表示物体分子平均动能的大小。现在，温度一共有 3 种单位表示，分别为华氏温度、摄氏温度和开尔文。国际计量大会通过的国际温标为开尔文，华氏温度在英、美有着广泛的使用，摄氏温度是我国常用的温度表示单位。

接下来，介绍了现代常用的测温技术与方法。接触式测温方法主要有膨胀式测温、电量式测温和接触式光电、热色测温等。非接触式测温方法主要有辐射式测温、光谱法测温、激光干涉式测温以及声波、微波测温方法等。

最后，介绍了电量式测温方法，该方法可以直接将传感器信号转换为电信号，利于单片机采集，主要的电量式测温传感器有热电偶、热电阻、热敏电阻、石英温度传感器和集成芯片。

在后续的任务中，将使用集成测温芯片完成本项目的温度采集工作。当下，集成测温芯片种类繁多，将给大家介绍一种用途最为广泛的集成测温芯片——DS18B20，并详细介绍其总线时序，以及驱动程序的设计方法。

笔记：

任务二 认知集成测温芯片 DS18B20

【任务要求】

（1）认知 DS18B20 测量温度的基本原理。

（2）认知 DS18B20 的内部结构和器件特点。

（3）理解 DS18B20 的硬件连接方式。

（4）使用计算机中的串口。

【任务引入】

图 8-15 所示的器件，就是本任务要介绍的集成测温芯片 DS18B20。它是美国 DALLAS 公司推出的单总线数字测温芯片。它具有独特的接口方式，将非电模拟量温度值转换为数字信号输出仅需占用 1 个 I/O 引脚，能够直接读取被测物体的温度值，相比较传统测温方法，大幅度提高了抗干扰能力和测量精度。

DS18B20 体积较小，电压适用范围较宽，可以采用外部供电方式，也可以采用寄生电源供电方式，从数据线上获得电源。DS18B20 具有 9～12 位可调的温度分辨率，用户可通过编程方式予以实现，相比较同类产品，DS18B20 具有较高的实用性和可靠性。

如图 8-16 所示，DS18B20 采用 3 脚 TO-92 封装，形如三极管，同时也可采用 8 脚 SOIC 封装。测温范围为-55℃～+125℃，在-10℃～+85℃范围内，精度达到 0.125℃。每个 DS18B20 芯片的 ROM 中存放 1 个 64 位 ID 号：前 8 位是产品类型编号，随后 48 位是该器件的自身序号，最后 8 位是前面 56 位的循环冗余校验码。又因其可采用寄生电源供电方式，所以一条总线上可以同时挂接数个 DS18B20，可以方便地实现多点测温系统。另外用户还可以根据实际情况自行设定非易失性温度报警上限和下限值。DS18B20 将检测到的温度值自动存入存储器中，并与设定值进行比较，当测量温度超出给定范围时，就输出报警信号，并自动识别是高温超限还是低温超限。

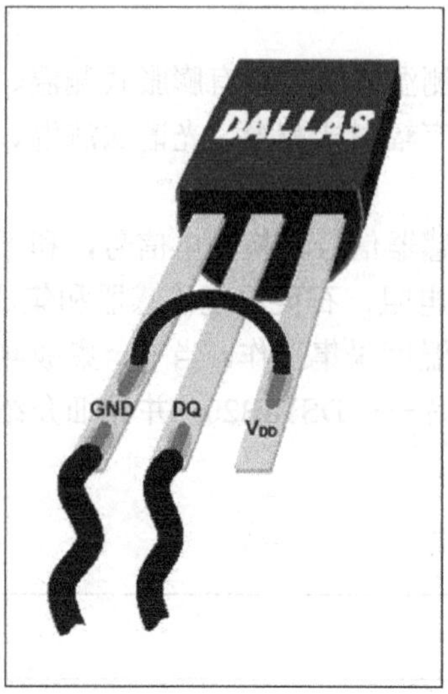

图 8-15　集成测温芯片 DS18B20

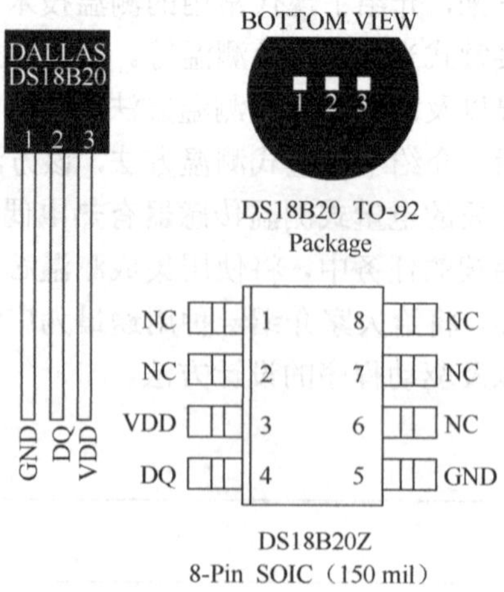

图 8-16　DS18B20 的封装形式

本任务将详细介绍 DS18B20 的基本原理、硬件设计和单总线时序的相关知识，为后续任务打下基础。

【任务指导】

一、认知 DS18B20 测量温度的基本原理

DS18B20 的测温原理如图 8-17 所示，在 DS18B20 中共有 2 个石英晶体振荡器(简称晶振)，一个为低温度系数晶振，是指其振荡频率受温度影响很小，另一个为高温度系数晶振，这在上个任务中已经介绍过，其振荡频率随温度变化明显改变。低温度系数晶振的脉冲信号送给计数器 1，高温度系数晶振的脉冲信号送给计数器 2。DS18B20 首先根据读取温度的精度位数确定转换时间，具体数值如表 8-1 所示。

具体转换步骤如下。

（1）计数器 1 预先设置高温度系数晶振，以−55℃为基准，在 1/2 转换时间，变化 1℃的脉冲个数。

（2）温度寄存器设置为−55℃。

（3）进入前 1/2 转换时间，计数器 2 记录高温度系数晶振的在这一转换时间内的脉冲个数。

（4）进入后 1/2 转换时间，计数器 1 对低温度系数晶振产生的脉冲信号进行减法计数，此脉冲通过计数器 1 的输出端同时传入计数器 2，实际上可以这么理解，就是计数器 1 与计数器 2 同时对低温度系数晶振产生的脉冲信号进行减法计数。

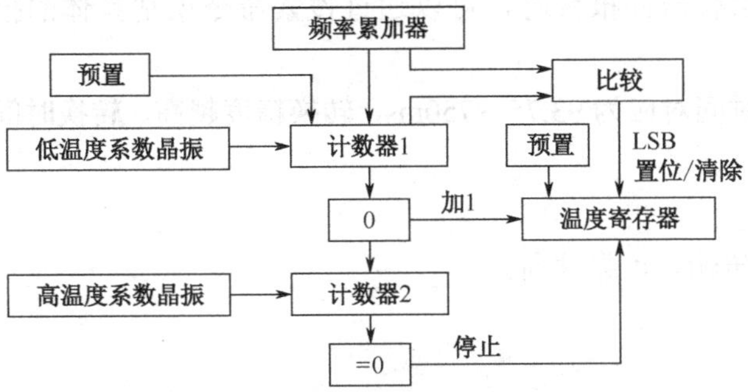

图 8-17　DS18B20 的测温原理框图

8-1　不同转换精度对应的转换时间

温度转换精度位数	转换时间
9 位	93.75ms
10 位	187.5ms
11 位	375ms
12 位	750ms

（5）当计数器 1 的预置值减到 0 时，温度寄存器的值加 1，此时，计数器 1 的预置将重新被装入，重新进行减法操作。

（6）当计数器 2 的计数到达 0 时，后 1/2 转换时间结束，此时温度寄存器中的数值即为所测温度。

二、认知 DS18B20 的内部结构和器件特点

这一部分内容将介绍 DS18B20 的内部结构和器件特点。DS18B20 的内部结构框图如图 8-18 所示。主要由 64 位 ROM 和单总线端口（64-BIT ROM AND 1-WIRE PORT）、存储器和控制器（MEMORY AND CONTROL LOGIC）、高速缓冲存储器（SCRATCHPAD）、8 位 CRC 生成器（8-BIT CRC GENERATOR）、温度传感器（TEMPERATURE SENSOR）、高温触发器（HIGH TEMPERATURE TRIGGER）、低温触发器（LOW TEMPERATURE TRIGGER）、配置寄存器

（CONFIGURATION REGISTER）组成，框图中各部件的具体功能与 DS18B20 的驱动程序设计相关。DS18B20 的器件特点如下。

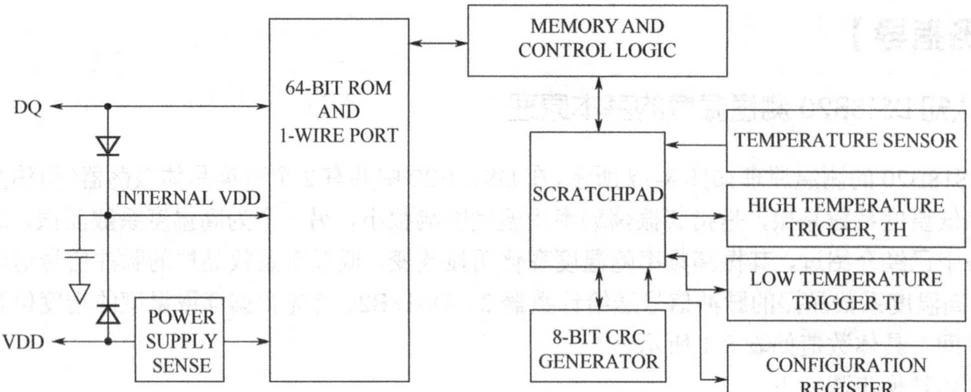

图 8-18　DS18B20 的内部结构框图

（1）单线接口，只有一根信号线与 CPU 连接。

（2）不需要备份电源，可通过信号线供电，电源电压范围为 3.3V～5V。

（3）传送串行数据，不需要外部元件。

（4）温度范围为-55℃～+125℃，其中在-10℃～+85℃时，测量精度可达 0.125℃。

（5）用户可自设定非易失性报警阈值的上下限。

（6）在单总线上跨接的多个器件，当有器件报警时，可以通过搜索命令识别具体的报警器件。

（7）温度转换精度为 9～12 位，转换时间对应为 93.75～750ms，转换精度越高，转换时间越长。

（8）总线等待时间，功耗极低。

（9）现场总线温度直接以单总线方式传输，可靠性高。

三、理解 DS18B20 的硬件连接方式

DS18B20 的引脚分配，如图 8-16 所示，无论是采用 TO-92 封装还是采用 SOIC-8 封装，其使用引脚都为 3 个，如表 8-2 所示。

表 8-2　DS18B20 的引脚描述

SOIC-8	TO-92	引脚名	功能描述
5	1	GND	地
4	2	DQ	数据输入/输出引脚，为在单总线上接入多个器件，此引脚采用开路模式
3	3	VDD	电源供电引脚，在寄生电源方式下，此引脚需接地

图 8-19 是正常供电模式下 DS18B20 的硬件连接图，与单总线相连的全部 DS18B20 采用漏极开路的方式与总线连接，所以控制线上需要连接一个上拉电阻，一般取值为 4.7kΩ。在多个 DS18B20 与单总线相连时，单片机通过每个器件上的全球唯一 64 位序列号辨认总线上的器件，从而允许多个 DS18B20 连接在一条单总线上。

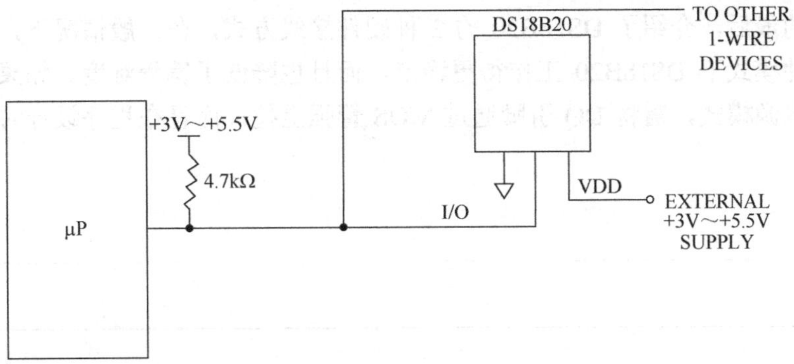

图 8-19　正常供电模式下 DS18B20 的硬件连接图

对于 DS18B20 的电路连接，除了采用正常供电模式外，还可以采用寄生电源模式，其电路图如图 8-20 所示。

对于这张电路图的理解，要重看图 8-18 的电源供给部分，DQ 引脚和 VDD 引脚各通过 1 个二极管接到芯片的供电端，供电端存有储能芯片。当 DS18B20 工作在正常供电模式时，应采用 VDD 引脚供电，因为 VDD 引脚的电压为电源电压，而 DQ 经电阻上拉到电源电压，只有在没有任何漏电流的情况下，DQ 电压才会与电源电压相同，这种情况一般很难出现。当 DS18B20 工作在寄生电源模式时，VDD 引脚接地，此时当 DQ 引脚为高电平时，DQ 电压高于 VDD 电压，DS18B20 通过 DQ 引脚取电，说得更准确一些，应为 DS18B20 通过 DQ 引脚窃电，这是因为 DQ 引脚采用弱上拉，能提供给 DS18B20 的电流非常微弱，仅够其读取内部寄存器的数值。DS18B20 在进行温度转换时，需要 1.5mA 的电流，为了提供这部分电流，在图 8-20 所示的电路中加入了 MOS 管控制的强上拉电路，MOS 管的导通与否由单片机控制。当单片机向 DS18B20 发送温度采集命令时，需将 MOS 管关断，以维持正常的数据通信，当采集命令发送完毕后，单片机应将 DQ 引脚置成高电平，打开 MOS 管至少 10μs，以使储能电容充满，DS18B20 将利用这部分能量进行温度采集并完成后续的通信工作。

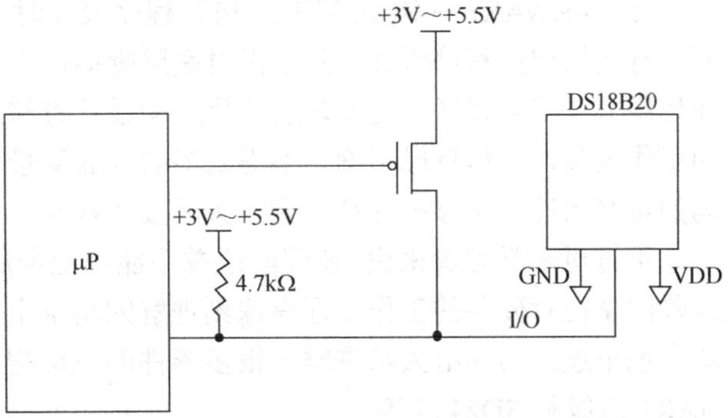

图 8-20　寄生电源模式 DS18B20 硬件连接图

【任务小结】

本任务在开始时，首先介绍了 DS18B20 的测温原理，实际上 DS18B20 内部集成了在任务 1 中介绍的石英晶体温度传感器，该类型传感器的输出频率会随温度的变化而变化，在 DS18B20 中有 2 个石英晶体温度传感器，一个为低温度系数传感器，另外一个为高温度系数传感器。低温度系数的传感器振荡频率与温度关系很小，高温度系数的传感器频率随温度变化明显，之所以采用两个传感器，是为了抵消一些共模干扰（既扰动低温传感器，又扰动高温传感器的干扰），如湿度、压强等。由于其输出结果是看计数差值，所以扰动会抵消掉。

接下来，介绍了 DS18B20 的内部结构。之后，总结了 DS18B20 的器件特点。

在本任务的最后，介绍了 DS18B20 的 2 种硬件接线方式，在一般情况下，采用正常供电模式，因为这种模式下 DS18B20 工作得更稳定，而且也降低了编程难度。如果在设计项目时必须采用寄生电源模式，需将 DQ 引脚通过 MOS 管强上拉，而且在程序设计时，还需注意总线时序。

笔记：

任务三　DS18B20 的驱动程序设计

【任务要求】

（1）分析单总线时序。
（2）理解单总线初始化、写、读时序。
（3）理解 DS18B20 寄存器分布及其使用方法。
（4）实现 DS18B20 的驱动程序。

【任务引入】

在 AVRWARE++体系结构中，进行程序设计时，需要做的大部分工作是逻辑层的程序设计，而进行逻辑层的程序设计，并不需对底层驱动程序的实现有着过多的理解，只需知道调用接口和使用方法就可以了。这就是层次化结构设计方法所带来的好处，应用这种设计方法，项目组的工作人员，工作目标明确，不需太多的专业背景知识，只需专心于本职工作即可。而且，代码的可复用性和可移植性都得到了大幅度的提高。

不过对于学习者来说，在现阶段并不能确定今后的工作方向，有很多人偏爱底层硬件设计，这些同学在对硬件的工作原理有深刻理解的基础上，必然对硬件的驱动程序设计感兴趣。所以，本书也不遗余力地给大家讲解了很多器件的驱动程序设计思想、方法与技巧。例如，IIC 总线、UART 总线和 SD2405 等。

在本任务中，将继续介绍 DS18B20 的驱动程序设计，在本部分内容中，实际上主要讲解的是 DALLS 公司的单总线驱动程序。当然，如果对底层硬件驱动程序设计不感兴趣，则可以跳过本任务的学习，直接进入下一个任务完成顶层逻辑的设计。

【任务指导】

一、分析单总线时序

DS18B20 采用 DALLAS 公司的单总线完成数据的通信，在这部分内容中，将对单总线的时序进行详尽的分析，这是对于后面理解 DS18B20 的驱动程序的基础所在。DS18B20 单总线协议的工作流程为：初始化→ROM 操作指令→存储器操作指令→数据传输，其工作时序包括：

初始化时序、写时序和读时序，下面就分别加以详细介绍。

（1）初始化时序。

单总线的初始化时序图如图 8-21 所示，单片机首先发送 480～960μs 的低电平脉冲，然后将总线释放，由于上拉电阻的存在总线将变为高电平。此时，单片机引脚进入输入状态，在随后的 480μs 时间内对单总线上的信号进行检测，如果有低电平出现说明总线上有器件做出了应答，如果总线上没有器件，则单片机检测到的始终是高电平。

作为单总线上的器件，只要一上电就一直检测是否有 80～960μs 的低电平出现。如果出现，则待总线转为高电平 15～60μs 后，将总线拉低 60～240μs，以应答单片机说明器件已经做好后续的传输准备。器件若没有检测到 80～960μs 低电平，则其一直处于检测等待状态。

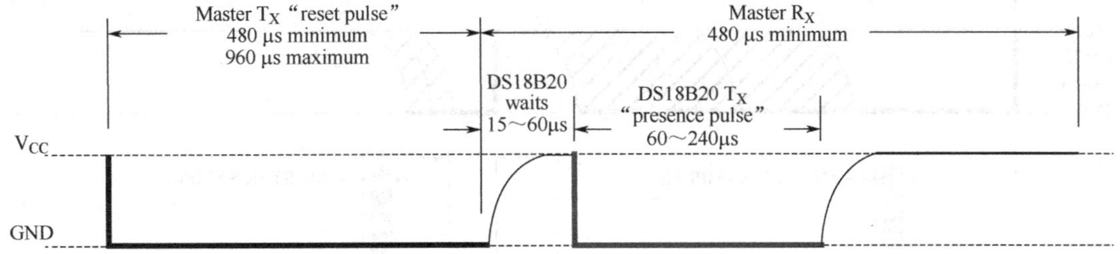

图 8-21　初始化时序图

（2）写时序。

单总线的写时序图如图 8-22 所示，该图分为左右两部分，左面是指单片机向总线上的器件写入 0，右面是指单片机向总线上的器件写入 1。

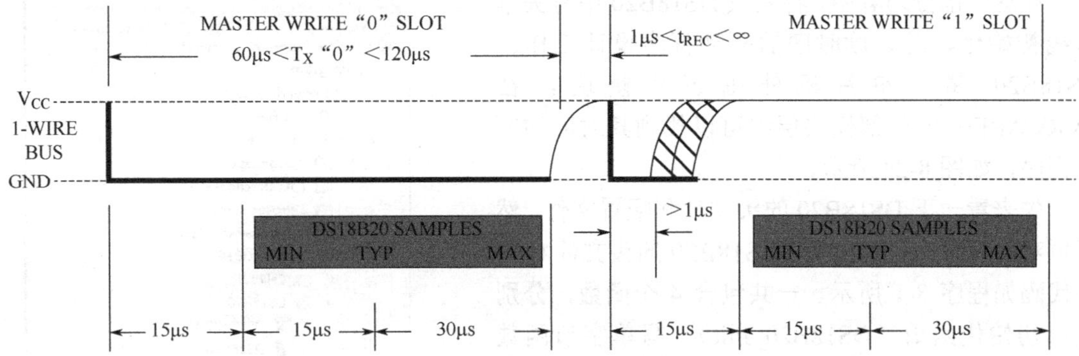

图 8-22　写时序图

单总线的写操作周期最少为 60μs，最长不超过 120μs。在写周期开始时，单片机先把总线电平拉低 1μs 表示开始进行写操作，如果后面单片机希望向总线上的器件写入 0，则继续拉低电平至少 60μs 直至写周期结束，然后单片机将总线释放，总线变为高电平；如果主机希望写入 1，则在开始拉低电平 1μs 后就释放总线，使之变为高电平，直到写周期结束。

单总线上的器件在检测到总线电平被拉低 15μs 后，从 15～45μs 对总线进行检测，如果检测到的电平为高电平，则表示单片机写入 1 到该器件；如果检测到的电平为低电平，则表示单片机写入 0 到该器件。

（3）读时序。

单总线的读时序图如图 8-23 所示，同写时序图一样，该图分为左右两部分，左面部分为单片机从单总线器件上读 0 时序过程，右面部分为单片机从单总线器件上读 1 时序过程。

当单片机希望从总线上的器件读取数据时，首先将总线电平拉低，在 1μs 后就释放总线，使之成为高电平，以让总线上的器件将数据传输到单总线上。

单总线上的器件在检测到总线电平被拉低 1μs 后，便开始送出数据，若是要送出 0 就把总线拉为低电平直到读周期结束；若送出 1，则释放总线为高电平。

单片机在拉低总线电平 1μs 后释放总线，然后在包括前面拉低总线电平的 1μs 时间在内的 15μs 时间内完成对总线进行采样检测，采样期间总线为低电平则确认为 0，总线为高电平则确认为 1，完成 1 个读时序过程至少需要 60μs。

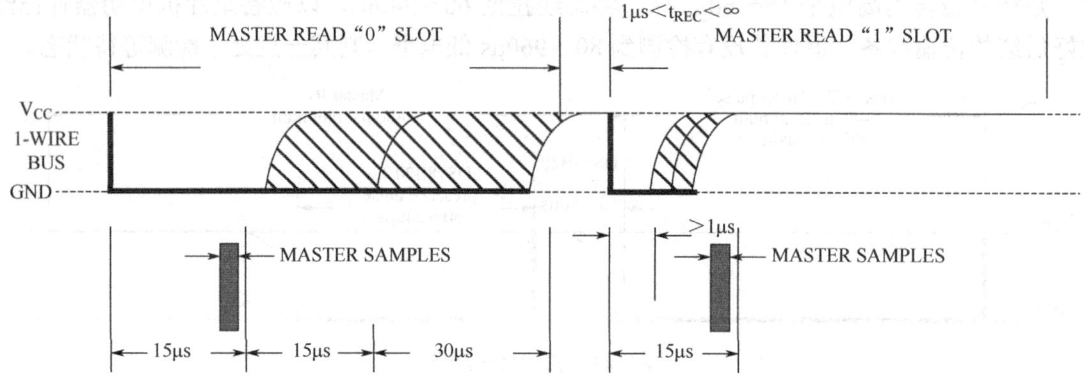

图 8-23　读时序图

二、理解单总线初始化、写、读时序

在这一部分内容中，将完成 DS18B20 中有关单总线初始化、写、读时序的驱动程序设计工作。DS18B20 属于单片机外围芯片模块，在 AVRWARE++的外部模块层中可以找到其对应的驱动程序，如图 8-24 所示。

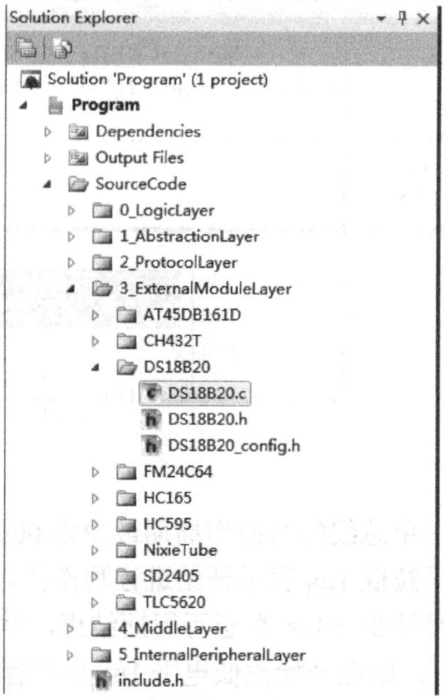

图 8-24　单总线驱动程序在 AVRWARE++体系结构中的位置

先来看一下 DS18B20 的头文件和配置文件，然后再对读写时序进行分析。DS18B20 的头文件 C 语言代码如程序 8-1 所示。一共包含 4 个函数，分别为：初始化函数（DS18B20_Init）、写单字节函数（DS18B20_WriteOneByte）、读单字节函数（DS18B20_ReadOneByte）、温度转换函数（DS18B20_ConvertTemperature）和读取温度函数（DS18B20_ReadTemperature）。

【程序 8-1】

```
#ifndef DS18B20_H_
#define DS18B20_H_

//函数原型声明
void DS18B20_Init(void);
void DS18B20_WriteOneByte(uint8 Data);
uint8 DS18B20_ReadOneByte(void);
void DS18B20_ConvertTemperature(void);
float DS18B20_ReadTemperature(void);
```

```
#endif /* DS18B20_H_ */
```

接下来，再来看一下 DS18B20 的配置文件，其 C 语言代码如程序 8-2 所示。配置函数用于指定单总线使用的单片机的端口号和引脚号，在这里指定的单总线引脚是 PD5。

【程序 8-2】

```
#ifndef DS18B20_CONFIG_H_
#define DS18B20_CONFIG_H_

#define DS18B20_DDR DDRD
#define DS18B20_PORT PORTD
#define DS18B20_PIN PIND

#define DS18B20_DATA BIT5

#endif /* DS18B20_CONFIG_H_ */
```

下面，就对单总线的时序实现代码加以分析，将分 3 部分内容加以介绍，分别为：初始化时序、读时序和写时序。

（1）初始化时序。

初始化时序驱动程序的函数名称是 DS18B20_Init，如程序 8-3 所示。DS18B20_DDR 寄存器是单总线引脚方向寄存器，将其引脚所对应的位设置为 1，则该引脚为输出引脚，将其引脚所对应的位设置为 0，则该引脚为输入引脚。当引脚为输出方向时，DS18B20_PORT 寄存器用于指定引脚的高低电平，当引脚所对应的位为 1 时，该引脚输出高电平，当引脚所对应的位为 0 时，该引脚输出低电平。如果引脚为输入方向时，DS18B20_PORT 寄存器用于指定是否使能上拉电阻，如果引脚所对应的位为 1，则使能该引脚所对应的上拉电阻，如果引脚所对应的位为 0，则不使能该引脚所对应的上拉电阻。对于 DS18B20，由于器件为开漏输出，所以当单片机希望读取总线上的器件信息时，需要将 DS18B20_PORT 寄存器引脚所对应的位设置为 1，以使能上拉电阻。

对于该段程序的理解，应参看本任务上一部分所述内容，其具体过程为：程序首先将单片机的单总线引脚设置为输出方向并将其设置为输出低电平，然后延时 900μs，接下来将该引脚设置为输入并使能上拉电阻，再延时 480μs，完成初始化时序后，将引脚再设置为高电平。

【程序 8-3】

```
void DS18B20_Init(void)
{
 SETBIT(DS18B20_DDR, DS18B20_DATA);
 CLRBIT(DS18B20_PORT, DS18B20_DATA);
 TARGET_Delayus(900, 0);
 SETBIT(DS18B20_PORT, DS18B20_DATA);
 CLRBIT(DS18B20_DDR, DS18B20_DATA);
 TARGET_Delayus(480, 0);
 SETBIT(DS18B20_DDR, DS18B20_DATA);
}
```

（2）写时序。

写时序驱动程序的函数名称是 DS18B20_WriteOneByte，如程序 8-4 所示。该函数接收 1 字节的参数 u8_Data，并将该字节通过单总线发送出去，对于这段程序的理解，也应对照本任务第 1 部分所对应的内容。函数将该字节按位发送，低位在先，大家可以通过 for 循环加以理解。

程序在起始时，将单总线的引脚设置为输出方向，然后进入 for 循环，for 循环中每次去 1 位数据，如果取出的数据为 1，则执行写 1 时序操作，否则执行写 0 时序操作。对于写 1 操作，其时序是 2μs 后设置为低电平，8μs 后设置为高电平，再延时 85μs 结束写周期。对于写 0 操作，其时序是 2μs 后设置为低电平，然后延时 85μs 后再设置为高电平，结束写周期。最后，还需指出的是函数在开始时，调用了函数 TARGET_CloseInterrupt 将中断关闭，在函数结束的时候，调用函数 TARGET_OpenInterrupt 将中断打开，其目的在于整个写时序内不响应任何中断请求，以防止将单总线时序打乱，导致数据错误。

【程序 8-4】

```
void DS18B20_WriteOneByte(uint8 u8_Data)
{
 uint8 i, m;

 TARGET_CloseInterrupt();
 SETBIT(DS18B20_DDR, DS18B20_DATA);
 for(i = 0; i < 8; i++)
 {
     if(CHKBIT(u8_Data, BIT0))
     {
         TARGET_Delayus(2, 0);
         CLRBIT(DS18B20_PORT, DS18B20_DATA);
         TARGET_Delayus(8, 0);
         SETBIT(DS18B20_PORT, DS18B20_DATA);
         TARGET_Delayus(85, 0);
     }
     else
     {
         TARGET_Delayus(2, 0);
         CLRBIT(DS18B20_PORT, DS18B20_DATA);
         TARGET_Delayus(85, 0);
         SETBIT(DS18B20_PORT, DS18B20_DATA);
     }
     u8_Data = u8_Data >> 1;
 }
 TARGET_OpenInterrupt();
}
```

（3）读时序。

读时序驱动程序的函数名称是 DS18B20_ReadOneByte，如程序 8-5 所示。该函数在单总线上按位读取 1 字节的数据，读取完毕后作为函数的返回值，程序用 temp 变量存储该数据。对于这段程序的理解，需参看本项目第 1 部分的相关内容，有助于对后面驱动程序的理解。函数定义并初始化变量后，进入 for 循环，共循环 8 次，将首先读到的位当作最低位存于 temp 中，以此向高位移动，循环结束后，所读 8 位数据组成 1 字节，当作函数返回值。

对于每 1 位的读操作，函数首先将单总线引脚置位输出低电平，延时 2μs 启动读操作，然后将引脚设置为输入，并使能上拉电阻。通过 DS18B20_PIN 寄存器读出当前单总线引脚的电平，如果是高电平，则将 temp 的相应位置高，否则将单总线的相应位置低。最后再延时 100μs，将单总线引脚置位输出高电平。这个函数内，仍然有开关中断函数，其使用目的与写时序函数是相同的，在此不再赘述。

【程序 8-5】

```
uint8 DS18B20_ReadOneByte(void)
{
 uint8 temp, i;

 TARGET_CloseInterrupt();
 temp = 0;
 for(i = 0; i < 8; i++)
 {
     SETBIT(DS18B20_DDR, DS18B20_DATA);
```

```
        CLRBIT(DS18B20_PORT, DS18B20_DATA);
        TARGET_Delayus(2, 0);
        SETBIT(DS18B20_PORT, DS18B20_DATA);
        CLRBIT(DS18B20_DDR, DS18B20_DATA);
        TARGET_Delayus(1, 0);
        if (CHKBIT(DS18B20_PIN, DS18B20_DATA))
        {
            SETBIT(temp,BIT(i));
        }
        else
        {
            CLRBIT(temp, BIT(i));
        }
        _delay_us(100);
        SETBIT(DS18B20_DDR, DS18B20_DATA);
        SETBIT(DS18B20_PORT, DS18B20_DATA);
    }
    TARGET_OpenInterrupt();
    return temp;
}
```

三、理解 DS18B20 寄存器分布及其使用方法

在学习任何芯片或模块的硬件驱动设计时，都必须首先读懂它的数据手册，在数据手册中，和驱动程序最相关的部分就是寄存器，只要能把这些寄存器的使用方法理解清楚，就能掌握这个芯片的功能，也就能写出完备的驱动程序。

DS18B20 的驱动程序非常简单，仅由 9 个寄存器构成，如表 8-3 所示。在 DS18B20 完成温度转换后，读取温度 LSB 和温度 MSB 这两个字节的数据，就可以得到准确的温度值。TH 和 TL 用于设置高温触发值和低温触发值，由于这两个字节使用非易失性 EEPROM 存储器进行存储，所以掉电后，其中的数据不会丢失。但是，这两个字节使用的几率不大，因为在配有 DS18B20 的系统中，都有单片机的存在，将报警数据存于单片机中，仅从 DS18B20 读出温度值，然后和存于单片机中的高低温报警值进行比较是最为方便的，要比将数据存于 DS18B20 中来得简单。

表 8-3 DS18B20 寄存器分布

字节 0	温度数据低字节 LSB
字节 1	温度数据高字节 MSB
字节 2	TH 用户字节 1（高温触发值），此数值可保存于 EEPROM 中，掉电不丢失
字节 3	TL 用户字节 2（低温触发值），此数值可保存于 EEPROM 中，掉电不丢失
字节 5	保留位
字节 6	保留位
字节 7	保留位
字节 8	CRC 校验位寄存器

配置寄存器中的数据用来设置温度的转换位数和精度，具体使用方法如表 8-4 所示。DS18B20 默认的配置是 R1 和 R2 都为 1，也就是说温度寄存器使用 12 位，分辨精度为 0.0625℃。由于读取 0.5℃精度的数据和读取 0.0625℃精度的数据，对于单片机来说操作时序是相同的，只是转换时间不同，所以在大部分场合都使用 R1 和 R2 为 1 的配置，即使用 12 位温度寄存器，分辨率为 0.0625℃。

表 8-4 配置寄存器

BIT7	BIT6	BIT5	BIT4	BIT3	BIT2	BIT1	BIT0
0	R1	R0	1	1	1	1	1
	0	0	当 R1=0，R0=0，9 位，精度为 0.5℃				
	0	1	当 R1=0，R0=1，10 位，精度为 0.25℃				
	1	0	当 R1=1，R0=0，11 位，精度为 0.125℃				
	1	1	当 R1=1，R0=1，12 位，精度为 0.0625℃				

字节 5、字节 6 和字节 7 为保留位，DS18B20 写入固定数值 FFH、0CH 和 10H。最后是 CRC 校验位，当将 9 个寄存器的数据全部移出时，可以计算前 8 个寄存器的 CRC 校验，然后与该寄存器中的数值进行比对，以确定接收数据的正确性。

DS18B20 共有 11 条指令，分为两大类：ROM 指令和功能指令，如表 8-5 所示。

表 8-5 配置寄存器

指令类型	指令	功能	详细描述
ROM 指令	F0H	搜索 ROM 指令	当系统初始化时，总线控制器（单片机）通过此指令多次循环搜索 ROM 编码，以确认所有从机器件
	33H	读取 ROM 指令	当总线上只有 1 个 DS18B20 时，才可以使用此指令，允许总线控制器（单片机）直接读取从机的 ROM 编码
	55H	匹配 ROM 指令	该指令可以使总线控制器（单片机）在连接有多个 DS18B20 的总线上，定位指定的芯片
	CCH	忽略 ROM 指令	该指令允许总线控制器（单片机）不必提供 ROM 编码，就可以使用功能指令
ROM 指令	ECH	报警搜索指令	当总线上存在满足报警条件的 DS18B20 时，该芯片将响应此指令
功能指令	44H	温度转换指令	该指令用来控制 DS18B20 启动 1 次温度转换，生成的温度数据以 2 字节的形式存储在温度寄存器中
功能指令	4EH	写寄存器器指令	该指令向 DS18B20 的寄存器写入数据，开始位置在第 2 字节（TH 寄存器），以最低有效位开始传送
	BEH	读寄存器指令	该指令读取 DS18B20 寄存器中的数据，开始字节为第 0 字节，以最低有效位开始传送
	48H	复制寄存器指令	该指令将 TH、TL 和配置寄存器中的数据复制到 EEPROM 中，进行保存
功能指令	B8H	读回寄存器指令	该指令从 EEPROM 中，将 TH、TL 和配置寄存器的数据复制回寄存器
	B4H	读电源模式指令	总线控制器（单片机）发送该指令后，启动读时序操作，此时若为寄生电源模式，则 DS18B20 会拉低总线；若为正常供电模式，DS18B20 会拉高总线，用以判断 DS18B20 的供电模式

ROM 指令用于读取 DS18B20 中 ROM 存储的信息，ROM 的总长度为 64 位，其中 48 位存储的是自身的序列号，该序列号出厂时唯一设定，可通过此序列号对 DS18B20 进行辨别。如果需要与多个 DS18B20 进行通信，需事先将 DS18B20 的序列号读出。读出方法是摘掉总线上的其他 DS18B20，仅留 1 个，然后使用 33H 指令（读取 ROM 指令）读出其 ROM 编码，在单片机上进行存储，以此类推，读出总线上其他 DS18B20 的 ROM 编码。当将这些编码存储好后，将所有 DS18B20 都挂接在总线上，单片机通过 55H 指令（匹配 ROM）指令进行读取即可。

如果总线上仅有 1 个 DS18B20，那么程序就变得非常简单，不需要关心该 DS18B20 的 ROM 编码，直接使用 CCH 指令（忽略 ROM 指令）即可。

功能指令用于对寄存器进行直接操作，单片机发出 44H 指令（温度转换指令）即可进行温度转换操作，这里需要注意的是，温度转换需要时间，应在规定的时间到达后，再进行数据的读取，具体的时间如表 8-1 所示。当需要读取寄存器中的数据时，就可以使用 BEH 指令（读寄存器指令），例如，需要将转换后的时间从 DS18B20 读入单片机中。如果需要对 DS18B20 进行配置，可以调用 4EH 指令（写寄存器指令），例如，需要将高低温报警触发值或者配置数据写入 DS18B20 中。如果希望配置数据掉电后不丢失，可以调用 48H 指令（复制寄存器指令），将其复制到 EEPROM 中。每次 DS18B20 上电后，寄存器中的数值会复位，所以需要使用 B8H 指令（读回寄存器指令），将 EEPROM 中的数据复制到寄存器中，以完成对其的上电配置。当然，如果希望程序写的非常智能化，可以自动判断是正常供电模式还是寄生电源模式，可以使用 B4H 指令（读电源模式指令），使用该指令需要硬件进行配合，程序书写起来有一定的复杂度，相信大部分系统使用的供电模式是定死的，所以直接按照硬件的连接方式进行程序设计就可以了。

四、实现 DS18B20 的驱动程序

教学实验板中的 DS18B20 电路原理图如图 8-25 所示，为了能够与 UART 进行复用，需要使用 PORTD 与 P3 端口相连接，此时 PD5 与 DS18B20 相连接，也就是说使用单片机的 PD5 作为单总线的引脚。

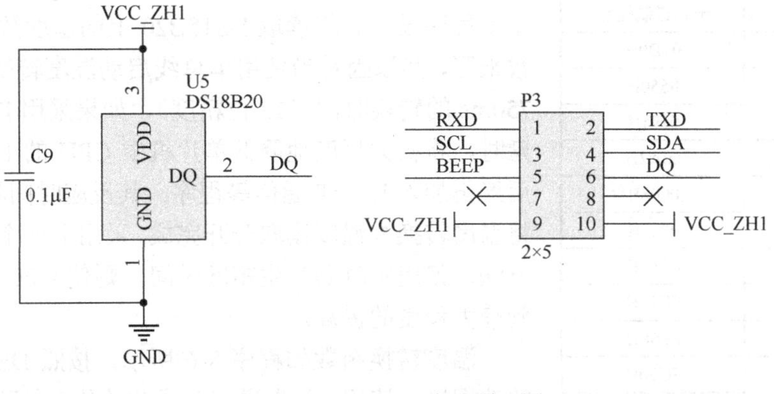

图 8-25　DS18B20 电路原理图

下面，再来介绍 DS18B20 的指令操作顺序，如表 8-6 所示。单片机首先应发送初始化时序，以告知总线上的 DS18B20 进行初始化操作，准备接收后续指令；初始化指令发送完毕后，单片机发送 ROM 指令，以确定是对总线上所有 DS18B20 进行操作，还是对指定的 DS18B20 进行操作；接下来，单片机发送功能指令，告知上一步骤选定的 DS18B20 的具体操作；最后完成相应的操作。

表 8-6　指令操作顺序

步骤 1	总线控制器（单片机）发送初始化时序
步骤 2	总线控制器（单片机）发送 ROM 指令
步骤 3	总线控制器（单片机）发送功能指令
步骤 4	根据步骤 3 的功能指令进行数据的读写操作，如无数据，也可不进行步骤 4 操作

根据图 8-25 可知，教学实验板仅焊接有 1 个 DS18B20，所以不需进行总线上 DS18B20 的辨别工作，这样就可以直接使用 CCH 指令（忽略 ROM 指令）对教学实验板上焊接的 DS18B20 进行操作。对于功能指令来说，选择默认的最高分辨率，通过在单片机上判断高/低温的触发，所以在驱动程序中，不需使用高/低温触发寄存器和配置寄存器。对于硬件设计，采用正常供电模式，也不需对电源模式进行判定。这样分析，只需关心的功能指令仅有两个：一个是温度转换指令，用于读取采集的温度值，在这里需要注意的是温度的转换是有时间的，在发送完温度转换指令后，应留有足够的时间，使温度转换完毕；另一个是读寄存器指令，使用这个指令读回温度值，由于温度值是最前端的 2 字节，所以使用读寄存器指令，只需读出前 2 字节就可以了，剩下的工作交由单片机完成，进行后续的数据处理。

在进行正式的驱动程序设计之前，再来看一下 DS18B20 的温度表示，以 12 位温度值为例。DS18B20 使用 16 位有符号的二进制补码表示温度，当转换精度为 12 位时，每个二进制位表示的温度值为 0.0625。

例如，+125℃对应的二进制数是 07D0H，其计算方法为

$$(125/0.0625)_{16}=07D0H$$

又如+25.0625℃对应的二进制数是 0191H，其计算方法为

$$(25.0625/0.0625)_{16}=0191H$$

常用的 DS18B20 的温度转换值如表 8-7 所示。

表 8-7　DS18B20 常用温度转换值

温度值	十六进制输出
+125℃	07D0H
+85℃	0550H
+25.0625℃	0191H
+10.125℃	00A2H
+0.5℃	0008H
0℃	0000H
−0.5℃	FFF8H
−10.125℃	FF5EH
−25.0625℃	FF6FH
−55℃	FC90H

有了上面的基础后，就可以完成 DS18B20 的驱动函数 DS18B20_ConvertTemperature 和 DS18B20_ReadTemperature 的驱动程序设计。将读取 DS18B20 上的温度数据分为 2 个函数来写，其原因是当使用单总线启动温度转换后，需要经过 750ms 的转换时间（12 位精度），如果采用 Delay 函数进行延时，将极大程度地降低单片机中 CPU 的工作效率，如果后续再加入 UART 通信等程序，其反应时间将延长。所以，将温度转换与温度读取分开完成，采用上一个任务中讲述的方法，使用定时器产生精准时间，则使 CPU 的工作效率得到最大程度的提高。

温度转换函数如程序 8-6 所示，按照 DS18B20 单总线的数据操作流程，首先进行总线初始化，由于总线上只挂接 1 个 DS18B20，所以发送 CCH 指令（忽略 ROM 指令），然后发送 44H 指令，启动温度转换。

【程序 8-6】

```
void DS18B20_ConvertTemperature(void)
{
 DS18B20_Init();
 DS18B20_WriteOneByte(0xcc);
 DS18B20_WriteOneByte(0x44);
}
```

温度读取函数如程序 8-7 所示，函数无参数传递，将读到的温度值转换为浮点型，作为函数返回值。函数首先定义 u8_Temperature 数组，用于存放从 DS18B20 读取到的温度值，低字节放在数组的元素 0 中，高字节放在数组的元素 1 中。然后按照 DS18B20 的单总线数据操作流程，进行总线初始化，发送 CCH 指令忽略 ROM 编码，发送 BEH 指令进行 DS18B20 中的

寄存器读取，由于温度寄存器是 DS18B20 寄存器的最低 2 字节，所以只需操纵单总线读取 2 字节的数据就可以了。数据读取完毕后，需将这 2 字节的 8 位无符号整型转化为浮点型，具体操作流程：将高字节的数值乘以 256，然后加上地址的数值得到 16 位无符号整型；由于当前 DS18B20 的精度为 0.0625℃，所以再乘以 0.0625，就得到了具体的温度值。在进行具体转化时，256 用 256.0 表示，1 用 1.0 表示的原因是进行隐形的数据类型转换。

【程序 8-7】

```
float DS18B20_ReadTemperature(void)
{
 uint8 u8_Temperature[2];

 DS18B20_Init();
 DS18B20_WriteOneByte(0xcc);
 DS18B20_WriteOneByte(0xbe);
 u8_Temperature[0] = DS18B20_ReadOneByte();
 u8_Temperature[1] = DS18B20_ReadOneByte();

 return (u8_Temperature[1] * 256.0 + u8_Temperature[0] * 1.0) * 0.0625;
}
```

最后，附上完整的 DS18B20 驱动程序，供大家学习阅读时参考，如程序 8-8 所示。

【程序 8-8】

```
#include "../../include.h"

#if EXTERNAL_MODULE_DS18B20_MODE !=0

void DS18B20_Init(void)
{
 SETBIT(DS18B20_DDR, DS18B20_DATA);
 CLRBIT(DS18B20_PORT, DS18B20_DATA);
 TARGET_Delayus(480, 0);
 SETBIT(DS18B20_PORT, DS18B20_DATA);
 CLRBIT(DS18B20_DDR, DS18B20_DATA);
 TARGET_Delayus(480, 0);
 SETBIT(DS18B20_DDR, DS18B20_DATA);
}

void DS18B20_WriteOneByte(uint8 u8_Data)
{
 uint8 i, m;

 TARGET_CloseInterrupt();
 SETBIT(DS18B20_DDR, DS18B20_DATA);
 for(i = 0; i < 8; i++)
 {
     if(CHKBIT(u8_Data, BIT0))
     {
         TARGET_Delayus(2, 0);
         CLRBIT(DS18B20_PORT, DS18B20_DATA);
         TARGET_Delayus(8, 0);
         SETBIT(DS18B20_PORT, DS18B20_DATA);
         TARGET_Delayus(85, 0);
     }
     else
     {
         TARGET_Delayus(2, 0);
         CLRBIT(DS18B20_PORT, DS18B20_DATA);
         TARGET_Delayus(85, 0);
         SETBIT(DS18B20_PORT, DS18B20_DATA);
     }
```

```
        u8_Data = u8_Data >> 1;
    }
    TARGET_OpenInterrupt();
}

uint8 DS18B20_ReadOneByte(void)
{
    uint8 temp, i;

    TARGET_CloseInterrupt();
    temp = 0;
    for(i = 0; i < 8; i++)
    {
        SETBIT(DS18B20_DDR, DS18B20_DATA);
        CLRBIT(DS18B20_PORT, DS18B20_DATA);
        TARGET_Delayus(2, 0);
        SETBIT(DS18B20_PORT, DS18B20_DATA);
        CLRBIT(DS18B20_DDR, DS18B20_DATA);
        TARGET_Delayus(1, 0);
        if (CHKBIT(DS18B20_PIN, DS18B20_DATA))
        {
            SETBIT(temp,BIT(i));
        }
        else
        {
            CLRBIT(temp, BIT(i));
        }
        _delay_us(100);
        SETBIT(DS18B20_DDR, DS18B20_DATA);
        SETBIT(DS18B20_PORT, DS18B20_DATA);
    }
    TARGET_OpenInterrupt();
    return temp;
}

void DS18B20_ConvertTemperature(void)
{
    DS18B20_Init();
    DS18B20_WriteOneByte(0xcc);
    DS18B20_WriteOneByte(0x44);
}

float DS18B20_ReadTemperature(void)
{
    uint8 u8_Temperature[2];

    DS18B20_Init();
    DS18B20_WriteOneByte(0xcc);
    DS18B20_WriteOneByte(0xbe);
    u8_Temperature[0] = DS18B20_ReadOneByte();
    u8_Temperature[1] = DS18B20_ReadOneByte();

    return (u8_Temperature[1] * 256.0 + u8_Temperature[0] * 1.0) * 0.0625;
}

#endif
```

【任务小结】

本任务首先对单总线的工作流程和时序进行了详细的分析，DALLAS 公司单总线的工作流程为：初始化→ROM 操作指令→存储器操作指令→数据传输；涉及的工作时序包括：初始化时序、写时序和读时序。在对 DS18B20 进行操作时，必须严格按照单总线规定的时序进行操作，否则不会得到正确的温度数据。

接下来，对单总线的初始化、读和写时序的驱动程序进行了详细的分析，大家在学习这一部分内容时，一定要结合单总线的时序图，才能更好地理解驱动程序。大家一定要知道，在这里分析驱动程序的目的是帮助大家学习如何设计驱动程序。硬件驱动程序相对于上层的逻辑处理程序来说，有一定的难度和复杂度，但是其工作量和专一性都优于逻辑层设计，而且学习驱动程序设计的特点是“一通百通”，如果大家对单片机硬件真的很感兴趣，那就应该花大力气在驱动程序设计上，这对个人的职业生涯是很有帮助的。

设计驱动程序是要看芯片或模块的数据手册的，而手册中最重要的部分应该是寄存器分布和使用方法。应该详细地研究寄存器的使用方法，才能更好地完成驱动程序的设计工作。

在本任务的最后，给出了 DS18B20 驱动程序的完整程序，供大家参考，这个驱动程序仅针对单总线上挂接一个 DS18B20 的情况进行设计。如果大家希望在此时提炼一下自身的驱动程序设计能力，可以自己尝试在总线上多挂几片 DS18B20，完成相应的驱动程序设计。这种方法的设计思路已经在任务中给大家详细的描述，大家不妨试一试，提炼一下自身的能力。

笔记：____

____

____

任务四　在数码管上显示当前温度

【任务要求】

（1）温度的数码管显示。
（2）理解 MiniUart 接收完整数据包的本质。
（3）理解 MiniUart 的程序实现。
（4）使用 MiniUart 进行数据接收。
（5）使用计算机控制教学实验板。

【任务引入】

在上一个任务中，详细介绍了 DS18B20 的驱动程序设计方法，接下来在本任务中，将完成逻辑层程序的设计工作。相对于上一个任务，本任务的难度会相对降低，因为不需要过多地理解 DS18B20 的硬件时序，在 AVRWARE++体系结构中，只需知道如何调用 DS18B20 的驱动程序，就可以操纵 DS18B20 读取温度。

在这里，需要注意的是在上一个任务中已经说过 DS18B20 发送温度转换指令后，需要等待一段时间，才能读取准确的温度数据。所以在两个操作函数之间要加入适当的延时。这个延时如何处理是需要一些技巧的，如果采用死延时的 Delay 方法，则会使 CPU 的工作效率大幅度下降，此时如果再加入 UART 的协议转换程序，则系统的响应效率将非常低下。所以，需要使用定时器延时的方法加以实现，这种方法已经在上一个项目介绍过，在本项目中，要加深对这种方法的理解。

在本任务中，还将介绍另外一种协议的解析方法，其在 AVRWARE++体系结构中称为 MiniUart。使用这种方法，不必关心协议头或协议尾在数据体中出现而导致解析错误。MiniUart 是 AVRWARE++的一部分，是可以直接使用的，在本任务中，也将对 MiniUart 的实现原理进行介绍。

【任务指导】

一、温度的数码管显示

本任务的开始，需要先将温度的数值显示在数码管上，具体步骤如下。

（1）从一个新的例程开始，首先复制模板例程，并打开工程。

（2）对 config.h 文件进行配置，需使能定时器 0、定时器 1、数码管和 DS18B20，具体的配置信息如程序 8-9 所示。

【程序 8-9】

```
#ifndef MAIN_H_
#define MAIN_H_

/*
****************************************************************
调试
****************************************************************/
#define DEBUG 0

/*
****************************************************************
器件选择
****************************************************************/
#define MCU_MODULE 0
//0: 支持的芯片: ATmega48_88_168_328

/*
****************************************************************
内部外设配置
****************************************************************
*/
#define INTERNAL_PERIPHERAL_WDT_MODE        7
//0: 不支持看门狗
//1: 15ms
//2: 30ms
//3: 60ms
//4: 120ms
//5: 250ms
//6: 500ms
 //7:    1s
 //8:    2s
 //9:    4s
 //10:   8s

#define INTERNAL_PERIPHERAL_UART0_MODE          0x00
//0x00:  不初始化异步串行口0
 /*-----------无效验------偶效验-------奇效验-------*/
 //110bps         0x01          0x11          0x21
```

```
 //300bps         0x02        0x12        0x22
 //600bps         0x03        0x13        0x23
 //1200bps        0x04        0x14        0x24
 //2400bps        0x05        0x15        0x25
 //4800bps        0x06        0x16        0x26
 //9600bps        0x07        0x17        0x27
 //14400bps       0x08        0x18        0x28
 //19200bps       0x09        0x19        0x29
 //38400bps       0x0A        0x1A        0x2A
 //56000bps       0x0B        0x1B        0x2B
 //115200bps 0x0C         0x1C        0x2C

#define INTERNAL_PERIPHERAL_TIMER0_MODE          1
 //0:     不初始化TIMER0
 //1:     定时1ms
 //2:     将TIEMR0初始化为快速PWM模式，由引脚PD6进行输出

#define INTERNAL_PERIPHERAL_TIMER1_MODE          1
 //0:     不初始化TIMER0
 //1:     定时10ms
 //2:     定时1ms

#define INTERNAL_PERIPHERAL_ADC_MODE          0
 //0:     不使用ADC
 //1:     使用ADC

#define INTERNAL_PERIPHERAL_INT0_MODE            0
 //0:     不使用外部中断0
 //1:     使用外部中断0

#define INTERNAL_PERIPHERAL_INT1_MODE            0
 //0:     不使用外部中断1
 //1:     使用外部中断1

/*
***********************************************************************
外部模块使用定义
1. 部分外围模块定义了使用情况，具体设置内容，应在该外围芯片相应的config文件中进行配置
2. 部分外围模块定义了模块使用的个数
***********************************************************************
*/
#define EXTERNAL_MODULE_HC595_MODE               0
 //0:     没有使用HC595芯片
 //1:     使用HC595芯片，其引脚配置在相应的config文件中进行设置
 //2:     使用HC595芯片，其引脚配置在相应的config文件中进行设置，三个引脚可以使用不同
          的端口

#define EXTERNAL_MODULE_HC165_MODE               0
 //0:     没有使用HC165芯片
 //1:     使用HC165芯片，其引脚配置在相应的config文件中进行设置
 //2:     用不同的引脚，操纵两组74HC165

#define EXTERNAL_MODULE_NIXIETUBE_MODE           1
 //0:     没有使用数码管及其相关电路
 //1:     适用于使用1个74HC138芯片和1个74HC595芯片驱动2个LG3641BH的电路
 //2:     适用于使用14个74HC164驱动14个LGB012BH的电路

#define EXTERNAL_MODULE_SD2405_MODE              0
```

```
 //0:      没有使用SD2405芯片
 //1:      使用了SD2405芯片，系统会自动调用IIC总线，使用时应在IIC_config.h中，对IIC
           进行配置

#define EXTERNAL_MODULE_DS18B20_MODE          1
 //0:      没有使用DS18B20芯片
 //1:      使用了DS18B20芯片

#define EXTERNAL_MODULE_TLC5620_MODE          0
 //0:      没有使用TLC5620芯片
 //1:      使用了TLC5620芯片

#define EXTERNAL_MODULE_CH432T_MODE           0
 //0:      没有使用CH432T芯片
 //1:      使用了CH432T芯片，还应使能相应的外部中断

#define EXTERNAL_MODULE_FM24C64_MODE          0
 //0:      没有使用FM24C64芯片
 //1:      使用了FM24C64芯片，系统会自动调用IIC总线，使用时应在IIC_config.h中，对IIC
           进行配置

#define EXTERNAL_MODULE_AT45DB161D_MODE            0
 //0:      没有使用AT45DB161D芯片
 //1:      使用了AT45DB161D芯片，其引脚配置在相应的config文件中进行设置

/*
*************************************************************************
协议层使用配置
*************************************************************************
*/
#define PROTOCOL_MINIUART_UART0_MODE          0
 //0:      不针对UART0加载MiniUart
 //1:      针对UART0加载MiniUart

#define PROTOCOL_MINIUART_CH432T_UART0_MODE        0
 //0:      不针对CH432T_UART0加载MininUart
 //1:      针对CH432T_UART0加载MiniUart

#define PROTOCOL_MINIUART_CH432T_UART1_MODE        0
 //0:      不针对CH432T_UART1加载MininUart
 //1:      针对CH432T_UART1加载MiniUart

#endif /* MAIN_H_ */
```

（3）对 DS18B20 进行配置，在 AVRWARE++体系结构中，使用某个外部芯片或模块，仅需对其相应的 config 文件进行配置即可，不需理解其驱动程序的具体含义，DS18B20 的配置程序如程序 8-10 所示。对于这段程序的理解应该不困难，就不再过多地叙述了，只需根据原理图将单总线的引脚设置为 PD5 就可以了。

【程序 8-10】

```
#ifndef DS18B20_CONFIG_H_
#define DS18B20_CONFIG_H_

#define DS18B20_DDR DDRD
#define DS18B20_PORT PORTD
#define DS18B20_PIN PIND

#define DS18B20_DATA BIT5
```

```
#endif /* DS18B20_CONFIG_H_ */
```

（4）在完成上述配置后，就可以进行逻辑层的设计了，打开mian.c文件后，加入全局变量u8g_DisplayString和u8g_DisplayPoint用于数码管的显示，加入u8g_100msCount用于产生100ms计数，这个变量由定时器控制，根据这个变量的具体数值，控制程序是进行温度的转换还是进行温度的读取，以提高CPU的工作效率，如程序8-11所示。

【程序 8-11】

```
uint8 u8g_DisplayString[8];
uint8 u8g_DisplayPoint[8];
uint8 u8g_100msCount;
```

（5）按照程序 8-12，完成全局变量的初始化工作，这些程序在 main.c 中实现。程序首先对 u8g_DisplayString 赋初值 16，表示该位数码管不显示数字；对 u8g_DisplayPoint 赋初值 0，表示数码管不需要小数点。接下来，将 u8g_DisplayString 数组的第 4～7 元素赋值为 0，表示上电的时候默认的显示温度为 0℃，对 u8g_DisplayPoint 数组的第 5 元素赋值为 1，表示仅有第 5 位显示小数点，这样温度的显示格式就为 XX.XX。

【程序 8-12】

```
//初始化全局变量
 for (i = 0; i < 8; i++)
 {
     u8g_DisplayString[i] = 16;
     u8g_DisplayPoint[i] = 0;
 }
 u8g_DisplayString[4] = 0;
 u8g_DisplayString[5] = 0;
 u8g_DisplayString[6] = 0;
 u8g_DisplayString[7] = 0;
 u8g_DisplayPoint[5] = 1;
```

（6）接下来，先完成定时器中断服务处理函数的设计工作，再返回来完成 main.c 里后台主循环的设计工作。使用两个定时器，定时器 0 用于数码管显示，定时器 1 用于产生 100ms 的精准定时。

（7）定时器 0 中断服务处理函数，如程序 8-13 所示。定时器 0 在配置文件中设置的中断时间为 1ms，函数首先定义静态变量 u8_Number，每发生 1 次中断，u8_Number 变换 1 次，其变换范围 0～7 正好对应 8 位数码管，选中某位数码管，就显示该数码管上的数字信息。

【程序 8-13】

```
#if INTERNAL_PERIPHERAL_TIMER0_MODE != 0
ISR(TIMER0_OVF_vect)
{
#if INTERNAL_PERIPHERAL_TIMER0_MODE == 1
 //在此完成逻辑内容
 static uint8 u8_Number;

 u8_Number++;
 if (u8_Number > 7)
 {
     u8_Number = 0;
 }
 NIXIETUBE_SelectLED(u8_Number);
 NIXIETUBE_DrawLED(u8g_DisplayString[u8_Number],
 u8g_DisplayPoint[u8_Number]);

 #if PROTOCOL_MINIUART_UART0_MODE !=0
     miniUART_TimerInterrupt(&miniUART_UART0);
```

```
        #endif
        #if PROTOCOL_MINIUART_CH432T_UART0_MODE !=0
            miniUART_TimerInterrupt(&miniUART_CH432T_UART0);
        #endif
        #if PROTOCOL_MINIUART_CH432T_UART1_MODE !=0
            miniUART_TimerInterrupt(&miniUART_CH432T_UART1);
        #endif
        //为了提高运行速度，将此语句写在中断服务处理函数里，用户在使用时，可不理会下列语句
        TCNT0 = TIMER0_TCNT0;
    #elif INTERNAL_PERIPHERAL_TIMER0_MODE == 2

    #endif
    }
    #endif
```

（8）定时器 1 的中断服务处理函数如程序 8-14 所示。程序操纵全局静态变量 u8g_100msCount，使之在 0～9 之间变化，main.c 中的后台主循环根据 u8g_100msCount 的具体数值进行相应的操作。

【程序 8-14】

```
#if INTERNAL_PERIPHERAL_TIMER1_MODE != 0
ISR(TIMER1_OVF_vect)
{
 //在此完成逻辑内容
 static uint8 u8_Number;

 u8_Number++;
 if (u8_Number > 10)
 {
     u8_Number = 0;
     u8g_100msCount++;
     if (u8g_100msCount >= 10)
     {
         u8g_100msCount = 0;
     }
 }
 //为了提高运行速度，将此语句写在中断服务处理函数里，用户在使用时，可不理会下列语句
 TCNT1H = TIMER1_TCNT1H;
 TCNT1L = TIMER1_TCNT1L;
}
#endif
```

（9）完成中断服务处理函数后，再来完成后台主循环的程序设计，如程序 8-15 所示。程序在 u8g_100msCount 为 0 的时候，进行温度转换，在 u8g_100msCount 为 8 的时候，读取温度数据。没有使用任何延时的语句，达到 CPU 运行效率的最大化。

【程序 8-15】

```
while(1)
 {
     /*
     **********************************
     在这里完成自己的项目逻辑
     **********************************
     */
     if (u8g_100msCount == 0)
     {
         DS18B20_ConvertTemperature();
     }
     else if (u8g_100msCount == 8)
     {
         f_Temperature = DS18B20_ReadTemperature();
```

```
        u8g_DisplayString[4] = (uint8)f_Temperature / 10;
        u8g_DisplayString[5] = (uint8)f_Temperature % 10;
        u8g_DisplayString[6] = (uint8)((f_Temperature -
        (uint8)f_Temperature) * 100) / 10;
        u8g_DisplayString[7] = (uint8)((f_Temperature -
        (uint8)f_Temperature) * 100) % 10;
    }
    /*
    ***********************************
    喂狗语句，大部分工程项目都不应去除
    ***********************************
    */
    #if INTERNAL_PERIPHERAL_WDT_MODE != 0
        TARGET_WatchDogReset();
    #endif
}
```

（10）接下来，再看一下取得温度数据后的数值转换，如程序 8-15 所示，DS18B20_ReadTemperature 函数返回浮点型温度数值，需将其变换为 XX.XX 格式，通过对 f_Temperature 进行强制类型转换，可以取出整数部分，对 10 取整可得到十位，对 10 取余可得到个位。

（11）取出整数部分后，再来看一下小数部分的取法。将 f_Temperature 前去其整数部分就可以得到小数，对于取出的小数进行乘 100 处理，取出小数点。最后，再将该数对 10 取整可得到小数点后 1 位，对 10 取余可得到小数点后 2 位。

（12）上述程序设计完毕后，可以对程序进行编译，然后下载到教学实验板中，使用灰排线将 P8 端口与 P3 端口相连接，P4 端口与 P9 端口相连接，也就是使用 PD 端口控制 DS18B20，使用 PB 端口控制数码管。此时可以接通教学实验板电源，如果一切正常的话，应该能够在数码管上看到当前的温度，我们可以用手触摸 DS18B20，看看温度是否会有变化。

（13）最后，给出这个程序 main.c 的完整文件，如程序 8-16 所示，方便大家阅读参考。

【程序 8-16】

```
//加入包含文件
#include "../include.h"

//定义系统常量

//定义全局变量
uint8 u8g_DisplayString[8];
uint8 u8g_DisplayPoint[8];
uint8 u8g_100msCount;    //100ms计数

//主程序
int main(void)
{
 //定义局部变量
 uint8 i;
 float f_Temperature = 0.0;

 //目标板初始化，该函数会自动初始化相应的外设文件
 TARGET_Init();

 //初始化全局变量
 for (i = 0; i < 8; i++)
 {
     u8g_DisplayString[i] = 16;
     u8g_DisplayPoint[i] = 0;
 }
```

```
    u8g_DisplayString[4] = 0;
    u8g_DisplayString[5] = 0;
    u8g_DisplayString[6] = 0;
    u8g_DisplayString[7] = 0;
    u8g_DisplayPoint[5] = 1;

    //在上电时，执行的相应操作

    //后台主循环
    while(1)
    {
        /*
        **********************************
        在这里完成自己的项目逻辑
        **********************************
        */
        if (u8g_100msCount == 0)
        {
            DS18B20_ConvertTemperature();
        }
        else if (u8g_100msCount == 8)
        {
            f_Temperature = DS18B20_ReadTemperature();
            u8g_DisplayString[4] = (uint8)f_Temperature / 10;
            u8g_DisplayString[5] = (uint8)f_Temperature % 10;
            u8g_DisplayString[6] = (uint8)((f_Temperature -
            (uint8)f_Temperature) * 100) / 10;
            u8g_DisplayString[7] = (uint8)((f_Temperature -
            (uint8)f_Temperature) * 100) % 10;
        }
        /*
        **********************************
        喂狗语句，大部分工程项目都不应去除
        **********************************
        */
        #if INTERNAL_PERIPHERAL_WDT_MODE != 0
            TARGET_WatchDogReset();
        #endif
    }
    return 0;   //永不执行
  }

  //串口0接收中断服务处理函数，接收到的数据存储在 UDR0 寄存器中
  #if INTERNAL_PERIPHERAL_UART0_MODE != 0
  ISR(USART__RX_vect)
  {
    uint8 u8_UartData;

    u8_UartData = UDR0;

  #if PROTOCOL_MINIUART_UART0_MODE !=0
    miniUART_UartInterrupt(&miniUART_UART0, u8_UartData);
  #endif
  }
  #endif

  //定时器0溢出中断服务处理函数
  #if INTERNAL_PERIPHERAL_TIMER0_MODE != 0
  ISR(TIMER0_OVF_vect)
  {
  #if INTERNAL_PERIPHERAL_TIMER0_MODE == 1
```

```
    //在此完成逻辑内容
    static uint8 u8_Number;

    u8_Number++;
    if (u8_Number > 7)
    {
        u8_Number = 0;
    }
    NIXIETUBE_SelectLED(u8_Number);
    NIXIETUBE_DrawLED(u8g_DisplayString[u8_Number],
    u8g_DisplayPoint[u8_Number]);

    #if PROTOCOL_MINIUART_UART0_MODE !=0
        miniUART_TimerInterrupt(&miniUART_UART0);
    #endif
    #if PROTOCOL_MINIUART_CH432T_UART0_MODE !=0
        miniUART_TimerInterrupt(&miniUART_CH432T_UART0);
    #endif
    #if PROTOCOL_MINIUART_CH432T_UART1_MODE !=0
        miniUART_TimerInterrupt(&miniUART_CH432T_UART1);
    #endif
    //为了提高运行速度，将此语句写在中断服务处理函数里，用户在使用时，可不理会下列语句
    TCNT0 = TIMER0_TCNT0;
  #elif INTERNAL_PERIPHERAL_TIMER0_MODE == 2

  #endif
  }
  #endif

  //定时器1溢出中断服务处理函数
  #if INTERNAL_PERIPHERAL_TIMER1_MODE != 0
  ISR(TIMER1_OVF_vect)
  {
    //在此完成逻辑内容
    static uint8 u8_Number;

    u8_Number++;
    if (u8_Number > 10)
    {
        u8_Number = 0;
        u8g_100msCount++;
        if (u8g_100msCount >= 10)
        {
            u8g_100msCount = 0;
        }
    }
    //为了提高运行速度，将此语句写在中断服务处理函数里，用户在使用时，可不理会下列语句
    TCNT1H = TIMER1_TCNT1H;
    TCNT1L = TIMER1_TCNT1L;
  }
  #endif

  //外部中断0中断服务处理函数
  #if INTERNAL_PERIPHERAL_INT0_MODE != 0
  ISR(INT0_vect)
  {
    //如果使用了CH432T，则调用相应的中断处理函数
    #if EXTERNAL_MODULE_CH432T_MODE != 0
        CH432T_INT();
    #endif
  }
```

```
#endif

//外部中断1中断服务处理函数
#if INTERNAL_PERIPHERAL_INT1_MODE != 0
ISR(INT1_vect)
{
 //如果使用了CH432T，则调用相应的中断处理函数
 #if EXTERNAL_MODULE_CH432T_MODE != 0
     CH432T_INT();
 #endif
}
#endif

//CH432T扩展串口0，接收调用函数
#if EXTERNAL_MODULE_CH432T_MODE != 0
void CH432T_Uart0(uint8 u8_UartData)
{
 #if PROTOCOL_MINIUART_CH432T_UART0_MODE != 0
     miniUART_UartInterrupt(&miniUART_CH432T_UART0, u8_UartData);
 #endif
}
#endif

//CH432T扩展串口1，接收调用函数
#if EXTERNAL_MODULE_CH432T_MODE != 0
void CH432T_Uart1(uint8 u8_UartData)
{
 #if PROTOCOL_MINIUART_CH432T_UART1_MODE != 0
     miniUART_UartInterrupt(&miniUART_CH432T_UART1, u8_UartData);
 #endif
}
#endif
```

二、理解 MiniUart 接收完整数据包的本质

接下来，要在温度在数码管显示的基础上，加入 UART 收发协议，以使其能够与计算机进行通信。在上一个项目中，介绍了 UART 收发数据的方法，对于 UART 来说向外发送数据，是自己主动发出的，处理起来会比较简单。而接收数据则不然，UART 并不知道发给自身的数据什么时候到来，所以必须要对需要发送的数据包进行协议处理才能保证数据的完整接收。

对于教学实验板上的单片机来说，数据的接收有 2 种方法，一种方法是采用查询机制，就是程序在主循环中不断地查询是否有数据到来；另一种方法是采用中断机制，就是在 UART 中断服务处理函数中完成数据的接收。对这两种方法进行比较，中断机制有着显著的优点，它可以极大释放 CPU 的程序处理压力，使 CPU 的运行效率达到最大化。

教学实验板在 UART 的中断处理上，采用单字节触发机制，也就是说，UART 每接收到 1 字节，都会触发 1 次中断，如何有效地收到完整的数据包，则需要对数据传输进行协议封装。表 8-8 的命令 01H～04H 是上一个项目的数据传输协议，在这些协议的基础上，再加入本项目的数据传输协议，如表 8-8 所示。在原先协议的基础上，又增加了 4 条协议，分别为“读取温度”、“读取温度回复”、“设置高温报警值”和“设置高温报警值回复”。在命令传输上均采用 BCD 码予以实现，对于 BCD 码的正确理解，可以参看上一个任务。

表 8-8　项目的数据传输协议

命令解释	协议头	命令号	命令长度	命令体	校验和
读取时间	5AH	01H	00H	无	累加和
读取时间回复		02H	07H	年月日时分秒星期	
设置时间		03H	07H	年月日时分秒星期	
设置时间回复		04H	07H	年月日时分秒星期	
读取温度		05H	00H	无	
读取温度回复		06H	04H	温度整数（BCD） 温度小数（BCD） 高温报警值（BCD） 报警信息（01 报警）	
设置高温报警值		07H	01H	高温报警值（BCD）	
设置高温报警值回复		08H	04H	温度整数（BCD） 温度小数（BCD） 高温报警值（BCD） 报警信息（01 报警）	

对于上一个任务所描述 UART 接收数据的方法，需要协议头唯一，也就是说在数据体中不能够出现协议头，才能使数据得以正确地接收。在协议指定的时候，已考虑到这一点，所以在数据体中采用 BCD 码形式，这使得协议头 5A 不可能出现在数据包中。但是，上一个任务所介绍的方法忽略了一个问题，就是校验和，在程序中并没有严格限制在校验和中不能够出现 5A，这使得如果 UART 接收到的数据包的校验和是 5A 的话，将导致接收错误。

进一步展开来说，并不是所有的项目应用在数据传输上都可以采用 BCD 码，如果项目传输的数据直接采用十六进制，就意味着 5A 会出现在数据包中的任何位置，则必须重新审视协议头的设置。有些项目为了解决这个问题，采用多字节协议头的形式，也就是说发送多个字节的数据当作协议头，以减少在数据体中出现数据头的概率。例如，电网上常用的协议 DL-T-645、CJ-T-188 等就是这样的，如果大家感兴趣，可以自己在网上学习一下。

无论采用何种协议头，只要不进行附加措施进行避免，则其在数据中出现的概率也是有的。是否可以摒弃这种协议解析方式，使用一种和协议头无任何关系，可以完整接收任何数据包的协议解析方式呢？答案就是 MiniUart。

再重新分析 UART 的数据接收问题，虽然接收是异步突发的，但在一般项目应用中，一次仅接收到 1 包数据，也就是说包与包之间的传输是有间隔的，如果能够利用包与包之间的时间间隔来接收数据，而不理会数据包中的具体内容，就可以完全避开上述利用协议头解析数据方法的一切缺点。

MiniUart 就是采用这种方法来接收数据的，在项目设计之初，通信双方需要约定数据包之间的传输时间间隔的最小时间，仅需约定这一点就可以直接使用 MiniUart；还有一点需要给大家指出的是，MiniUart 是 AVRWARE++体系结构的一部分，得到 AVRWARE++就可以直接使用 MiniUart。

三、理解 MiniUart 的程序实现

有了上面的基础后，就来介绍一下 MiniUart 的驱动程序的实现，这部分内容虽然代码量不

大，但是逻辑性较强，如果大家感觉理解起来难度颇大，可以先跳过这部分内容，直接学习调用 MiniUart 的方法，等到大家学有余力的时候，再返回来学习这部分内容即可，实际上这也是层次化设计方法的优点所在。

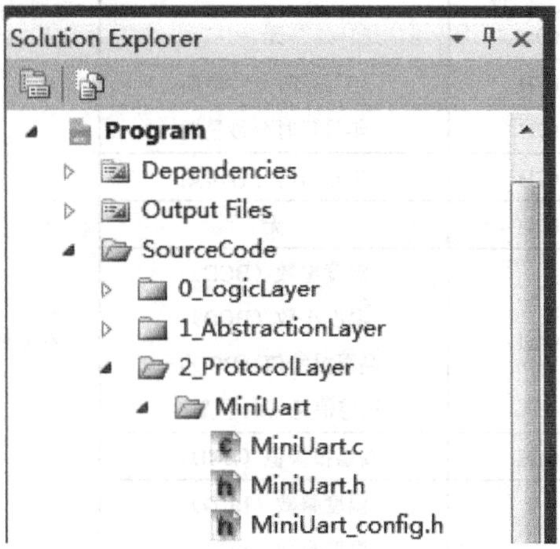

图 8-26　MiniUart 在 AVRWARE++体系中所处的位置

MiniUart 在 AVRWARE++体系中所处的位置如图 8-26 所示，它在协议层当中，协议层实际上是一个硬件无关层，用来实现各种算法协议，该层上的各种协议源码可以在不同的硬件上进行移植。

MiniUart 的驱动程序由 3 个文件组成，分别为 MiniUart_config.h、MiniUart.h 和 MinUat.c，相信大家现在完全能够理解这 3 个文件的具体用途，在此不再赘述。

先来看 MiniUart_config.h 文件，如程序 8-17 所示，通过该文件，可以对 MiniUart 进行配置。从程序中可以看出，配置非常简单，仅有两个参数 MINIUART_PERIOD 和 MINIUART_LENGTH。MINIUART_PERIOD 用于指定连续两包数据之间的最小时间间隔，在本项目中设置为 30ms，也就是说如果在 UART 中断服务处理函数中接收到 2 字节数据之间的时间间隔小于 30ms，则认为这 2 字节的数据为同一包数据，否则，则认为这 2 字节的数据不在同一包中，且第 2 个字节数据为下一个数据包的首字节。MINIUART_LENGTH 比较好理解，它是指接收缓冲区设置的最大长度，在进行项目设计时，应该保证任何数据包都不要长于此长度。

【程序 8-17】

```
#ifndef MINIUART_CONFIG_H_
#define MINIUART_CONFIG_H_

#define MINIUART_PERIOD  30   //两个数据包之间的最小时间间隔，单位ms，取值1-255
#define MINIUART_LENGTH  100 //缓冲区最大长度，取值范围0-65535

#endif /* MINIUART_CONFIG_H_  */
```

再来看一下 MiniUart.h 文件，如程序 8-18 所示。程序在开始位置定义了结构体数据类型 MINIUART 和 MINIUART_PTR，MINIUART 用于声明普通变量，MINIUART_PTR 用于声明指针变量。结构体中的成员变量有 5 个，分别为 count 用于定时器中断计数，number 用于记录当前缓冲区的指针，flag 用于记录当前数据包中的数据是否接收完毕，received 用于记录当前是否开始接收数据，buffer 是数据接收缓冲区，其长度在配置文件中进行配置。

【程序 8-18】

```
#ifndef MINIUART_H_
#define MINIUART_H_

typedef struct miniuart
{
 uint8  count;                                   //定时器中断计数
 uint16 number;                                  //当前缓冲指针
 uint8  flag;                                    //完成标志
 uint8  received;                                //是否开始接收数据
 uint8  buffer[MINIUART_LENGTH];                 //缓冲区
} MINIUART, * MINIUART_PTR;
```

```
#if PROTOCOL_MINIUART_UART0_MODE != 0
 MINIUART miniUART_UART0;
#endif

#if PROTOCOL_MINIUART_CH432T_UART0_MODE != 0
 MINIUART miniUART_CH432T_UART0;
#endif

#if PROTOCOL_MINIUART_CH432T_UART1_MODE != 0
 MINIUART miniUART_CH432T_UART1;
#endif

/* Function prototypes */
void miniUART_Init(MINIUART_PTR miniUART_ptr);
void miniUART_TimerInterrupt(MINIUART_PTR miniUART_ptr);
void miniUART_UartInterrupt(MINIUART_PTR miniUART_ptr, uint8 u8_UartData);
uint8 miniUART_IsReceivedData(MINIUART_PTR miniUART_ptr);

#endif /* MINIUART_H_ */
```

接下来，在头文件中根据工程配置的具体情况（config.h）进行变量的声明，实际上AVRWARE++支持 3 个 UART，一个是单片机自身的，另外两个是使用 CH432T 芯片进行扩展的。CH432T 芯片的使用已经超出了本书的范围，但是在 AVRWARE++中有相应的完整驱动程序，大家如果感兴趣或在项目中有具体应用，直接参考就好。

最后，在头文件中，声明了 4 个函数原型，分别为 miniUART_Init 用于 MiniUart 的初始化；miniUART_TimerInterrupt 为定时器中断服务处理程序，在定时时间为 1ms 的定时器中断服务处理函数中直接调用该函数即可；miniUART_UartInterrupt 为 UART 中断服务处理程序，在相应的 UART 中断服务处理函数中直接调用该函数即可；miniUART_IsReceivedData 用于判断是否已经接收到完整的数据包。

这 4 个函数的具体实现在 MinUart.c 文件中。先来看一下 miniUART_Init 函数，如程序 8-19 所示。这个函数用于完成对指定 MiniUart 的初始化操作，该函数带有 1 个参数 miniUART_ptr，在调用时，该参数用于接收 MiniUart 变量的地址值，实际上就是 C 语言的传址操作。程序将 miniUART_ptr 的成员变量以此赋值，count 赋予在配置文件中设置的数据包之间的最小时间间隔，number 设置为 0 用于指向缓冲区的第 0 个字节，flag 设置为 false 表示还没有接收到完整的数据包，received 设置为 false 当前还没有结束数据，程序的最后将缓冲区中的数据全部设置为 FFH。

【程序 8-19】

```
void miniUART_Init(MINIUART_PTR miniUART_ptr)
{
 uint16 i;

 miniUART_ptr->count = MINIUART_PERIOD;
 miniUART_ptr->number = 0;
 miniUART_ptr->flag = false;
 miniUART_ptr->received = false;
 for (i = 0; i < MINIUART_LENGTH; i++)
 {
     miniUART_ptr->buffer[i] = 0xff;
 }
}
```

miniUART_TimerInterrupt 函数的源程序，如程序 8-20 所示。这个函数要求在定时时间 1ms 的定时器中断服务处理函数中调用。每次进入中断，则 count 成员变量加 1，如果 count 加到了

MINIUART_PERIOD – 1，则说明当前数据包中的数据已经全部接收，将 flag 成员变量设置为 true，用于通知数据包解析程序，现在可以开始解析数据。如果 count 加到了 MINIUART_PERIOD，则始终维持该值不改变。

【程序 8-20】

```
void miniUART_TimerInterrupt(MINIUART_PTR miniUART_ptr)
{
 miniUART_ptr->count++;
 if (miniUART_ptr->count == MINIUART_PERIOD - 1)
 {
     miniUART_ptr->flag = true;

 }
 if (miniUART_ptr->count >= MINIUART_PERIOD)
 {
     miniUART_ptr->count =  MINIUART_PERIOD;
 }
}
```

接下来，分析 miniUART_UartInterrupt 函数，如程序 8-21 所示。该函数在相应的 UART 中断服务处理函数中调用，中断服务处理函数将接收到的单字节数据直接传递给该函数进行处理。程序首先判读 count 成员变量在定时器中断服务处理函数中是否累加到 MINIUART_PERIOD，如果当前 count 的值等于 MINIUART_PERIOD，则说明现在接收到的数据是新一包数据的第 0 个字节，此时则将 received 成员变量设置为 true，number 成员变量设置为 0，以便于进行后续字节的接收。接下来，程序对 received 成员变量进行判断，如果为 true 表示该字节应该接收，则将其写入缓冲区中。接下来是超长处理，如果接收到的数据已大于缓冲区数据长度，则表示接收有误，重新初始化成员变量 received 和 number。最后，将 count 成员变量清 0，进行重新计数。

【程序 8-21】

```
void miniUART_UartInterrupt(MINIUART_PTR miniUART_ptr, uint8 u8_UartData)
{
 if (miniUART_ptr->count >= MINIUART_PERIOD)
 {
     miniUART_ptr->received = true;
     miniUART_ptr->number = 0;
 }

 if (miniUART_ptr->received == TRUE)
 {
     miniUART_ptr->buffer[miniUART_ptr->number] = u8_UartData;
     miniUART_ptr->number++;
 }

 if (miniUART_ptr->number > MINIUART_LENGTH)
 {
     miniUART_ptr->received = false;
     miniUART_ptr->number = 0;
 }
 miniUART_ptr->count = 0;
}
```

最后，分析 miniUART_IsReceivedData 函数，如程序 8-22 所示。该函数在协议处理程序中进行调用，如果函数返回 true，则表示已经接收到一个完整的数据包，可以进行协议分析和处理，如果返回 false，则表示没有接收到数据，或者接收到的数据还不完整，暂时还不能处理该数据。

【程序 8-22】

```
uint8 miniUART_IsReceivedData(MINIUART_PTR miniUART_ptr)
{
 if (miniUART_ptr->flag == true)
 {
     miniUART_ptr->flag = false;
     return true;
 }
 else
 {
     return false;
 }
}
```

最终，还是将完整的 MiniUart 驱动程序给大家列出来，方便大家阅读参考，如程序 8-23 所示。

【程序 8-23】

```
#include "../../include.h"

#if PROTOCOL_MINIUART_UART0_MODE != 0 || PROTOCOL_MINIUART_CH432T_
    UART0_MODE != 0 || PROTOCOL_MINIUART_CH432T_UART1_MODE != 0

void miniUART_Init(MINIUART_PTR miniUART_ptr)
{
 uint16 i;

 miniUART_ptr->count = MINIUART_PERIOD;
 miniUART_ptr->number = 0;
 miniUART_ptr->flag = false;
 miniUART_ptr->received = false;
 for (i = 0; i < MINIUART_LENGTH; i++)
 {
     miniUART_ptr->buffer[i] = 0xff;
 }
}

void miniUART_TimerInterrupt(MINIUART_PTR miniUART_ptr)
{
 miniUART_ptr->count++;
 if (miniUART_ptr->count == MINIUART_PERIOD - 1)
 {
     miniUART_ptr->flag = true;

 }
 if (miniUART_ptr->count >= MINIUART_PERIOD)
 {
     miniUART_ptr->count =  MINIUART_PERIOD;
 }
}

void miniUART_UartInterrupt(MINIUART_PTR miniUART_ptr, uint8 u8_UartData)
{
 if (miniUART_ptr->count >= MINIUART_PERIOD)
 {
     miniUART_ptr->received = true;
     miniUART_ptr->number = 0;
 }

 if (miniUART_ptr->received == TRUE)
 {
     miniUART_ptr->buffer[miniUART_ptr->number] = u8_UartData;
```

```
        miniUART_ptr->number++;
    }

    if (miniUART_ptr->number > MINIUART_LENGTH)
    {
        miniUART_ptr->received = false;
        miniUART_ptr->number = 0;
    }
    miniUART_ptr->count = 0;
}

uint8 miniUART_IsReceivedData(MINIUART_PTR miniUART_ptr)
{
    if (miniUART_ptr->flag == true)
    {
        miniUART_ptr->flag = false;
        return true;
    }
    else
    {
        return false;
    }
}

#endif
```

四、使用 MiniUart 进行数据接收

在本部分内容中，将讲解使用 MiniUart 进行数据接收的方法，这部分内容的阅读，不以上一部分内容为基础，如果大家仅需学习 MiniUart 的使用方法，则直接看本部分内容即可。在这一部分内容中，仅实现温度读取协议中有关温度采集的部分内容，和报警相关的协议部分将在下一个任务中介绍，本部分内容将分步骤进行讲解。

（1）复制程序 8-16，并打开工程，将在上一个例程的基础上，完成本例程的程序设计工作。先进行项目的配置，打开 config.h 文件，使能 UART0，如程序 8-24 所示，将 UART0 设置为 115200 波特率，无奇偶校验；并在 UART0 的基础上加载 MINIUART，如程序 8-25 所示。

【程序 8-24】

```
#define INTERNAL_PERIPHERAL_UART0_MODE          0x0C
//0x00:  不初始化异步串行口0
 /*----------无效验------偶效验------奇效验------*/
 //110bps         0x01          0x11          0x21
 //300bps         0x02          0x12          0x22
 //600bps         0x03          0x13          0x23
 //1200bps        0x04          0x14          0x24
 //2400bps        0x05          0x15          0x25
 //4800bps        0x06          0x16          0x26
 //9600bps        0x07          0x17          0x27
 //14400bps       0x08          0x18          0x28
 //19200bps       0x09          0x19          0x29
 //38400bps       0x0A          0x1A          0x2A
 //56000bps       0x0B          0x1B          0x2B
 //115200bps      0x0C          0x1C          0x2C
```

【程序 8-25】

```
#define PROTOCOL_MINIUART_UART0_MODE          1
//0: 不针对UART0加载MiniUart
 //1:     针对UART0加载MiniUart
```

（2）在 AVRWARE++中使能 MINIUART 后，会自动在定时器 0 中断服务函数中调用 MINIUART 的 miniUART_TimerInterrupt 中断处理函数，如程序 8-26 所示，用户在使用时，不需过多关心，只要在配置文件中使能相应的 MINIUART 即可。

【程序 8-26】

```
#if INTERNAL_PERIPHERAL_TIMER0_MODE != 0
ISR(TIMER0_OVF_vect)
{
#if INTERNAL_PERIPHERAL_TIMER0_MODE == 1
 //在此完成逻辑内容
 static uint8 u8_Number;

 u8_Number++;
 if (u8_Number > 7)
 {
     u8_Number = 0;
 }
 NIXIETUBE_SelectLED(u8_Number);
 NIXIETUBE_DrawLED(u8g_DisplayString[u8_Number],
 u8g_DisplayPoint[u8_Number]);

 #if PROTOCOL_MINIUART_UART0_MODE !=0
     miniUART_TimerInterrupt(&miniUART_UART0);
 #endif
 #if PROTOCOL_MINIUART_CH432T_UART0_MODE !=0
     miniUART_TimerInterrupt(&miniUART_CH432T_UART0);
 #endif
 #if PROTOCOL_MINIUART_CH432T_UART1_MODE !=0
     miniUART_TimerInterrupt(&miniUART_CH432T_UART1);
 #endif
 //为了提高运行速度，将此语句写在中断服务处理函数里，用户在使用时，可不理会下列语句
 TCNT0 = TIMER0_TCNT0;
#elif INTERNAL_PERIPHERAL_TIMER0_MODE == 2

#endif
}
#endif
```

（3）同样，在 AVRWARE++中使能 MINIUART 后，会自动在相应的 UART 中断处理服务函数中调用 miniUART_UartInterrupt 函数，如程序 8-27 所示。

【程序 8-27】

```
#if INTERNAL_PERIPHERAL_UART0_MODE != 0
ISR(USART__RX_vect)
{
 uint8 u8_UartData;

 u8_UartData = UDR0;

#if PROTOCOL_MINIUART_UART0_MODE !=0
 miniUART_UartInterrupt(&miniUART_UART0, u8_UartData);
#endif
}
#endif
```

（4）配置文件设置完毕后，需对 MINIUART 进行设置。打开 MiniUart_config.h 文件，进行如下配置，如程序 8-28 所示。将数据包中 2 字节之间的最小时间间隔设置为 30ms，缓冲区的最大长度设置为 100。

【程序 8-28】

```
#ifndef MINIUART_CONFIG_H_
```

```
#define MINIUART_CONFIG_H_

#define MINIUART_PERIOD  30     //两个数据包之间的最小时间间隔，单位ms，取值1-255
#define MINIUART_LENGTH 100     //缓冲区最大长度，取值范围0-65535

#endif /* MINIUART_CONFIG_H_ */
```

（5）以上工作都准备好后，只需完成逻辑层的程序设计即可，先在 main.c 中加入局部变量，如程序 8-29 所示。程序在例程 8-16 的基础上，增加了 1 个数组 u8_Temperature，用于存储温度的 BCD 码，0 号元素存储温度的整数部分，1 号元素存储温度的小数部分，然后再增加另 1 个变量 u8_CheckOutSum 用于计算校验和。

【程序 8-29】

```
//定义局部变量
 uint8 i;
 float f_Temperature = 0.0;
 uint8 u8_Temperature[2] = {0, 0};
 uint8 u8_CheckOutSum;
```

（6）紧接着，程序对全局变量进行初始化操作，如程序 8-30 所示。程序先将 u8g_DisplayString 的后 4 位设置为显示数字 0，前 4 位不显示任何数字，第 5 位显示温度的小数点。

【程序 8-30】

```
//初始化全局变量
 for (i = 0; i < 8; i++)
 {
     u8g_DisplayString[i] = 16;
     u8g_DisplayPoint[i] = 0;
 }
 u8g_DisplayString[4] = 0;
 u8g_DisplayString[5] = 0;
 u8g_DisplayString[6] = 0;
 u8g_DisplayString[7] = 0;
 u8g_DisplayPoint[5] = 1;
```

（7）后台主循环程序如程序 8-31 所示，在程序 8-24 的基础上，增加了温度 BCD 码的计算程序，通过将温度的十位和个位合并为 1 字节，将温度的小数点后 1 位和小数点后 2 位合并为 1 字节予以实现。

【程序 8-31】

```
while(1)
 {
     /*
     ***********************************
     在这里完成自己的项目逻辑
     ***********************************
     */
     if (u8g_100msCount == 0)
     {
         DS18B20_ConvertTemperature();
     }
     else if (u8g_100msCount == 8)
     {
         f_Temperature = DS18B20_ReadTemperature();
         u8g_DisplayString[4] = (uint8)f_Temperature / 10;
         u8g_DisplayString[5] = (uint8)f_Temperature % 10;
         u8g_DisplayString[6] = (uint8)((f_Temperature -
         (uint8)f_Temperature) * 100) / 10;
         u8g_DisplayString[7] = (uint8)((f_Temperature -
```

```
            (uint8)f_Temperature) * 100) % 10;
            u8_Temperature[0] = u8g_DisplayString[4] << 4 |
            u8g_DisplayString[5];
            u8_Temperature[1] = u8g_DisplayString[6] << 4 |
            u8g_DisplayString[7];
        }
        if (miniUART_IsReceivedData(&miniUART_UART0) == true)
        {
            //已接收到完整的数据包
            if (miniUART_UART0.buffer[0] == 0x5A)
            {
                //计算校验和
                u8_CheckOutSum = 0;
                for (i = 0; i < miniUART_UART0.number - 1; i++)
                {
                    u8_CheckOutSum = u8_CheckOutSum +
                    miniUART_UART0.buffer[i];
                }
                if (u8_CheckOutSum ==
                miniUART_UART0.buffer[miniUART_UART0.number - 1])
                {
                    //校验和正确
                    switch(miniUART_UART0.buffer[1])
                    {
                    case 0x05:
                        Uart0_SendByte(0x5A); u8_CheckOutSum = 0x5A;
                        Uart0_SendByte(0x06); u8_CheckOutSum += 0x06;
                        Uart0_SendByte(0x04); u8_CheckOutSum += 0x04;
                        Uart0_SendByte(u8_Temperature[0]); u8_CheckOutSum +=
                        u8_Temperature[0];
                        Uart0_SendByte(u8_Temperature[1]); u8_CheckOutSum +=
                        u8_Temperature[1];
                        Uart0_SendByte(0x00); u8_CheckOutSum += 0x00;
                        Uart0_SendByte(0x00); u8_CheckOutSum += 0x00;
                        Uart0_SendByte(u8_CheckOutSum);
                        break;
                    }
                }
            }
        }

        /*
        **********************************
        喂狗语句，大部分工程项目都不应去除
        **********************************
        */
        #if INTERNAL_PERIPHERAL_WDT_MODE != 0
            TARGET_WatchDogReset();
        #endif
    }
```

（8）程序使用 miniUART_IsReceivedData 函数判断是否接收到新的数据包，接收到一个新的完整数据包后，函数返回 true。条件满足时，先判断首字节是否是 5AH，以进一步确认数据的正确性。接下来，程序进行校验和判断，如果校验和正确，则进行相应的数据处理。

（9）接下来，程序对命令号进行判断，如果命令号是 05H，则表示读取温度值，按照协议规定的格式，将温度值返回给计算机即可。由于现在还没有加入高温报警功能，所以对于高温报警值和报警信息两个选项先设置为 0，返回的协议进行校验和计算。

（10）程序设计完毕后，先进行编译操作，然后将生成的映像文件下载到教学实验板中，使用 USB 线将计算机与教学实验板相连接，就可以看到数码管上显示当前温度。

（11）接下来，将进行计算机方通信协议的设置。打开程序 8-16 的格西烽火数据文件，在其中加入“读取温度”直接激励，如图 8-27 所示。对于校验和的计算，可以直接使用格西烽火的校验和计算工具。

（12）在格西烽火软件中，按照图 8-28 进行设置，然后打开串口，此时，发送读取温度命令，应能够看到正确的温度回复。

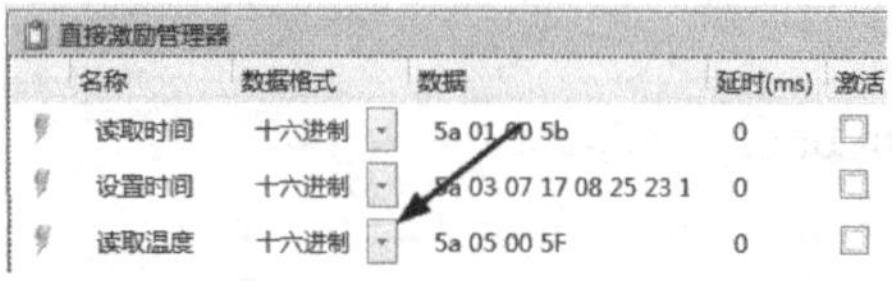

图 8-27　加入“读取温度”直接激励

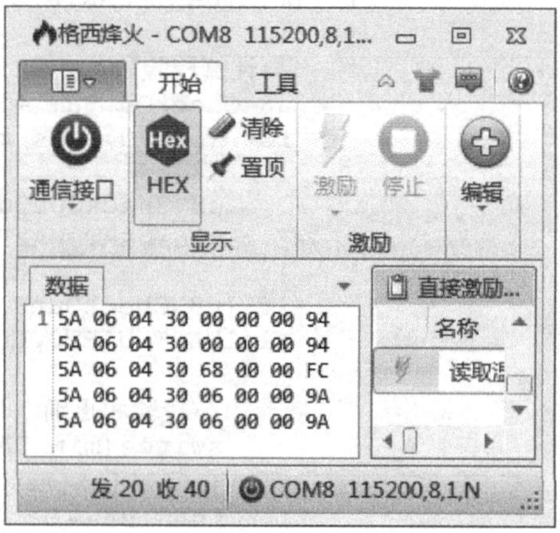

图 8-28　发送温度读取命令，可以看到正确的温度回复

（13）最后，给出该例程 mian.c 的完整程序，供大家阅读时参考，如程序 8-32 所示。

【程序 8-32】

```
//加入包含文件
#include "../include.h"

//定义系统常量

//定义全局变量
uint8 u8g_DisplayString[8];
uint8 u8g_DisplayPoint[8];
uint8 u8g_100msCount;    //100ms计数

//主程序
int main(void)
{
 //定义局部变量
 uint8 i;
 float f_Temperature = 0.0;
 uint8 u8_Temperature[2] = {0, 0};
 uint8 u8_CheckOutSum;

 //目标板初始化，该函数会自动初始化相应的外设文件
 TARGET_Init();

 //初始化全局变量
 for (i = 0; i < 8; i++)
 {
     u8g_DisplayString[i] = 16;
     u8g_DisplayPoint[i] = 0;
 }
```

```
    u8g_DisplayString[4] = 0;
    u8g_DisplayString[5] = 0;
    u8g_DisplayString[6] = 0;
    u8g_DisplayString[7] = 0;
    u8g_DisplayPoint[5] = 1;

    //在上电时，执行的相应操作

    //后台主循环
    while(1)
    {
        /*
        ***********************************
        在这里完成自己的项目逻辑
        ***********************************
        */
        if (u8g_100msCount == 0)
        {
            DS18B20_ConvertTemperature();
        }
        else if (u8g_100msCount == 8)
        {
            f_Temperature = DS18B20_ReadTemperature();
            u8g_DisplayString[4] = (uint8)f_Temperature / 10;
            u8g_DisplayString[5] = (uint8)f_Temperature % 10;
            u8g_DisplayString[6] = (uint8)((f_Temperature -
            (uint8)f_Temperature) * 100) / 10;
            u8g_DisplayString[7] = (uint8)((f_Temperature -
            (uint8)f_Temperature) * 100) % 10;
            u8_Temperature[0] = u8g_DisplayString[4] << 4 |
            u8g_DisplayString[5];
            u8_Temperature[1] = u8g_DisplayString[6] << 4 |
            u8g_DisplayString[7];
        }
        if (miniUART_IsReceivedData(&miniUART_UART0) == true)
        {
            //已接收到完整的数据包
            if (miniUART_UART0.buffer[0] == 0x5A)
            {
                //计算校验和
                u8_CheckOutSum = 0;
                for (i = 0; i < miniUART_UART0.number - 1; i++)
                {
                    u8_CheckOutSum = u8_CheckOutSum +
                    miniUART_UART0.buffer[i];
                }
                if (u8_CheckOutSum ==
                miniUART_UART0.buffer[miniUART_UART0.number - 1])
                {
                    //校验和正确
                    switch(miniUART_UART0.buffer[1])
                    {
                        case 0x05:
                        Uart0_SendByte(0x5A); u8_CheckOutSum = 0x5A;
                        Uart0_SendByte(0x06); u8_CheckOutSum += 0x06;
                        Uart0_SendByte(0x04); u8_CheckOutSum += 0x04;
                        Uart0_SendByte(u8_Temperature[0]); u8_CheckOutSum +=
                        u8_Temperature[0];
                        Uart0_SendByte(u8_Temperature[1]); u8_CheckOutSum +=
                        u8_Temperature[1];
                        Uart0_SendByte(0x00); u8_CheckOutSum += 0x00;
```

```
                    Uart0_SendByte(0x00); u8_CheckOutSum += 0x00;
                    Uart0_SendByte(u8_CheckOutSum);
                    break;
                }
            }
        }
    }

    /*
    **********************************
    喂狗语句，大部分工程项目都不应去除
    **********************************
    */
    #if INTERNAL_PERIPHERAL_WDT_MODE != 0
        TARGET_WatchDogReset();
    #endif
 }
 return 0;   //永不执行
}

//串口0接收中断服务处理函数，接收到的数据存储在 UDR0 寄存器中
#if INTERNAL_PERIPHERAL_UART0_MODE != 0
ISR(USART__RX_vect)
{
 uint8 u8_UartData;

 u8_UartData = UDR0;

#if PROTOCOL_MINIUART_UART0_MODE !=0
 miniUART_UartInterrupt(&miniUART_UART0, u8_UartData);
#endif
}
#endif

//定时器0溢出中断服务处理函数
#if INTERNAL_PERIPHERAL_TIMER0_MODE != 0
ISR(TIMER0_OVF_vect)
{
#if INTERNAL_PERIPHERAL_TIMER0_MODE == 1
 //在此完成逻辑内容
 static uint8 u8_Number;

 u8_Number++;
 if (u8_Number > 7)
 {
     u8_Number = 0;
 }
 NIXIETUBE_SelectLED(u8_Number);
 NIXIETUBE_DrawLED(u8g_DisplayString[u8_Number],
 u8g_DisplayPoint[u8_Number]);

 #if PROTOCOL_MINIUART_UART0_MODE !=0
     miniUART_TimerInterrupt(&miniUART_UART0);
 #endif
 #if PROTOCOL_MINIUART_CH432T_UART0_MODE !=0
     miniUART_TimerInterrupt(&miniUART_CH432T_UART0);
 #endif
 #if PROTOCOL_MINIUART_CH432T_UART1_MODE !=0
     miniUART_TimerInterrupt(&miniUART_CH432T_UART1);
 #endif
 //为了提高运行速度，将此语句写在中断服务处理函数里，用户在使用时，可不理会下列语句
```

```
 TCNT0 = TIMER0_TCNT0;
#elif INTERNAL_PERIPHERAL_TIMER0_MODE == 2

#endif
}
#endif

//定时器1溢出中断服务处理函数
#if INTERNAL_PERIPHERAL_TIMER1_MODE != 0
ISR(TIMER1_OVF_vect)
{
 //在此完成逻辑内容
 static uint8 u8_Number;

 u8_Number++;
 if (u8_Number > 10)
 {
     u8_Number = 0;
     u8g_100msCount++;
     if (u8g_100msCount >= 10)
     {
         u8g_100msCount = 0;
     }
 }
 //为了提高运行速度，将此语句写在中断服务处理函数里，用户在使用时，可不理会下列语句
 TCNT1H = TIMER1_TCNT1H;
 TCNT1L = TIMER1_TCNT1L;
}
#endif

//外部中断0中断服务处理函数
#if INTERNAL_PERIPHERAL_INT0_MODE != 0
ISR(INT0_vect)
{
 //如果使用了CH432T，则调用相应的中断处理函数
 #if EXTERNAL_MODULE_CH432T_MODE != 0
     CH432T_INT();
 #endif
}
#endif

//外部中断1中断服务处理函数
#if INTERNAL_PERIPHERAL_INT1_MODE != 0
ISR(INT1_vect)
{
 //如果使用了CH432T，则调用相应的中断处理函数
 #if EXTERNAL_MODULE_CH432T_MODE != 0
     CH432T_INT();
 #endif
}
#endif

//CH432T扩展串口0，接收调用函数
#if EXTERNAL_MODULE_CH432T_MODE != 0
void CH432T_Uart0(uint8 u8_UartData)
{
 #if PROTOCOL_MINIUART_CH432T_UART0_MODE != 0
     miniUART_UartInterrupt(&miniUART_CH432T_UART0, u8_UartData);
 #endif
}
#endif
```

```
//CH432T扩展串口1，接收调用函数
#if EXTERNAL_MODULE_CH432T_MODE != 0
void CH432T_Uart1(uint8 u8_UartData)
{
 #if PROTOCOL_MINIUART_CH432T_UART1_MODE != 0
     miniUART_UartInterrupt(&miniUART_CH432T_UART1, u8_UartData);
 #endif
}
#endif
```

【任务小结】

本任务实际上是围绕 MiniUart 展开讲述的，MiniUart 是 AVRWARE++协议层的一套程序，用于在 UART 中接收完整的数据包。它依靠数据包中字节与字节之间的时间间隔来判断后 1 字节数据是属于前一数据包还是属于后一数据包的起始字节。所以 MiniUart 与协议本身的格式没有直接关联，只需使用 MiniUart 直接进行数据的接收就可以了，当接收到完整的数据包以后，再在后台主循环中进行协议分析和处理就好了。

本任务对 MiniUart 的驱动程序源代码进行了详细的讲解，它是一个轻量级的软件，在定时器中断和 UART 中断中予以实现，但不会占用相应中断服务处理程序太多的处理时间，效率极高。至于逻辑层处理直接转由后台主循环进行处理，可以使 CPU 的运行效率最大化。

对于初学者来说，或许理解 MiniUart 的源代码有一定的难度，但是这并不影响 MiniUart 的使用。在使用 MiniUart 的时候，只需知道 MiniUart 的配置方法和基本的函数调用就可以了。这一点充分体现了层次化软件设计方法的优点。

在本任务中，应用 MiniUart 实现了“读取温度”协议的接收和解析，下一个任务将把实时时钟的功能加入教学实验板，实现一个具有实时时钟显示的温度测量报警系统。

笔记：____

____

____

任务五　设计具有实时时间显示的温度测量报警系统

【任务要求】

（1）用按键切换时间和温度显示。

（2）通过计算机读取、设置时间。

（3）编写程序，实现高温报警功能。

【任务引入】

本任务将在先前任务的基础上，完成一个相对完整的综合性实例——具有实时时间显示的温度测量报警系统。该系统具有时间显示和温度显示双重功能，为了用户在观察上的便利，通过按键予以切换。如果有机会将本项目的显示功能扩展到液晶上，就可以同时显示时间和温度

信息，图 8-29 所示为具有实时时间显示的温度测量报警系统。

对于本系统的温度报警值设置，仅使能高温报警功能，这仅是为了测试上的方便。在测试时，使用手指触摸 DS18B20 就可以升高温度，而要降低 DS18B20 的温度，在操作起来是有一定困难的。所以仅设置高温报警功能，如果要加入低温报警功能，程序的设计方法是一样的，读者可以自己完成。

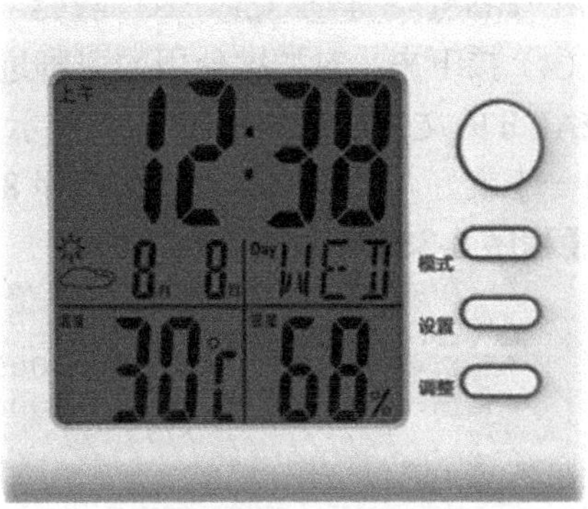

图 8-29　具有实时时间显示的温度测量报警系统

对于高温报警值的设置和时间的调整问题，仍然采用通过计算机发送命令的方式来完成。这主要是由于使用键盘设置，逻辑会比较复杂，教材还是以介绍和讲解知识技能为主，不要把过多的时间耽误在按键逻辑处理上，如果大家确实感兴趣，不妨自己动手来设计。

本任务综合性比较强，但是实现起来难度不大，这主要是由于在逻辑层进行程序设计，底层的驱动直接调用就好。所以，当大家顺利完成了本任务的所有设计工作后，会对层次化软件设计方法有一个新的理解和认识。

【任务指导】

一、用按键切换时间和温度显示

使用数码管进行温度和时间的显示时，数码管的显示空间是受限的。在上一个项目中，采取交替显示的方式，进行年月日和时分秒的显示切换，如果再加上本任务的温度显示，将妨碍用户对参数的观察，所以在本任务中，将使用按键进行显示的切换。按键的功能定义如表 8-9 所示，使用端口 C 与按键相连接，下面就分步骤完成本部分的程序设计工作。

表 8-9　按键的功能定义

按键名称	功能
S0（PC0）	显示当前时间的年月日
S1（PC1）	显示当前时间的时分秒
S2（PC2）	显示当前温度

（1）复制程序 8-32，并打开工程，将在上一个例程的基础上，继续本例程的设计工作。

（2）打开 config.h 文件，对 SD2405 进行使能，如程序 8-33 所示。使能 SD2405 的同时，AVRWARE++会自动使能 IIC 总线，但需要对 IIC 总线进行设置。

【程序 8-33】

```
#define EXTERNAL_MODULE_SD2405_MODE                1
 //0:    没有使用SD2405芯片
 //1:    使用了SD2405芯片，系统会自动调用IIC总线，使用时应在IIC_config.h中，
         对IIC进行配置
```

（3）打开 IIC_config.h 文件对 IIC 总线进行设置，如程序 8-34 所示。对于 IIC 配置文件的设置，应当参看原理图，这些内容在前面的多个项目中已经讲述过，在这里不再赘述。

【程序 8-34】

```
#ifndef IIC_CONFIG_H_
#define IIC_CONFIG_H_

#define IIC_PORT     PORTD
#define IIC_DDR  DDRD
#define IIC_PIN  PIND
```

```
#define IIC_SCL  BIT2
#define IIC_SDA      BIT3
```

（4）接下来，对按键使用的引脚进行配置，如表 8-9 所示，使用端口 C 与按键相连接，所以 HAL.h 的文件配置如程序 8-35 所示。这部分内容在项目 5 中已经介绍过，大家如果有遗忘，复习一下就好。配置后的程序如程序 8-35 所示。

【程序 8-35】

```
///////////////////////////////////////////////////////////////////////////
//PortC
#define IO_PC_DIR    0b00000000
#define IO_PC_OUT    0b00000000
///////////////////////////////////////////////////////////////////////////
#define S0 BIT0
#define S1 BIT1
#define S2 BIT2
#define S0_CHECK CHKBIT(PINC, S0)
#define S1_CHECK CHKBIT(PINC, S1)
#define S2_CHECK CHKBIT(PINC, S2)
```

（5）完成工程的配置工作后，接下来是逻辑层的设计工作。打开 main.c 文件查看 main 函数，首先进行变量的声明，如程序 8-36 所示。在原先定义的变量基础上，增加了整型变量 u8_DisplayItem 用来控制数码管显示内容的切换，当该变量的值为 0 时，数码管显示年月日；当该变量显示的值为 1 时，数码管显示时分秒；当该变量的值为 2 时，数码管显示温度。在定义变量的同时，完成了对该变量的初始化工作，也就是说，在教学实验板上电时，数码管默认显示温度。

【程序 8-36】

```
//定义局部变量
 uint8 i;
 float f_Temperature = 0.0;
 uint8 u8_Temperature[2] = {0, 0};
 uint8 u8_CheckOutSum;
 uint8 u8_DisplayItem = 2;          //0：显示年月日
                                    //1：显示时分秒
                                    //2：显示温度
```

（6）接下来，应当删去原先项目中全局变量的初始化代码，这是因为时间和温度的显示格式是不一样的，在具体显示时，进行设置就可以了。

（7）进入后台主循环后，首先完成按键切换 u8_DisplayItem 变量的逻辑，如程序 8-37 所示。程序对 3 个按键逐一进行检测，如果发现按键按下，则进行 20ms 的消抖工作，然后再次确认按键是否按下。按键消抖后，仍然按下，则对 u8_DisplayItem 进行赋值操作。

【程序 8-37】

```
if (!S0_CHECK)
      {
          TARGET_Delayms(20, 0)
          if (!S0_CHECK)
          {
              u8_DisplayItem = 0;
          }
      }
      if (!S1_CHECK)
      {
          TARGET_Delayms(20, 0)
          if (!S1_CHECK)
          {
```

```
                u8_DisplayItem = 1;
            }
        }
        if (!S2_CHECK)
        {
            TARGET_Delayms(20, 0)
            if (!S2_CHECK)
            {
                u8_DisplayItem = 2;
            }
        }
```

（8）接下来，程序根据 u8_DisplayItem 的具体数值，进行相应内容的显示，如程序 8-38 所示。观察这些代码可以看到显示格式的设置和显示内容是一起完成的，这是因为时间的显示格式和温度的显示格式是不相同的。对于这段代码的其他地方的理解，大家现在应该没有太大问题，如果哪些地方看得不太明白，就需要好好复习前面所讲述的内容。

【程序 8-38】

```
    if (u8_DisplayItem == 0)
        {
            //显示年月日
            if (u8g_100msCount == 0)
            {
                SD2405_ReadTime();
            }
            u8g_DisplayPoint[0] = 0;
            u8g_DisplayPoint[1] = 0;
            u8g_DisplayPoint[2] = 0;
            u8g_DisplayPoint[3] = 1;
            u8g_DisplayPoint[4] = 0;
            u8g_DisplayPoint[5] = 1;
            u8g_DisplayPoint[6] = 0;
            u8g_DisplayPoint[7] = 1;
            u8g_DisplayString[0] = 2;
            u8g_DisplayString[1] = 0;
            u8g_DisplayString[2] = SD2405Time.year >> 4;
            u8g_DisplayString[3] = SD2405Time.year & 0x0f;
            u8g_DisplayString[4] = SD2405Time.month >> 4;
            u8g_DisplayString[5] = SD2405Time.month & 0x0f;
            u8g_DisplayString[6] = SD2405Time.day >> 4;
            u8g_DisplayString[7] = SD2405Time.day & 0x0f;
        }
        else if (u8_DisplayItem == 1)
        {
            //显示时分秒
            if (u8g_100msCount == 0)
            {
                SD2405_ReadTime();
            }
            u8g_DisplayPoint[0] = 0;
            u8g_DisplayPoint[1] = 0;
            u8g_DisplayPoint[2] = 0;
            u8g_DisplayPoint[3] = 1;
            u8g_DisplayPoint[4] = 0;
            u8g_DisplayPoint[5] = 1;
            u8g_DisplayPoint[6] = 0;
            u8g_DisplayPoint[7] = 1;
            u8g_DisplayString[0] = SD2405Time.week & 0x0f;
            u8g_DisplayString[1] = 16;
            u8g_DisplayString[2] = SD2405Time.hour >> 4;
            u8g_DisplayString[3] = SD2405Time.hour & 0x0f;
```

```
                u8g_DisplayString[4] = SD2405Time.minute >> 4;
                u8g_DisplayString[5] = SD2405Time.minute & 0x0f;
                u8g_DisplayString[6] = SD2405Time.second >> 4;
                u8g_DisplayString[7] = SD2405Time.second & 0x0f;
            }
            else
            {
                if (u8g_100msCount == 0)
                {
                    DS18B20_ConvertTemperature();
                }
                else if (u8g_100msCount == 8)
                {
                    f_Temperature = DS18B20_ReadTemperature();
                    u8g_DisplayPoint[0] = 0;
                    u8g_DisplayPoint[1] = 0;
                    u8g_DisplayPoint[2] = 0;
                    u8g_DisplayPoint[3] = 0;
                    u8g_DisplayPoint[4] = 0;
                    u8g_DisplayPoint[5] = 1;
                    u8g_DisplayPoint[6] = 0;
                    u8g_DisplayPoint[7] = 0;
                    u8g_DisplayString[0] = 16;
                    u8g_DisplayString[1] = 16;
                    u8g_DisplayString[2] = 16;
                    u8g_DisplayString[3] = 16;
                    u8g_DisplayString[4] = (uint8)f_Temperature / 10;
                    u8g_DisplayString[5] = (uint8)f_Temperature % 10;
                    u8g_DisplayString[6] = (uint8)((f_Temperature -
                    (uint8)f_Temperature) * 100) / 10;
                    u8g_DisplayString[7] = (uint8)((f_Temperature -
                    (uint8)f_Temperature) * 100) % 10;
                    u8_Temperature[0] = u8g_DisplayString[4] << 4 |
                    u8g_DisplayString[5];
                    u8_Temperature[1] = u8g_DisplayString[6] << 4 |
                    u8g_DisplayString[7];
                }
            }
```

（9）至此，程序就完成了，还是和其他的例程一样，先对程序进行编译，然后下载到教学实验板中，使用灰排线将 PD 端口与 SD2405、DS18B20 和 UART 相连接，将 PC 端口与按键相连接，将 PB 端口与数码管相连接。排线连接好后，就可以给教学实验板通电，如果一切正常，在上电时，应该看到数码管显示温度，点击按键 S0 数码管显示年月日，点击按键 S1 数码管显示时分秒，点击按键 S2 数码管显示温度。

（10）最后将 main.c 的完整程序列出，供大家阅读时参考，如程序 8-39 所示。

【程序 8-39】

```
int main(void)
{
 //定义局部变量
 uint8 i;
 float f_Temperature = 0.0;
 uint8 u8_Temperature[2] = {0, 0};
 uint8 u8_CheckOutSum;
 uint8 u8_DisplayItem = 2;   //0：显示年月日
                             //1：显示时分秒
                             //2：显示温度

 //目标板初始化，该函数会自动初始化相应的外设文件
 TARGET_Init();
```

```
//初始化全局变量

//在上电时，执行的相应操作

//后台主循环
while(1)
{
    /*
    ***********************************
    在这里完成自己的项目逻辑
    ***********************************
    */
    if (!S0_CHECK)
    {
        TARGET_Delayms(20, 0)
        if (!S0_CHECK)
        {
            u8_DisplayItem = 0;
        }
    }
    if (!S1_CHECK)
    {
        TARGET_Delayms(20, 0)
        if (!S1_CHECK)
        {
            u8_DisplayItem = 1;
        }
    }
    if (!S2_CHECK)
    {
        TARGET_Delayms(20, 0)
        if (!S2_CHECK)
        {
            u8_DisplayItem = 2;
        }
    }
    if (u8_DisplayItem == 0)
    {
        //显示年月日
        if (u8g_100msCount == 0)
        {
            SD2405_ReadTime();
        }
        u8g_DisplayPoint[0] = 0;
        u8g_DisplayPoint[1] = 0;
        u8g_DisplayPoint[2] = 0;
        u8g_DisplayPoint[3] = 1;
        u8g_DisplayPoint[4] = 0;
        u8g_DisplayPoint[5] = 1;
        u8g_DisplayPoint[6] = 0;
        u8g_DisplayPoint[7] = 1;
        u8g_DisplayString[0] = 2;
        u8g_DisplayString[1] = 0;
        u8g_DisplayString[2] = SD2405Time.year >> 4;
        u8g_DisplayString[3] = SD2405Time.year & 0x0f;
        u8g_DisplayString[4] = SD2405Time.month >> 4;
        u8g_DisplayString[5] = SD2405Time.month & 0x0f;
        u8g_DisplayString[6] = SD2405Time.day >> 4;
        u8g_DisplayString[7] = SD2405Time.day & 0x0f;
    }
```

```
        else if (u8_DisplayItem == 1)
        {
            //显示时分秒
            if (u8g_100msCount == 0)
            {
                SD2405_ReadTime();
            }
            u8g_DisplayPoint[0] = 0;
            u8g_DisplayPoint[1] = 0;
            u8g_DisplayPoint[2] = 0;
            u8g_DisplayPoint[3] = 1;
            u8g_DisplayPoint[4] = 0;
            u8g_DisplayPoint[5] = 1;
            u8g_DisplayPoint[6] = 0;
            u8g_DisplayPoint[7] = 1;
            u8g_DisplayString[0] = SD2405Time.week & 0x0f;
            u8g_DisplayString[1] = 16;
            u8g_DisplayString[2] = SD2405Time.hour >> 4;
            u8g_DisplayString[3] = SD2405Time.hour & 0x0f;
            u8g_DisplayString[4] = SD2405Time.minute >> 4;
            u8g_DisplayString[5] = SD2405Time.minute & 0x0f;
            u8g_DisplayString[6] = SD2405Time.second >> 4;
            u8g_DisplayString[7] = SD2405Time.second & 0x0f;
        }
        else
        {
            if (u8g_100msCount == 0)
            {
                DS18B20_ConvertTemperature();
            }
            else if (u8g_100msCount == 8)
            {
                f_Temperature = DS18B20_ReadTemperature();
                u8g_DisplayPoint[0] = 0;
                u8g_DisplayPoint[1] = 0;
                u8g_DisplayPoint[2] = 0;
                u8g_DisplayPoint[3] = 0;
                u8g_DisplayPoint[4] = 0;
                u8g_DisplayPoint[5] = 1;
                u8g_DisplayPoint[6] = 0;
                u8g_DisplayPoint[7] = 0;
                u8g_DisplayString[0] = 16;
                u8g_DisplayString[1] = 16;
                u8g_DisplayString[2] = 16;
                u8g_DisplayString[3] = 16;
                u8g_DisplayString[4] = (uint8)f_Temperature / 10;
                u8g_DisplayString[5] = (uint8)f_Temperature % 10;
                u8g_DisplayString[6] = (uint8)((f_Temperature -
                (uint8)f_Temperature) * 100) / 10;
                u8g_DisplayString[7] = (uint8)((f_Temperature -
                (uint8)f_Temperature) * 100) % 10;
                u8_Temperature[0] = u8g_DisplayString[4] << 4 |
                u8g_DisplayString[5];
                u8_Temperature[1] = u8g_DisplayString[6] << 4 |
                u8g_DisplayString[7];
            }
        }
        if (miniUART_IsReceivedData(&miniUART_UART0) == true)
        {
            //已接收到完整的数据包
            if (miniUART_UART0.buffer[0] == 0x5A)
            {
```

```
                //计算校验和
                u8_CheckOutSum = 0;
                for (i = 0; i < miniUART_UART0.number - 1; i++)
                {
                    u8_CheckOutSum = u8_CheckOutSum +
                    miniUART_UART0.buffer[i];
                }
                if (u8_CheckOutSum ==
                miniUART_UART0.buffer[miniUART_UART0.number - 1])
                {
                    //校验和正确
                    switch(miniUART_UART0.buffer[1])
                    {
                        case 0x05:
                        Uart0_SendByte(0x5A); u8_CheckOutSum = 0x5A;
                        Uart0_SendByte(0x06); u8_CheckOutSum += 0x06;
                        Uart0_SendByte(0x04); u8_CheckOutSum += 0x04;
                        Uart0_SendByte(u8_Temperature[0]); u8_CheckOutSum +=
                        u8_Temperature[0];
                        Uart0_SendByte(u8_Temperature[1]); u8_CheckOutSum +=
                        u8_Temperature[1];
                        Uart0_SendByte(0x00); u8_CheckOutSum += 0x00;
                        Uart0_SendByte(0x00); u8_CheckOutSum += 0x00;
                        Uart0_SendByte(u8_CheckOutSum);
                        break;
                    }
                }
            }
        }

        /*
        ***********************************
        喂狗语句，大部分工程项目都不应去除
        ***********************************
        */
        #if INTERNAL_PERIPHERAL_WDT_MODE != 0
            TARGET_WatchDogReset();
        #endif
    }
    return 0;    //永不执行
}
```

二、通过计算机读取、设置时间

在这一部分内容中，将根据表 8-8 所示的数据传输协议，按以下步骤加入读取和设置时间功能。

（1）复制程序 8-39，并打开工程文件，仅需完成 main.c 中的协议解析部分的程序就可以了，如程序 8-40 所示。

【程序 8-40】

```
    if (miniUART_IsReceivedData(&miniUART_UART0) == true)
        {
            //已接收到完整的数据包
            if (miniUART_UART0.buffer[0] == 0x5A)
            {
                //计算校验和
                u8_CheckOutSum = 0;
                for (i = 0; i < miniUART_UART0.number - 1; i++)
```

```
{
    u8_CheckOutSum = u8_CheckOutSum +
    miniUART_UART0.buffer[i];
}
if (u8_CheckOutSum ==
miniUART_UART0.buffer[miniUART_UART0.number - 1])
{
    //校验和正确
    switch(miniUART_UART0.buffer[1])
    {
    case 0x01:
        SD2405_ReadTime();
        Uart0_SendByte(0x5a); u8_CheckOutSum = 0x5a;
        Uart0_SendByte(0x02); u8_CheckOutSum += 0x02;
        Uart0_SendByte(0x07); u8_CheckOutSum += 0x07;
        Uart0_SendByte(SD2405Time.year); u8_CheckOutSum +=
        SD2405Time.year;
        Uart0_SendByte(SD2405Time.month); u8_CheckOutSum +=
        SD2405Time.month;
        Uart0_SendByte(SD2405Time.day); u8_CheckOutSum +=
        SD2405Time.day;
        Uart0_SendByte(SD2405Time.hour); u8_CheckOutSum +=
        SD2405Time.hour;
        Uart0_SendByte(SD2405Time.minute); u8_CheckOutSum +=
        SD2405Time.minute;
        Uart0_SendByte(SD2405Time.second); u8_CheckOutSum +=
        SD2405Time.second;
        Uart0_SendByte(SD2405Time.week); u8_CheckOutSum +=
        SD2405Time.week;
        Uart0_SendByte(u8_CheckOutSum);
        break;
    case 0x03:
        SD2405Time.year = miniUART_UART0.buffer[3];
        SD2405Time.month = miniUART_UART0.buffer[4];
        SD2405Time.day = miniUART_UART0.buffer[5];
        SD2405Time.hour = miniUART_UART0.buffer[6];
        SD2405Time.minute = miniUART_UART0.buffer[7];
        SD2405Time.second = miniUART_UART0.buffer[8];
        SD2405Time.week = miniUART_UART0.buffer[9];
        SD2405_SetTime();
        SD2405_ReadTime();
        Uart0_SendByte(0x5a); u8_CheckOutSum = 0x5a;
        Uart0_SendByte(0x04); u8_CheckOutSum += 0x04;
        Uart0_SendByte(0x07); u8_CheckOutSum += 0x07;
        Uart0_SendByte(SD2405Time.year); u8_CheckOutSum +=
        SD2405Time.year;
        Uart0_SendByte(SD2405Time.month); u8_CheckOutSum +=
        SD2405Time.month;
        Uart0_SendByte(SD2405Time.day); u8_CheckOutSum +=
        SD2405Time.day;
        Uart0_SendByte(SD2405Time.hour); u8_CheckOutSum +=
        SD2405Time.hour;
        Uart0_SendByte(SD2405Time.minute); u8_CheckOutSum +=
        SD2405Time.minute;
        Uart0_SendByte(SD2405Time.second); u8_CheckOutSum +=
        SD2405Time.second;
        Uart0_SendByte(SD2405Time.week); u8_CheckOutSum +=
        SD2405Time.week;
        Uart0_SendByte(u8_CheckOutSum);
        break;
    case 0x05:
        Uart0_SendByte(0x5A); u8_CheckOutSum = 0x5A;
```

```
                    Uart0_SendByte(0x06); u8_CheckOutSum += 0x06;
                    Uart0_SendByte(0x04); u8_CheckOutSum += 0x04;
                    Uart0_SendByte(u8_Temperature[0]); u8_CheckOutSum +=
                    u8_Temperature[0];
                    Uart0_SendByte(u8_Temperature[1]); u8_CheckOutSum +=
                    u8_Temperature[1];
                    Uart0_SendByte(0x00); u8_CheckOutSum += 0x00;
                    Uart0_SendByte(0x00); u8_CheckOutSum += 0x00;
                    Uart0_SendByte(u8_CheckOutSum);
                    break;
                }
            }
        }
    }
```

（2）程序首先通过函数 miniUART_IsReceivedData 判断是否接收到完整的数据包，然后判断接收到的数据包首字节是否是 5AH。

（3）接下来程序对发送过来的数据包的校验和进行判读，如果一切正常将进入到协议解析程序。

（4）程序对协议中的命令号进行判断，如果是 0x01 表示读取时间信息，程序首先调用 SD2405_ReadTime 函数，然后将读取到的时间信息按协议发送给计算机。

（5）如果程序接收到的命令号是 0x03，则表示进行时间设置，程序首先对全局变量 SD2405Time 进行赋值操作，然后调用 SD2405_SetTime 设置时间，时间设置成功后，再次将 SD2405 中的时间读出，按照协议格式返回给计算机。

（6）如果程序接收到的命令是 0x05，则表示读取温度为当前温度，这些程序已经在上一个任务中介绍过了。

（7）程序写完后，进行编译操作，然后将程序下载到教学实验板中，使用 USB 线将教学实验板与计算机进行连接，然后打开格西烽火的数据文件，进行通信测试即可，如图 8-30 所示。

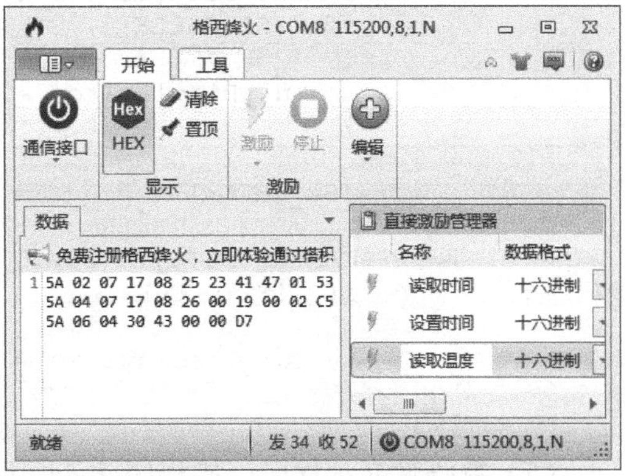

图 8-30　通过计算机发送协议命令

三、编写程序，实现高温报警功能

这部分内容，是本项目的最后一部分了，将在程序中设置高温报警值，此值可以通过计算机加以改变，当温度超过高温报警值时，蜂鸣器鸣叫。按照如下步骤，完成本部分内容的程序设计。

（1）复制程序 8-40，并打开工程，在程序 8-39 的基础上完成本例程的程序设计工作。在 HAL.h 中，完成 BEEP 的功能宏定义，如程序 8-41 所示。

【程序 8-41】

```
////////////////////////////////////////////////////////////////////
//PortD
#define IO_PD_DIR    0b00010000
#define IO_PD_OUT    0b00000000
////////////////////////////////////////////////////////////////////
#define BEEP BIT4
#define BEEP_OPEN CLRBIT(PORTD, BEEP)
#define BEEP_SHUT SETBIT(PORTD, BEEP)
```

（2）所有的底层驱动程序已经设置完毕，本例程只需关心 main.c 中的程序设计工作，将 main.c 中的内容进行逻辑功能划分，分别予以介绍。

（3）变量定义程序，如程序 8-42 所示，在上一个例程的基础上增加了高温报警值变量

u8_HighTemperature，使用 BCD 码表示，默认数值为 40。增加报警信息变量 u8_Alarm，初始化为没有报警发生。

【程序 8-42】

```
uint8 i;
 float f_Temperature = 0.0;
 uint8 u8_Temperature[2] = {0, 0};
 uint8 u8_HighTemperature = 0x40;
 uint8 u8_Alarm = 0x00;
 uint8 u8_CheckOutSum;
 uint8 u8_DisplayItem = 2;          //0：显示年月日
                                    //1：显示时分秒
                                    //2：显示温度
```

（4）按键切换程序，如程序 8-43 所示，这部分内容在前面已经深入介绍过，在此不再赘述。

【程序 8-43】

```
//按键切换程序
     if (!S0_CHECK)
     {
         TARGET_Delayms(20, 0)
         if (!S0_CHECK)
         {
             u8_DisplayItem = 0;
         }
     }
     if (!S1_CHECK)
     {
         TARGET_Delayms(20, 0)
         if (!S1_CHECK)
         {
             u8_DisplayItem = 1;
         }
     }
     if (!S2_CHECK)
     {
         TARGET_Delayms(20, 0)
         if (!S2_CHECK)
         {
             u8_DisplayItem = 2;
         }
     }
```

（5）数码管显示程序，如程序 8-44 所示，这部分内容也已经在前面的任务中介绍过，在此也不再赘述。

【程序 8-44】

```
//数码管显示程序
     if (u8_DisplayItem == 0)
     {
         //显示年月日
         u8g_DisplayPoint[0] = 0;
         u8g_DisplayPoint[1] = 0;
         u8g_DisplayPoint[2] = 0;
         u8g_DisplayPoint[3] = 1;
         u8g_DisplayPoint[4] = 0;
         u8g_DisplayPoint[5] = 1;
         u8g_DisplayPoint[6] = 0;
         u8g_DisplayPoint[7] = 1;
         u8g_DisplayString[0] = 2;
         u8g_DisplayString[1] = 0;
         u8g_DisplayString[2] = SD2405Time.year >> 4;
```

```
        u8g_DisplayString[3] = SD2405Time.year & 0x0f;
        u8g_DisplayString[4] = SD2405Time.month >> 4;
        u8g_DisplayString[5] = SD2405Time.month & 0x0f;
        u8g_DisplayString[6] = SD2405Time.day >> 4;
        u8g_DisplayString[7] = SD2405Time.day & 0x0f;
    }
    else if (u8_DisplayItem == 1)
    {
        //显示时分秒
        u8g_DisplayPoint[0] = 0;
        u8g_DisplayPoint[1] = 0;
        u8g_DisplayPoint[2] = 0;
        u8g_DisplayPoint[3] = 1;
        u8g_DisplayPoint[4] = 0;
        u8g_DisplayPoint[5] = 1;
        u8g_DisplayPoint[6] = 0;
        u8g_DisplayPoint[7] = 1;
        u8g_DisplayString[0] = SD2405Time.week & 0x0f;
        u8g_DisplayString[1] = 16;
        u8g_DisplayString[2] = SD2405Time.hour >> 4;
        u8g_DisplayString[3] = SD2405Time.hour & 0x0f;
        u8g_DisplayString[4] = SD2405Time.minute >> 4;
        u8g_DisplayString[5] = SD2405Time.minute & 0x0f;
        u8g_DisplayString[6] = SD2405Time.second >> 4;
        u8g_DisplayString[7] = SD2405Time.second & 0x0f;
    }
    else
    {
        u8g_DisplayPoint[0] = 0;
        u8g_DisplayPoint[1] = 0;
        u8g_DisplayPoint[2] = 0;
        u8g_DisplayPoint[3] = 0;
        u8g_DisplayPoint[4] = 0;
        u8g_DisplayPoint[5] = 1;
        u8g_DisplayPoint[6] = 0;
        u8g_DisplayPoint[7] = 0;
        u8g_DisplayString[0] = 16;
        u8g_DisplayString[1] = 16;
        u8g_DisplayString[2] = 16;
        u8g_DisplayString[3] = 16;
        u8g_DisplayString[4] = (uint8)f_Temperature / 10;
        u8g_DisplayString[5] = (uint8)f_Temperature % 10;
        u8g_DisplayString[6] = (uint8)((f_Temperature -
        (uint8)f_Temperature) * 100) / 10;
        u8g_DisplayString[7] = (uint8)((f_Temperature -
        (uint8)f_Temperature) * 100) % 10;
        u8_Temperature[0] = u8g_DisplayString[4] << 4 |
        u8g_DisplayString[5];
        u8_Temperature[1] = u8g_DisplayString[6] << 4 |
        u8g_DisplayString[7];
    }
```

（6）接下来，是温度、时间读取程序，如程序 8-45 所示。在 100ms 计数为 0 的时候，读取时间和进行温度转换，在 100ms 计数为 8 的时候，读取温度值，并与高温报警值进行比较，如果高于高温报警值，就将报警信息变量设置为 0x01，并驱动蜂鸣器报警。

【程序 8-45】

```
//温度、时间读取程序
    if (u8g_100msCount == 0)
    {
        DS18B20_ConvertTemperature();
        SD2405_ReadTime();
```

```
        }
        else if (u8g_100msCount == 8)
        {
            f_Temperature = DS18B20_ReadTemperature();
            if (f_Temperature > ((u8_HighTemperature >> 4) * 10 +
            (u8_HighTemperature & 0x0F)) * 1.0)
            {
                u8_Alarm = 0x01;
                BEEP_OPEN;
            }
            else
            {
                u8_Alarm = 0x00;
                BEEP_SHUT;
            }
        }
```

（7）最后是协议解析程序，增加了 07 号命令的处理，如程序 8-46 所示，请仔细阅读 07 号命令的解析部分就可以了。

【程序 8-46】

```
    //协议解析程序
        if (miniUART_IsReceivedData(&miniUART_UART0) == true)
        {
            //已接收到完整的数据包
            if (miniUART_UART0.buffer[0] == 0x5A)
            {
                //计算校验和
                u8_CheckOutSum = 0;
                for (i = 0; i < miniUART_UART0.number - 1; i++)
                {
                    u8_CheckOutSum = u8_CheckOutSum +
                    miniUART_UART0.buffer[i];
                }
                if (u8_CheckOutSum ==
                miniUART_UART0.buffer[miniUART_UART0.number - 1])
                {
                    //校验和正确
                    switch(miniUART_UART0.buffer[1])
                    {
                    case 0x01:
                        SD2405_ReadTime();
                        Uart0_SendByte(0x5a); u8_CheckOutSum = 0x5a;
                        Uart0_SendByte(0x02); u8_CheckOutSum += 0x02;
                        Uart0_SendByte(0x07); u8_CheckOutSum += 0x07;
                        Uart0_SendByte(SD2405Time.year); u8_CheckOutSum +=
                        SD2405Time.year;
                        Uart0_SendByte(SD2405Time.month); u8_CheckOutSum +=
                        SD2405Time.month;
                        Uart0_SendByte(SD2405Time.day); u8_CheckOutSum +=
                        SD2405Time.day;
                        Uart0_SendByte(SD2405Time.hour); u8_CheckOutSum +=
                        SD2405Time.hour;
                        Uart0_SendByte(SD2405Time.minute); u8_CheckOutSum +=
                        SD2405Time.minute;
                        Uart0_SendByte(SD2405Time.second); u8_CheckOutSum +=
                        SD2405Time.second;
                        Uart0_SendByte(SD2405Time.week); u8_CheckOutSum +=
                        SD2405Time.week;
                        Uart0_SendByte(u8_CheckOutSum);
                        break;
                    case 0x03:
```

```
                    SD2405Time.year = miniUART_UART0.buffer[3];
                    SD2405Time.month = miniUART_UART0.buffer[4];
                    SD2405Time.day = miniUART_UART0.buffer[5];
                    SD2405Time.hour = miniUART_UART0.buffer[6];
                    SD2405Time.minute = miniUART_UART0.buffer[7];
                    SD2405Time.second = miniUART_UART0.buffer[8];
                    SD2405Time.week = miniUART_UART0.buffer[9];
                    SD2405_SetTime();
                    SD2405_ReadTime();
                    Uart0_SendByte(0x5a); u8_CheckOutSum = 0x5a;
                    Uart0_SendByte(0x04); u8_CheckOutSum += 0x04;
                    Uart0_SendByte(0x07); u8_CheckOutSum += 0x07;
                    Uart0_SendByte(SD2405Time.year); u8_CheckOutSum +=
                    SD2405Time.year;
                    Uart0_SendByte(SD2405Time.month); u8_CheckOutSum +=
                    SD2405Time.month;
                    Uart0_SendByte(SD2405Time.day); u8_CheckOutSum +=
                    SD2405Time.day;
                    Uart0_SendByte(SD2405Time.hour); u8_CheckOutSum +=
                    SD2405Time.hour;
                    Uart0_SendByte(SD2405Time.minute); u8_CheckOutSum +=
                    SD2405Time.minute;
                    Uart0_SendByte(SD2405Time.second); u8_CheckOutSum +=
                    SD2405Time.second;
                    Uart0_SendByte(SD2405Time.week); u8_CheckOutSum +=
                    SD2405Time.week;
                    Uart0_SendByte(u8_CheckOutSum);
                    break;
                case 0x05:
                    Uart0_SendByte(0x5A); u8_CheckOutSum = 0x5A;
                    Uart0_SendByte(0x06); u8_CheckOutSum += 0x06;
                    Uart0_SendByte(0x04); u8_CheckOutSum += 0x04;
                    Uart0_SendByte(u8_Temperature[0]); u8_CheckOutSum +=
                    u8_Temperature[0];
                    Uart0_SendByte(u8_Temperature[1]); u8_CheckOutSum +=
                    u8_Temperature[1];
                    Uart0_SendByte(u8_HighTemperature); u8_CheckOutSum +=
                    u8_HighTemperature;
                    Uart0_SendByte(u8_Alarm); u8_CheckOutSum += u8_Alarm;
                    Uart0_SendByte(u8_CheckOutSum);
                    break;
                case 0x07:
                    u8_HighTemperature = miniUART_UART0.buffer[3];
                    Uart0_SendByte(0x5A); u8_CheckOutSum = 0x5A;
                    Uart0_SendByte(0x08); u8_CheckOutSum += 0x08;
                    Uart0_SendByte(0x04); u8_CheckOutSum += 0x04;
                    Uart0_SendByte(u8_Temperature[0]); u8_CheckOutSum +=
                    u8_Temperature[0];
                    Uart0_SendByte(u8_Temperature[1]); u8_CheckOutSum +=
                    u8_Temperature[1];
                    Uart0_SendByte(u8_HighTemperature); u8_CheckOutSum +=
                    u8_HighTemperature;
                    Uart0_SendByte(u8_Alarm); u8_CheckOutSum += u8_Alarm;
                    Uart0_SendByte(u8_CheckOutSum);
                    break;
            }
        }
    }
}
```

（8）程序编写完毕后，对程序进行编译，然后将映像文件下载到教学实验板中，使用 USB 线将教学实验板与计算机相连接，然后打开格西烽火数据文件，添加高温报警值设置协议，如

图 8-31 所示，这里设置的高温报警温度为 32℃。我们下发此命令，然后用手触摸温度传感器，当温度超过 32℃时，蜂鸣器鸣叫。

直接激励管理器

名称	数据格式	数据	延时(ms)	激活
读取时间	十六进制	5a 01 00 5b	0	☐
设置时间	十六进制	5a 03 07 17 08 25 23 18 00 05 E8	0	☐
读取温度	十六进制	5a 05 00 5F	0	☐
设置温度	十六进制	5a 07 01 32 94	0	☐

图 8-31　添加高温报警值设置协议

（9）在本任务的最后给出 main.c 的完整程序代码，供大家阅读时参考使用，如程序 8-47 所示。

【程序 8-47】

```
//加入包含文件
#include "../include.h"

//定义系统常量

//定义全局变量
uint8 u8g_DisplayString[8];
uint8 u8g_DisplayPoint[8];
uint8 u8g_100msCount;     //100ms计数

//主程序
int main(void)
{
 //定义局部变量
 uint8 i;
 float f_Temperature = 0.0;
 uint8 u8_Temperature[2] = {0, 0};
 uint8 u8_HighTemperature = 0x40;
 uint8 u8_Alarm = 0x00;
 uint8 u8_CheckOutSum;
 uint8 u8_DisplayItem = 2;   //0：显示年月日
                             //1：显示时分秒
                             //2：显示温度

 //目标板初始化，该函数会自动初始化相应的外设文件
 TARGET_Init();

 //初始化全局变量

 //在上电时，执行的相应操作

 //后台主循环
 while(1)
 {
     /*
     **********************************
     在这里完成自己的项目逻辑
     **********************************
     */
     //按键切换程序
     if (!S0_CHECK)
     {
```

```
        TARGET_Delayms(20, 0)
        if (!S0_CHECK)
        {
            u8_DisplayItem = 0;
        }
    }
    if (!S1_CHECK)
    {
        TARGET_Delayms(20, 0)
        if (!S1_CHECK)
        {
            u8_DisplayItem = 1;
        }
    }
    if (!S2_CHECK)
    {
        TARGET_Delayms(20, 0)
        if (!S2_CHECK)
        {
            u8_DisplayItem = 2;
        }
    }
    //数码管显示程序
    if (u8_DisplayItem == 0)
    {
        //显示年月日
        u8g_DisplayPoint[0] = 0;
        u8g_DisplayPoint[1] = 0;
        u8g_DisplayPoint[2] = 0;
        u8g_DisplayPoint[3] = 1;
        u8g_DisplayPoint[4] = 0;
        u8g_DisplayPoint[5] = 1;
        u8g_DisplayPoint[6] = 0;
        u8g_DisplayPoint[7] = 1;
        u8g_DisplayString[0] = 2;
        u8g_DisplayString[1] = 0;
        u8g_DisplayString[2] = SD2405Time.year >> 4;
        u8g_DisplayString[3] = SD2405Time.year & 0x0f;
        u8g_DisplayString[4] = SD2405Time.month >> 4;
        u8g_DisplayString[5] = SD2405Time.month & 0x0f;
        u8g_DisplayString[6] = SD2405Time.day >> 4;
        u8g_DisplayString[7] = SD2405Time.day & 0x0f;
    }
    else if (u8_DisplayItem == 1)
    {
        //显示时分秒
        u8g_DisplayPoint[0] = 0;
        u8g_DisplayPoint[1] = 0;
        u8g_DisplayPoint[2] = 0;
        u8g_DisplayPoint[3] = 1;
        u8g_DisplayPoint[4] = 0;
        u8g_DisplayPoint[5] = 1;
        u8g_DisplayPoint[6] = 0;
        u8g_DisplayPoint[7] = 1;
        u8g_DisplayString[0] = SD2405Time.week & 0x0f;
        u8g_DisplayString[1] = 16;
        u8g_DisplayString[2] = SD2405Time.hour >> 4;
        u8g_DisplayString[3] = SD2405Time.hour & 0x0f;
        u8g_DisplayString[4] = SD2405Time.minute >> 4;
        u8g_DisplayString[5] = SD2405Time.minute & 0x0f;
        u8g_DisplayString[6] = SD2405Time.second >> 4;
        u8g_DisplayString[7] = SD2405Time.second & 0x0f;
```

```
        }
        else
        {
            u8g_DisplayPoint[0] = 0;
            u8g_DisplayPoint[1] = 0;
            u8g_DisplayPoint[2] = 0;
            u8g_DisplayPoint[3] = 0;
            u8g_DisplayPoint[4] = 0;
            u8g_DisplayPoint[5] = 1;
            u8g_DisplayPoint[6] = 0;
            u8g_DisplayPoint[7] = 0;
            u8g_DisplayString[0] = 16;
            u8g_DisplayString[1] = 16;
            u8g_DisplayString[2] = 16;
            u8g_DisplayString[3] = 16;
            u8g_DisplayString[4] = (uint8)f_Temperature / 10;
            u8g_DisplayString[5] = (uint8)f_Temperature % 10;
            u8g_DisplayString[6] = (uint8)((f_Temperature - 
            (uint8)f_Temperature) * 100) / 10;
            u8g_DisplayString[7] = (uint8)((f_Temperature - 
            (uint8)f_Temperature) * 100) % 10;
            u8_Temperature[0] = u8g_DisplayString[4] << 4 | 
            u8g_DisplayString[5];
            u8_Temperature[1] = u8g_DisplayString[6] << 4 | 
            u8g_DisplayString[7];
        }
        //温度、时间读取程序
        if (u8g_100msCount == 0)
        {
            DS18B20_ConvertTemperature();
            SD2405_ReadTime();
        }
        else if (u8g_100msCount == 8)
        {
            f_Temperature = DS18B20_ReadTemperature();
            if (f_Temperature > ((u8_HighTemperature >> 4) * 10 + 
            (u8_HighTemperature & 0x0F)) * 1.0)
            {
                u8_Alarm = 0x01;
                BEEP_OPEN;
            }
            else
            {
                u8_Alarm = 0x00;
                BEEP_SHUT;
            }
        }
        //协议解析程序
        if (miniUART_IsReceivedData(&miniUART_UART0) == true)
        {
            //已接收到完整的数据包
            if (miniUART_UART0.buffer[0] == 0x5A)
            {
                //计算校验和
                u8_CheckOutSum = 0;
                for (i = 0; i < miniUART_UART0.number - 1; i++)
                {
                    u8_CheckOutSum = u8_CheckOutSum + 
                    miniUART_UART0.buffer[i];
                }
                if (u8_CheckOutSum ==
```

```
            miniUART_UART0.buffer[miniUART_UART0.number - 1])
            {
                //校验和正确
                switch(miniUART_UART0.buffer[1])
                {
                case 0x01:
                    SD2405_ReadTime();
                    Uart0_SendByte(0x5a); u8_CheckOutSum = 0x5a;
                    Uart0_SendByte(0x02); u8_CheckOutSum += 0x02;
                    Uart0_SendByte(0x07); u8_CheckOutSum += 0x07;
                    Uart0_SendByte(SD2405Time.year); u8_CheckOutSum +=
                    SD2405Time.year;
                    Uart0_SendByte(SD2405Time.month); u8_CheckOutSum +=
                    SD2405Time.month;
                    Uart0_SendByte(SD2405Time.day); u8_CheckOutSum +=
                    SD2405Time.day;
                    Uart0_SendByte(SD2405Time.hour); u8_CheckOutSum +=
                    SD2405Time.hour;
                    Uart0_SendByte(SD2405Time.minute); u8_CheckOutSum +=
                    SD2405Time.minute;
                    Uart0_SendByte(SD2405Time.second); u8_CheckOutSum +=
                    SD2405Time.second;
                    Uart0_SendByte(SD2405Time.week); u8_CheckOutSum +=
                    SD2405Time.week;
                    Uart0_SendByte(u8_CheckOutSum);
                    break;
                case 0x03:
                    SD2405Time.year = miniUART_UART0.buffer[3];
                    SD2405Time.month = miniUART_UART0.buffer[4];
                    SD2405Time.day = miniUART_UART0.buffer[5];
                    SD2405Time.hour = miniUART_UART0.buffer[6];
                    SD2405Time.minute = miniUART_UART0.buffer[7];
                    SD2405Time.second = miniUART_UART0.buffer[8];
                    SD2405Time.week = miniUART_UART0.buffer[9];
                    SD2405_SetTime();
                    SD2405_ReadTime();
                    Uart0_SendByte(0x5a); u8_CheckOutSum = 0x5a;
                    Uart0_SendByte(0x04); u8_CheckOutSum += 0x04;
                    Uart0_SendByte(0x07); u8_CheckOutSum += 0x07;
                    Uart0_SendByte(SD2405Time.year); u8_CheckOutSum +=
                    SD2405Time.year;
                    Uart0_SendByte(SD2405Time.month); u8_CheckOutSum +=
                    SD2405Time.month;
                    Uart0_SendByte(SD2405Time.day); u8_CheckOutSum +=
                    SD2405Time.day;
                    Uart0_SendByte(SD2405Time.hour); u8_CheckOutSum +=
                    SD2405Time.hour;
                    Uart0_SendByte(SD2405Time.minute); u8_CheckOutSum +=
                    SD2405Time.minute;
                    Uart0_SendByte(SD2405Time.second); u8_CheckOutSum +=
                    SD2405Time.second;
                    Uart0_SendByte(SD2405Time.week); u8_CheckOutSum +=
                    SD2405Time.week;
                    Uart0_SendByte(u8_CheckOutSum);
                    break;
                case 0x05:
                    Uart0_SendByte(0x5A); u8_CheckOutSum = 0x5A;
                    Uart0_SendByte(0x06); u8_CheckOutSum += 0x06;
                    Uart0_SendByte(0x04); u8_CheckOutSum += 0x04;
                    Uart0_SendByte(u8_Temperature[0]); u8_CheckOutSum +=
                    u8_Temperature[0];
                    Uart0_SendByte(u8_Temperature[1]); u8_CheckOutSum +=
```

```
                    u8_Temperature[1];
                    Uart0_SendByte(u8_HighTemperature); u8_CheckOutSum +=
                    u8_HighTemperature;
                    Uart0_SendByte(u8_Alarm); u8_CheckOutSum += u8_Alarm;
                    Uart0_SendByte(u8_CheckOutSum);
                    break;
                case 0x07:
                    u8_HighTemperature = miniUART_UART0.buffer[3];
                    Uart0_SendByte(0x5A); u8_CheckOutSum = 0x5A;
                    Uart0_SendByte(0x08); u8_CheckOutSum += 0x08;
                    Uart0_SendByte(0x04); u8_CheckOutSum += 0x04;
                    Uart0_SendByte(u8_Temperature[0]); u8_CheckOutSum +=
                    u8_Temperature[0];
                    Uart0_SendByte(u8_Temperature[1]); u8_CheckOutSum +=
                    u8_Temperature[1];
                    Uart0_SendByte(u8_HighTemperature); u8_CheckOutSum +=
                    u8_HighTemperature;
                    Uart0_SendByte(u8_Alarm); u8_CheckOutSum += u8_Alarm;
                    Uart0_SendByte(u8_CheckOutSum);
                    break;
                }
            }
        }
    }

    /*
    **********************************
    喂狗语句，大部分工程项目都不应去除
    **********************************
    */
    #if INTERNAL_PERIPHERAL_WDT_MODE != 0
        TARGET_WatchDogReset();
    #endif
 }
 return 0;   //永不执行
}

//串口0接收中断服务处理函数，接收到的数据存储在 UDR0 寄存器中
#if INTERNAL_PERIPHERAL_UART0_MODE != 0
ISR(USART__RX_vect)
{
 uint8 u8_UartData;

 u8_UartData = UDR0;

#if PROTOCOL_MINIUART_UART0_MODE !=0
 miniUART_UartInterrupt(&miniUART_UART0, u8_UartData);
#endif
}
#endif

//定时器0溢出中断服务处理函数
#if INTERNAL_PERIPHERAL_TIMER0_MODE != 0
ISR(TIMER0_OVF_vect)
{
#if INTERNAL_PERIPHERAL_TIMER0_MODE == 1
 //在此完成逻辑内容
 static uint8 u8_Number;

 u8_Number++;
 if (u8_Number > 7)
```

```
        {
            u8_Number = 0;
        }
        NIXIETUBE_SelectLED(u8_Number);
        NIXIETUBE_DrawLED(u8g_DisplayString[u8_Number],
        u8g_DisplayPoint[u8_Number]);

        #if PROTOCOL_MINIUART_UART0_MODE !=0
            miniUART_TimerInterrupt(&miniUART_UART0);
        #endif
        #if PROTOCOL_MINIUART_CH432T_UART0_MODE !=0
            miniUART_TimerInterrupt(&miniUART_CH432T_UART0);
        #endif
        #if PROTOCOL_MINIUART_CH432T_UART1_MODE !=0
            miniUART_TimerInterrupt(&miniUART_CH432T_UART1);
        #endif
        //为了提高运行速度，将此语句写在中断服务处理函数里，用户在使用时，可不理会下列语句
        TCNT0 = TIMER0_TCNT0;
       #elif INTERNAL_PERIPHERAL_TIMER0_MODE == 2

       #endif
       }
       #endif

       //定时器1溢出中断服务处理函数
       #if INTERNAL_PERIPHERAL_TIMER1_MODE != 0
       ISR(TIMER1_OVF_vect)
       {
        //在此完成逻辑内容
        static uint8 u8_Number;

        u8_Number++;
        if (u8_Number > 10)
        {
            u8_Number = 0;
            u8g_100msCount++;
            if (u8g_100msCount >= 10)
            {
                u8g_100msCount = 0;
            }
        }
        //为了提高运行速度，将此语句写在中断服务处理函数里，用户在使用时，可不理会下列语句
        TCNT1H = TIMER1_TCNT1H;
        TCNT1L = TIMER1_TCNT1L;
       }
       #endif

       //外部中断0中断服务处理函数
       #if INTERNAL_PERIPHERAL_INT0_MODE != 0
       ISR(INT0_vect)
       {
        //如果使用了CH432T，则调用相应的中断处理函数
        #if EXTERNAL_MODULE_CH432T_MODE != 0
            CH432T_INT();
        #endif
       }
       #endif

       //外部中断1中断服务处理函数
       #if INTERNAL_PERIPHERAL_INT1_MODE != 0
       ISR(INT1_vect)
```

```
    {
     //如果使用了CH432T，则调用相应的中断处理函数
     #if EXTERNAL_MODULE_CH432T_MODE != 0
         CH432T_INT();
     #endif
    }
    #endif

    //CH432T扩展串口0，接收调用函数
    #if EXTERNAL_MODULE_CH432T_MODE != 0
    void CH432T_Uart0(uint8 u8_UartData)
    {
     #if PROTOCOL_MINIUART_CH432T_UART0_MODE != 0
         miniUART_UartInterrupt(&miniUART_CH432T_UART0, u8_UartData);
     #endif
    }
    #endif

    //CH432T扩展串口1，接收调用函数
    #if EXTERNAL_MODULE_CH432T_MODE != 0
    void CH432T_Uart1(uint8 u8_UartData)
    {
     #if PROTOCOL_MINIUART_CH432T_UART1_MODE != 0
         miniUART_UartInterrupt(&miniUART_CH432T_UART1, u8_UartData);
     #endif
    }
    #endif
```

【任务小结】

本任务实际上是一个综合性的设计实例，使用了数码管、按键、蜂鸣器、SD2405、DS18B20、UART 等众多外设或外围芯片模块。不过其设计难度并不大，首先对底层的驱动程序进行配置，然后就是逻辑层的程序设计了，由于 AVRWARE++屏蔽了底层的复杂性，所以使得上层的逻辑设计只需考虑项目的实际需求，而不必关心复杂的底层硬件驱动实现。

在本任务中应用了 MiniUart 程序组件，这使得接收数据包变得异常的简单，不需理会接收的细节问题，只需调用简单的函数就可以完成程序的解析工作了，这使得程序设计人员可以专心于用户逻辑的实现。

笔记：____

____

____

【知识包】

请扫描二维码查阅知识包中的学习内容

评价与考核

课程名称：单片机程序设计与应用		授课地点：		
名称：单总线——温度测量报警系统		授课教师：	授课学时：	
课程性质：理论+实践		综合评分：		
知识掌握情况评分（40 分）				
序号	知识考核点	教师评价	配分	得分
1	认知温度测量的基本方法		5	
2	认知 DS18B20 测量温度的基本原理		10	
3	DS18B20 寄存器分布及其使用方法		10	
4	认知 DS18B20 的硬件连接方式		5	
5	认知 MiniUart 接收完整数据包的本质		10	
工作任务完成情况评分（60 分）				
序号	能力操作考核点	教师评价	配分	得分
1	能够根据项目需求，正确完成温度测量报警系统模块设计		15	
2	正确选择温度传感器		15	
3	利用 DS18B20 实现温度测量测量		15	
4	编写“前/后台程序”		15	
违纪扣分（20 分）				
序号	违纪考察点	教师评价	配分	得分
1	课上吃东西		5	
2	课上打游戏		5	
3	课上打电话		5	
4	其他扰乱课堂秩序的行为		5	

上课心得：____

____

____

____

思考与练习

（1）简述接触式测温方法。

（2）简述非接触式测温方法。

（3）简述 DS18B20 测量温度的基本原理。

（4）简述 DS18B20 的硬件连接方式。

（5）简述实现 DS18B20 的驱动程序。

参考文献

[1] 夏继强，周丽萍，满庆丰. 基于 FPGA 的串行总线扩展平台[J]. 微电子学与计算机，2004，21(9):127-129

[2] 陈秀玲，周欣，陈黎平. I2C 总线数据传输系统的设计及其应用[J]. 微型电脑应用，2003，19(5):42-45.

[3] 刘莎莎. I2C 总线在 SOC 系统中的设计与实现[D]. 四川：电子科技大学，2009:3-4.

[4] 赵辉. I2C 总线技术及其应用实例[J]，微型电脑应用，2005，21(4): 61.

[5] 徐伟，行鸿彦. IIC 总线软件模拟及其在数据采集中的应用[C]，经济发展方式转变与自主创新——第十二届中国科学技术协会年（第二卷），2010，11.

[6] 石东海，扈啸，周旭升. 单片机数据通信从入门到精通[M]. 西安：西安电子科技大学出版社，2002.

[7] 赵雁南，温冬禅. 微型计算机系统与接口[M]. 北京：清华大学出版社，2004.

[8] 李杜，王珏. 新开孵化器孵化温度研究[J]. 中国家禽，2014(03).

[9] 金毅. 温度的测量史[J]. 教学仪器与实验，2011(08).

[10] 安连锁，李庚生，沈国清，张世平，冯强，王然. 声学测温系统在 200MW 电站锅炉中的应用研究[J]. 动力工程学报，2011(12).

[11] 杨永军. 温度测量技术的现状和发展概述[J]. 计测技术，2009(08).

[12] 吕宏强. 基于石英晶体温度传感器的数字温度计[J]. 计算机应用，2003(02).

[13] 李虹，温秀梅，高振天. 基于 MSP430 单片机和 DS18B20 的小型测温系统[J]. 微计算机信息，2006(07).

[14] 江太辉，邓展威. DS18B20 数字式温度传感器的特性与应用[J]. 电子技术，2003(12).